A. KRÄMER   R. REINTJES

Infektionsepidemiologie

Springer

Berlin
Heidelberg
New York
Hongkong
London
Mailand
Paris
Tokio

A. Krämer   R. Reintjes (Hrsg.)

Infektionsepidemiologie

Methoden, moderne Surveillance, mathematische Modelle, Global Public Health

mit 34 Abbildungen und 26 Tabellen

 Springer

KRÄMER, ALEXANDER, Prof. Dr.
Universität Bielefeld, Fakultät für Gesundheitswissenschaften
Universitätsstraße 25
33615 Bielefeld

REINTJES, RALF, Prof. Dr.
Hochschule für angewandte Wissenschaften Hamburg,
Studiengang Gesundheit, Public Health
Lohbrügger Kirchstraße 65
21033 Hamburg

ISBN 3-540-42764-3 Springer-Verlag Berlin Heidelberg New York

Bibliografische Information Der Deutschen Bibliothek
Die Deutsche Bibliothek verzeichnet diese Publikation in der Deutschen Nationalbibliografie; detail-
lierte bibliografische Daten sind im Internet über <http://dnb.ddb.de> abrufbar

Springer-Verlag Berlin Heidelberg New York
ein Unternehmen der BertelsmannSpringer Science+Business Media GmbH

http://www.springer.de/medizin

© Springer-Verlag Berlin Heidelberg 2003
Printed in Germany

Herstellung: ProEdit GmbH, Heidelberg
Umschlaggestaltung: deblik, Berlin
Satz und Repro: AM-productions GmbH, Wiesloch
Gedrucktes auf säurefreiem Papier   26/3160Re   5 4 3 2 1 0

Geleitwort

Man kann die Herausgeber dieses Buches nur beglückwünschen und ihnen danken, dass sie dieses Buch über Infektionsepidemiologie veröffentlichen. Damit schließen sie eine schmerzlich empfundene Lücke im deutschen Schrifttum. Die letzte Publikation zu diesem Gegenstand liegt schon mehr als 30 Jahre zurück (Sinnecker 1971). Selbst in der angelsächsischen Literatur findet sich wenig zu diesem Thema. Man kann darüber diskutieren, ob man in diesem Zusammenhang das Buch von Anderson und May (1991) nennen kann. Auf 750 Seiten behandeln die Autoren die wichtigsten Infektionskrankheiten des Menschen vom Standpunkt des mathematischen Biologen. Daher dürfte dieses Buch für viele praktisch tätige Infektiologen schwer zugänglich sein. Dieses Buch zeigt jedoch sehr eindrücklich, welche besondere Bedeutung die mathematische Modellierung für das Verständnis der Übertragungsdynamik von Infektionskrankheiten schon seit Daniel Bernoulli gehabt hat (Dietz u. Heesterbeek 2000). Dies rührt daher, dass die Verbreitung der Infektionskrankheiten wohldefinierten Gesetzmäßigkeiten folgt, die es aufgrund von detaillierten Studien aufzuklären gilt. Bei solchen Untersuchungen kommen die auch für nichtübertragbare Krankheiten üblichen epidemiologischen Studientypen, wie Fall-Kontroll-Studien oder Kohortenstudien zum Einsatz, die im vorliegenden Buch besprochen werden.

Im englischen Sprachraum hat zum ersten Mal Giesecke (1994) ein lesenswertes Buch zur Infektionsepidemiologie verfasst. Mittlerweile sind weitere erschienen, von denen hier nur das von Nelson et al. (2001) herausgegebene Buch erwähnt werden soll.

Das vorliegende Buch wendet sich sowohl an Praktiker als auch an Studenten. Besonders für die Letzteren ist es wichtig, da im Studium die Infektionsepidemiologie bisher zu kurz kommt.

Weltweit stehen noch heute die Infektionskrankheiten als Verursacher von Mortalität und Morbidität an erster Stelle. Nach Schätzungen der WHO (Murray u. Lopez 1994) starben 1990 etwa acht Millionen Menschen an Infektionskrankheiten. Etwa 46 % der DALYs („disability adjusted life years") gehen auf Infektionskrankheiten zurück (42 % auf nichtansteckende Erkrankungen und die restlichen 12 % auf Verletzungen).

In Deutschland hat das Inkrafttreten des Infektionsschutzgesetzes zum 01.01.2001 die Erfassung von Infektionskrankheiten auf eine neue und bessere Basis gestellt. Dies ist eine sehr erfreuliche Entwicklung. Infektionsepidemiologen waren bisher vielfach auf die Analyse von Daten aus anderen Ländern angewiesen. Auch die Gesundheitsberichterstattung des Bundes hat sich diesem Thema zugewandt und bisher besondere Kapitel den Krankheiten Aids, Tuberkulose und Hepatitis B gewidmet.

Den Herausgebern ist es gelungen, für die jeweiligen Artikel kompetente Autoren zu gewinnen. Möge das vorliegende Buch einen großen Leserkreis finden. Ich wünsche den Lesern viel Spaß beim Vermehren der gewonnenen Einsichten.

Tübingen, im Januar 2003   Klaus Dietz

Vorwort

In den letzten Jahren hat die Bedeutung sowohl der Epidemiologie als auch der Infektionskrankheiten für die klinische Praxis und die Gesundheitswissenschaften/Public Health deutlich zugenommen. Die Wiederentdeckung der „ältesten" epidemiologischen Disziplin, der Infektionsepidemiologie, und deren moderne Weiterentwicklungen haben in der Praxis der Bekämpfung und Prophylaxe von Infektionskrankheiten zu Veränderungen geführt. Mit dem vorliegenden Buch soll die bestehende Lücke an Fachbüchern im deutschsprachigen Raum verringert werden. In diesem Band wird von anerkannten Fachleuten aus den verschiedensten wissenschaftlichen Ursprungsfächern, die auf nationaler und internationaler Ebene tätig sind, ein Überblick über Arbeitsweisen der Infektionsepidemiologie gegeben. Das Buch ist für Leser geschrieben, die sich für die unterschiedlichsten Bereiche der Infektionsepidemiologie interessieren. Es soll sowohl als Grundlage für die praktische Tätigkeit als auch der wissenschaftlichen Forschung dienen. Gleichzeitig kann es interessierte Leser, die sich zum ersten Mal mit den Themen der Infektionsepidemiologie beschäftigen wollen, informieren.

Zur Realisierung dieses Buches haben viele Beteiligte beigetragen. Danken möchten wir besonders allen Autoren, die zu dem Buch ihr fundiertes Fachwissen beigetragen haben. Frau Dr. Luise Prüfer-Krämer und Frau Dr. Mirjam Kretzschmar danken wir für die umfassende Unterstützung beim Management dieses Buchprojektes. Frau Iris Kukla unterstützte uns bei der Gestaltung des Manuskriptes. Danken möchten wir auch Herrn Hinrich Küster vom Springer-Verlag für seine große Geduld und die hervorragende Zusammenarbeit. Schließlich danken wir unseren Kolleginnen und Kollegen im In- und Ausland sowie den Studentinnen und Studenten, die uns durch inhaltliche und didaktische Anregungen zur Erstellung dieses Buches angeregt haben. Hier sind besonders die Teilnehmer an der „International Summer School for Infectious Disease Epidemiology" zu nennen, die seit 1999 jährlich von der Arbeitsgruppe Bevölkerungsmedizin der Fakultät für Gesundheitswissenschaften an der Universität Bielefeld veranstaltet wird.

Bei der Erstellung des Buches haben wir versucht, auf der Basis unserer Erfahrungen aus Forschung und Lehre eine möglichst praxisnahe Gestaltung zu wählen. Ein Buch kann nur ein Hilfsmittel zur Gewinnung von Informationen und Fähigkeiten sein. Andere Formen der Fortbildung wie gezielte Ausbildungsprogramme, der Besuch von Fortbildungsveranstaltungen, der Informationsaustausch mit Kollegen und nicht zuletzt die eigenen praktischen Erfahrungen sind unerlässlich. Da die Zielsetzungen unterschiedlicher Lesergruppen variieren, sind unterschiedliche Formen der Nutzung dieses Buches möglich und wünschenswert. Jetzt ist es an Ihnen, verehrte Leserinnen und Leser, es für die Praxis zu nutzen.

Bielefeld und Hamburg, im Januar 2003 ALEXANDER KRÄMER
RALF REINTJES

Inhaltsverzeichnis

Teil II
Methodische Grundlagen der Infektionsepidemiologie

Teil III
Spezielle Themen der Infektionsepidemiologie

Anhang

Autorenverzeichnis

AMMON, ANDREA, Dr.
Robert-Koch-Institut, Infektionsepidemiologie
Stresemannstr. 90–102, 10963 Berlin

BECHER, HEIKO, PROF. Dr.
Ruprecht-Karls-Universität Heidelberg,
Abteilung Tropenhygiene und öffentliches Gesundheitswesen
Im Neuenheimer Feld 324, 69120 Heidelberg

BREUER, THOMAS, DR.
Glaxosmithkline Biologicals, Clinical Epidemiology
Rue de l'Institute 89, 1330 Rixensart, Belgien

DIETZ, KLAUS, Prof. Dr.
Universität Tübingen, Institut für Medizinische Biometrie
Westbahnhofstr. 55, 72070 Tübingen

EICHNER, MARTIN, Dr.
Universität Tübingen, Institut für Medizinische Biometrie
Westbahnhofstr. 55, 72070 Tübingen

EXNER, MARTIN, Prof. Dr.
Direktor des Hygiene-Instituts der Universität Bonn
Sigmund-Freud-Str. 25, 53105 Bonn

GASTMEIER, PETRA, Prof. Dr.
Medizinische Hochschule Hannover, Institut für Medizinische Mikrobiologie
Carl-Neuberg-Str. 1, 30625 Hannover

GREIN, THOMAS, Dr.
European Programme for Intervention Epidemiology Training (EPIET)
Training Programme Coordinator
12 Rue du Val d'Osne, 94415 Saint-Maurice, France

HOFFMANN, BARBARA, Dr.
Universität Essen,
Institut für Medizinische Informatik, Biometrie und Epidemiologie
Hufelandstr. 55, 45122 Essen

KISTEMANN, THOMAS, PD Dr.
Universität Bonn, Institut für Hygiene und Öffentliche Gesundheit
Sigmund-Freud-Str. 25, 53105 Bonn

KRÄMER, ALEXANDER, Prof. Dr.
Universität Bielefeld, Fakultät für Gesundheitswissenschaften
Universitätsstr. 25, 33615 Bielefeld

KRETZSCHMAR, MIRJAM, Dr.
RIVM, National Institute of Public Health and the Environment,
Department of Infectious Disease Epidemiology
P.O. Box 1, 3720 BA Bilthoven, The Netherlands

LÖSCHER, THOMAS, Prof. Dr.
Ludwig-Maximilians-Universität München, Abt. für Infektions-
und Tropenmedizin, Klinikum Innenstadt
Leopoldstr. 5, 80802 München

MACLEHOSE, LAURA
London School of Hygiene and Tropical Medicine
Keppel Street, London, United Kingdom

PEBODY, RICHARD, Dr.
Communicable Disease Control, Prevention & Eradication,
WHO Regional Office for Europe
8 Scherfigsvej, 2100 Copenhagen, Denmark

PRÜFER-KRÄMER, LUISE, Dr.
Furtwängler Str. 9, 33604 Bielefeld

REINTJES, RALF, Prof. Dr.
Hochschule für angewandte Wissenschaften Hamburg,
Studiengang Gesundheit, Public Health
Lohbrügger Kirchstr. 65, 21033 Hamburg

RÜDEN, HENNING, Prof. Dr.
UK Charité der Humboldt-Universität Berlin,
Zentralbereich Krankenhaushygiene und Infektionsprävention
Heubnerweg 6, 14059 Berlin

SCHWEIKART, JÜRGEN, Prof. Dr.
Technische Fachhochschule Berlin,
Fachbereich Bauingenieur- und Geoinformationswesen
Luxemburger Str. 10, 13353 Berlin

WEINBERG, JULIUS, Prof. Dr.
City University
Northampton Square, London EC1 V OHB, United Kingdom

WILLE, LUTZ, Dr.
Wildhagen 10, 33619 Bielefeld

Einleitung

ALEXANDER KRÄMER und RALF REINTJES

Wissenschaftsgeschichtlich lassen sich verschiedene Phasen in der Entwicklung der Epidemiologie unterscheiden. Im 19. Jahrhundert konzentrierten sich Epidemiologen auf die Untersuchung des Einflusses soziohygienischer Verhältnisse auf die Gesundheit. Weil Infektionen bis ins 20. Jahrhundert auch in den Industrieländern die vorherrschende Todesursache darstellten, schälte sich die Spezialdisziplin der Infektionsepidemiologie als tonangebend heraus.

Die genaue Betrachtung der epidemiologischen Mortalitätskurven wichtiger Infektionskrankheiten wie Tuberkulose, Scharlach und Pertussis führte zu dem bemerkenswerten Ergebnis, dass es bereits im 19. Jahrhundert, lange bevor es nähere Erkenntnisse über die Erreger gab, aufgrund der Verbesserung der soziohygienischen Verhältnisse in Europa zu einer deutlichen Reduktion der Mortalität an diesen Erkrankungen kam. Durch Erfolge sowohl der individuellen chemotherapeutischen Therapie als auch von Impfkampagnen seit den 30er Jahren im 20. Jahrhundert wurde ein weiterer Rückgang der Morbidität und Mortalität an Infektionskrankheiten vor allem in Industrienationen erreicht.

Nach dieser Eindämmung der Infektionskrankheiten standen in der Mitte des 20. Jahrhunderts andere chronische Krankheiten im Vordergrund, und zwar Herz-Kreislauf- und Krebserkrankungen, deren Erforschung sich die Epidemiologie in einer zweiten Phase ihrer Wissenschaftsgeschichte vor allem nach dem Zweiten Weltkrieg widmete, wobei sie sich ursächlich am Lebensstilkonzept orientierte. Das traditionelle aus der Medizin stammende Risikofaktorenmodell wurde um die sozialepidemiologischen Kategorien von Gesundheitskompetenzen und sozialer Unterstützung erweitert. Außer dem individuellen Verhalten rückten zunehmend sozioökonomische Verhältnisse als Determinanten von Krankheit und Gesundheit in den Blickwinkel von Epidemiologie und Gesundheitswissenschaften.

Gegenwärtig erleben wir einen neuen Paradigmenwechsel in der Epidemiologie, welcher durch die globale Dimension und Dynamik von Krankheiten bedingt ist. Beispiele hierfür sind die zunehmende Inzidenz von Herz-Kreislauf-Erkrankungen und Karies in Schwellenländern und von Infektionserkrankungen wie die HIV/Aids-Pandemie und BSE.

Infektionskrankheiten sind weltweit für ein Viertel aller Todesfälle verantwortlich. Viele der Erreger, wie die der klassischen Seuchen Cholera, Pest oder Pocken, zogen in den letzten Jahrhunderten in Pandemien immer wieder über die Menschheit hinweg. Während die Pocken durch weltweite konsequente Impfanstrengungen der Weltgesundheitsorganisation WHO ausgerottet werden konnten, sind andere Infektionen wie Malaria oder Tuberkulose wieder auf dem Vormarsch.

Noch Anfang der 70er Jahre rechnete man fest damit, dass Infektionskrankheiten durch die Verbesserung der Lebensumstände und den Einsatz von Antibiotika und Impfstoffen nach und nach weiter zurückgedrängt würden. Spätestens jedoch seit der Aids-Epidemie, die Anfang der 80er Jahre erstmals beschrieben wurde, spricht man von einer Renaissance der Infektionskrankheiten. Auch zur Rückkehr „alter Infektionskrankheiten" tragen viele Faktoren bei. Das Bevölkerungswachstum, die Verstädterung mit Bildung von „Megacities" verursachen zunehmende Armut in Entwicklungsländern und den sozialen Brennpunkten in entwickelten Ländern mit z. T. katastrophalen hygienischen Verhältnissen. In vielen Regionen der Erde wird dieser Prozess durch ein unzureichendes oder im Zerfall begriffenes Gesundheitswesen (z. B. in den Nachfolgestaaten der UdSSR), durch neue Methoden in der Landwirtschaft und der industriellen Nahrungsmittelherstellung (Verbreitung von Enterobakteriosen und BSE), durch Kriege und Katastrophen, aber auch durch Klimaveränderungen und die dadurch verursachten neuen Umweltbedingungen beschleunigt (z. B. Zunahme der Malaria).

Durch die hohe Mobilität des Menschen der Gegenwart und die internationalen Warenströme können sich bis dato nur lokal verbreitete Erreger weltweit ausbreiten. Die bis vor zwei Dekaden in Afrika nur regional begrenzt auftretende HIV-Infektion hat sich in kürzester Zeit über den gesamten Erdball ausgebreitet und bedroht mittlerweile nicht nur das Leben von Millionen Infizierten und unter Risiko stehenden Menschen, sondern stellt für viele Nationen ein gravierendes demographisches und ökonomisches Problem dar. In entwickelten Ländern lässt sich in letzter Zeit mitbedingt durch die Fortschritte bei der Behandlung der HIV-Erkrankung ein Nachlassen der Akzeptanz effektiver Präventionsmaßnahmen in der Risikogruppe der homosexuellen Männer beobachten. Zusätzlich wird bei bestimmten heterosexuell aktiven Jugendlichen und jungen Erwachsenen z. B. in Großbritannien und den USA und beginnend auch in Deutschland über zunehmende Inzidenzen anderer sexuell übertragener Infektionen wie Syphilis, Gonorrhö und Chlamydia trachomatis berichtet.

Angesichts der derzeitigen weltweiten Verbreitung von Infektionskrankheiten beinhaltet die Agenda der WHO für das 21. Jahrhundert neben der Forschung und Entwicklung neuer Impfstoffe und Chemotherapeutika auch die Prävention und Kontrolle von übertragbaren Krankheiten. Nachdrücklich werden nationale Überwachungs- und Kontrollmaßnahmen gefordert, die, in einem weltweiten Netz kooperierend, einen Informationsaustausch sowohl auf nationaler als auch auf internationaler Ebene ermöglichen sollen. Nur so wird eine schnelle Reaktion auf Epidemien internationalen Ausmaßes möglich sein.

Herausgefordert wird damit auch die Public-Health-Forschung, die einen entscheidenden Beitrag dazu leisten kann, diesen von der WHO formulierten Ansatz mit neuen effektiven und effizienten Programmen auf den Weg zu bringen. Die Gesundheitswissenschaften können aufgrund ihrer Interdisziplinarität mit Analysen in der Gesundheitssystemforschung und von gesundheitsökonomischen Aspekten sowie durch die Entwicklung neuer Präventionsstrategien entscheidende Beiträge bei der Bekämpfung von Infektionskrankheiten leisten. Die Infektionsepidemiologie ist im Besonderen angesprochen, die Dynamik von Infektionsprozessen auf Populationsebene zu analysieren, zu modellieren und die gewonnenen Erkenntnisse in Kooperation mit den anderen Teildisziplinen der Gesundheitswissenschaften in

präventive und interventive Strategien umzusetzen.

Die seit den Anschlägen vom 11. September 2001 verstärkt diskutierte terroristische Bedrohung durch Biowaffen wird von einigen Experten als noch gefährlicher beurteilt als die Bedrohung durch konventionelle Waffen und Atomwaffen. Unter den vielen möglichen Infektionserregern sind Pockenviren und Anthraxbazillen die wichtigsten. Ohne Panik verbreiten zu wollen, steht fest, dass man gegenwärtig weltweit völlig unzureichend auf solche bioterroristischen Anschläge vorbereitet ist. Es werden einige Zeit und beträchtliche finanzielle Ressourcen erforderlich sein, um internationale Programme zu entwickeln, die etwaige größere bioterroristische Angriffe einigermaßen gezielt und adäquat bekämpfen oder beantworten können. Diese Programme schließen ein Training von Experten in Theorie und Praxis der Infektionsepidemiologie ein. Darüber hinaus ist es Aufgabe der Politik, im Sinne einer Primärprävention dafür Sorge zu tragen, dass die Wahrscheinlichkeit einer zukünftigen terroristischen Attacke minimiert wird.

Obwohl es in Deutschland eine große Tradition der Hygiene und Infektiologie gibt, die u. a. auf Robert Koch und Paul Ehrlich zurückgeht, wurden in der jüngeren Vergangenheit erhebliche Defizite in der deutschen Infektiologie und besonders auch in der infektionsepidemiologischen Forschung und Praxis deutlich. Dies galt für den öffentlichen Gesundheitsbereich, der mit der Überwachung von Infektionskrankheiten betraut ist, aber auch für die populationsbezogene Forschung. Im Gegensatz zu europäischen Nachbarn wie den Niederlanden, Großbritannien und Skandinavien gab es in Deutschland kein bundes- oder länderweites Meldesystem für einige Infektionskrankheiten, das eine wirksame epidemiologische Evaluation des Infektionsgeschehens ermöglichte.

Durch das Anfang 2001 in Kraft getretene Infektionsschutzgesetz und eine Erweiterung des infektionsepidemiologischen Apparates im Robert-Koch-Institut, mit dessen Hilfe die moderne Surveillance von Infektionen und Infektionskrankheiten erleichtert werden soll, wird sich diese Situation in der Zukunft voraussichtlich wesentlich verbessern.

Neben einer Neustrukturierung der öffentlichen Gesundheitsberichterstattung ist auch die Aus- und Weiterbildung von infektionsepidemiologisch geschulten biomedizinischen Praktikern und Wissenschaftlern eine wichtige Voraussetzung für den Aufbau eines effektiven Meldesystems. Ohne Wissenschaftler, die über eine fundierte Kenntnis infektionsepidemiologischer Methoden verfügen und diese in Studien umsetzen können, kann auch ein gut funktionierendes Surveillancesystem mittel- und langfristig nicht viel zur Prävention von Infektionskrankheiten beitragen. Auf Verantwortliche aus dem Bereich Public Health, die in wissenschaftlicher oder in administrativer Funktion mit infektionsepidemiologischen Fragestellungen betraut sind, kommen durch die Harmonisierung des Gesundheitswesens auf EU-Ebene neue Aufgaben zu, die eine Aktualisierung ihres derzeitigen Wissensstandes verlangen.

Mit diesem Buch wollen wir einen Beitrag zur Ausbildung und Fortbildung auf dem Gebiet der modernen Infektionsepidemiologie leisten. Zielgruppen sind Studierende der Epidemiologie und biowissenschaftlicher und gesundheitswissenschaftlicher Fächer ebenso wie Experten in den Bereichen Medizin, Biologie, Mikrobiologie und anderen angrenzenden Disziplinen.

Nach einer Charakterisierung der Bedeutung und Aufgaben der Infektionsepidemiologie wenden wir uns exemplarisch einigen neuen und wieder verstärkt auftretenden alten Infektionskrankheiten zu.

Einer ausführlichen Betrachtung infektionsepidemiologischer Grundlagen ist eine ganze Reihe von Kapiteln gewidmet, in denen Prinzipien und Konzepte dieses Anwendungsfeldes und die Besonderheiten statistischer infektionsepidemiologischer Verfahren ebenso erörtert werden wie die Charakteristika infektionsepidemiologischer Surveillance und von Ausbruchsuntersuchungen. Des Weiteren wird der Leser in das Gebiet der mathematischen Modellierung eingeführt und mit Impfstrategien vertraut gemacht.

Spezielle Kapitel widmen sich der Thematik geographischer Informationssysteme und der Surveillance nosokomialer Infektionen. Besondere epidemiologische Methoden wie das Capture-Recapture-Verfahren und die Infektionssurveillance in Entwicklungsländern werden in eigenen Kapiteln besprochen. Das Anfang 2001 in Kraft getretene Infektionsschutzgesetz wird ausführlich dargestellt.

Ausgehend von unseren Erfahrungen mit der Internationalen Sommerschule „Infectious Disease Epidemiology" in Bielefeld und dem bundesweiten Master-of-Science-Programm in Epidemiologie werden wichtige praktische Übungen auf einer beiliegenden CD-ROM zusammen mit Analysensoftware zur Verfügung gestellt, damit dem Leser ein praxisnahes Erlernen unseres Arbeitsgebietes erleichtert wird.

Teil I

Einführung in die Infektionsepidemiologie

Bedeutung und Aufgaben der Infektionsepidemiologie

Alexander Krämer

In letzter Zeit haben das renommierte Institute of Medicine der National Academy of Sciences (USA), die Weltgesundheitsorganisation (WHO), die Centers for Disease Control and Prevention (CDC) in den USA, die Europäische Union (EU) und die Regierungschefs der führenden Industrienationen (G8-Staaten) auf die Bedrohung durch Infektionskrankheiten und ihre Auswirkungen hingewiesen und diesbezüglich die Entwicklung geeigneter Strategien gefordert (National Academy of Sciences 1992, N. N. 1994, N. N. 1998a, N. N. 1998b, WHO 1998).

Die enorme Bedeutung von Infektionskrankheiten ergibt sich aus ihrer großen Morbidität und Mortalität. Infektionskrankheiten einschließlich parasitärer Erkrankungen sind weltweit für ca. ein Viertel aller Todesfälle verantwortlich. Nach Schätzungen der WHO (WHO 2001) ließen sich im Jahr 2000 über 14,4 Millionen Todesfälle auf Infektionskrankheiten und parasitäre Erkrankungen zurückführen. An erster Stelle dieser Todesursachenstatistik standen die Herz-Kreislauf-Erkrankungen mit über 16,7 Millionen Todesfällen, über 7 Millionen geschätzte Todesfälle waren auf Krebserkrankungen zurückzuführen. Danach folgten peri- und neonatale Ursachen und Erkrankungen der Atmungsorgane. Andere und unbekannte Ursachen waren für ein Fünftel der Todesfälle verantwortlich (Abb. 1.1).

1.1 Vorkommen von Infektionskrankheiten

Bekanntermaßen haben die Infektionskrankheiten in den Entwicklungsländern eine im Vergleich zu anderen Volkskrankheiten wesentlich größere Bedeutung als in den entwickelten Ländern, in denen der Anteil der Infektionskrankheiten an der Gesamtmortalität auch in den letzten Jahrzehnten noch deutlich abgenommen hat. So ging der Anteil der Infektionskrankheiten an den Todesfällen von 1985 bis 1997 in den entwickelten Ländern von 5 % auf 1 % zurück. Demgegenüber blieb der Anteil der Infektionskrankheiten an der Gesamtmortalität in den Entwicklungsländern im gleichen Zeitraum mit ca. 44 % vergleichsweise stabil auf wesentlich höherem Niveau (s. Abb. 1.2). Trotz des Rückgangs der Mortalität durch Infektionskrankheiten in den entwickelten Ländern ist die gesundheitsökonomische Belastung infolge der durch Infektionskrankheiten verursachten Morbidität auch in diesen Ländern enorm groß. Für die USA wird geschätzt, dass durch diese Erkrankungen jährlich Kosten in Höhe von ca. 120 Milliarden US-Dollar verursacht werden (N. N. 1998b).

Innerhalb der Gruppe der Infektionskrankheiten hatten akute Infektionen des unteren Respirationstraktes einen führenden Anteil an der durch Infektionskrankheiten verursachten Mortalität

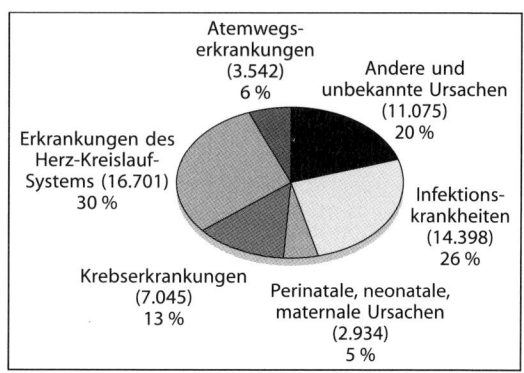

Abb. 1.1. Globale Todesursachen 2000. Infektionskrankheiten und parasitäre Erkrankungen waren 2000 für 14,4 Millionen Todesfälle und damit ca. ein Viertel aller Todesfälle verantwortlich. Todesfälle in Tausend und Gesamtprozentsatz. (Nach World Health Report 2001).

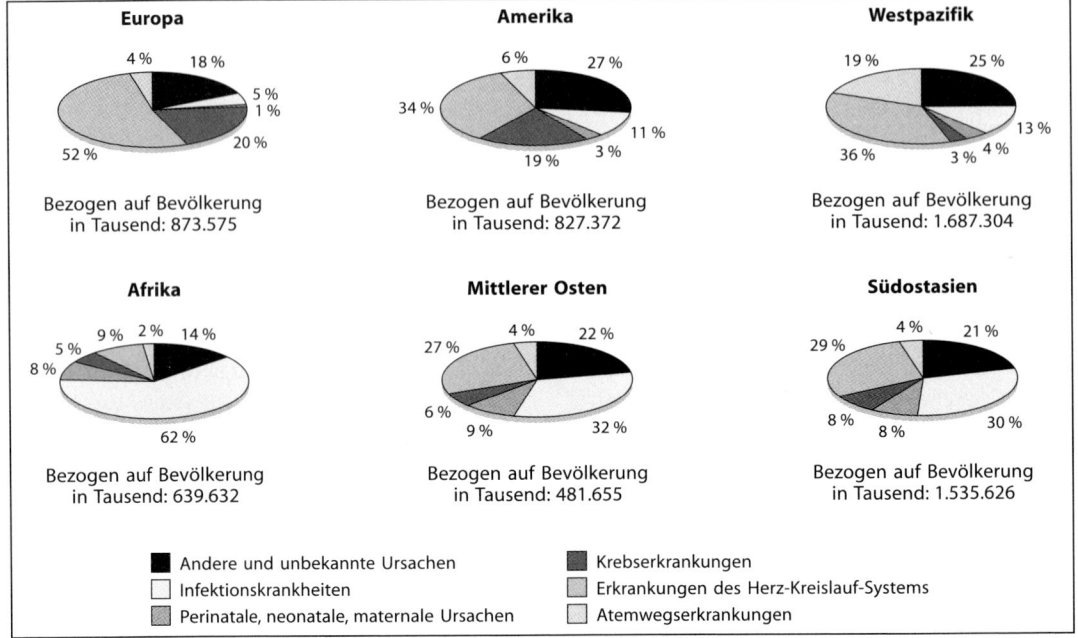

Abb. 1.2. Todesursachen: Verteilung der Todesfälle nach Hauptursachen und Weltregion. Während Infektionskrankheiten und parasitäre Erkrankungen in den entwickelten Ländern eine abnehmende Bedeutung in der Todesursachenstatistik hatten, blieb der geschätzte Anteil dieser Erkrankungen an allen Todesfällen in den Entwicklungsländern, vor allem in Afrika, hoch. (Nach World Health Report 2001)

(geschätzte 3,941 Millionen Todesfälle 2000 weltweit), gefolgt von Erkrankungen durch das Immundefizienzvirus (HIV) bzw. das erworbene Immundefektsyndrom (Aids) mit 2,943 Millionen geschätzten Todesfällen, den Durchfallerkrankungen (ca. 2,124 Millionen Todesfälle), der Tuberkulose (ca. 1,660 Millionen Todesfälle) und der Malaria (ca. 1,080 Millionen Todesfälle) (jeweils für das Jahr 2000, World Health Report 2001). Dabei weist die neue Infektionskrankheit HIV/Aids, die sich in den letzten 25 Jahren pandemisch ausgebreitet hat, mit unterschiedlich zusammengesetzten Epidemien in verschiedenen Weltregionen (z. B. eine vorwiegend heterosexuelle Übertragung in Afrika gegenüber einer Epidemie vorzugsweise in der Gruppe der homosexuellen Männer und intravenösen Drogenkonsumenten in Westeuropa) einen zunehmenden Anteil in der Todesursachenstatistik auf. Vom Joint United Nations Programme on HIV/AIDS (UNAIDS) und der WHO wird geschätzt, dass bis zum Ende des Jahres 1999 weltweit insgesamt 18,8 Millionen Todesfälle durch HIV/Aids hervorgerufen wurden, die Mehrzahl davon in Entwicklungsländern (UNAIDS 2000).

1.1.1 Neue Infektionskrankheiten

Neben der HIV/Aids-Erkrankung gewinnen in letzter Zeit auch weitere neu auftretende Infektionskrankheiten eine zunehmende Bedeutung für die Morbidität und Mortalität der Bevölkerung. Dazu gehören Erkrankungen hervorgerufen durch das Ebola-Virus und durch das Marburg-Virus mit häufig tödlichem Verlauf, die Legionärskrankheit durch *Legionella pneumophilia*, die Lyme-Erkrankung durch Borrelien und eine neue Variante der Creutzfeldt-Jakob-Krankheit, die bereits bei jüngeren Erwachsenen beobachtet wird und deren Ätiologie höchstwahrscheinlich mit der bovinen spongiformen Enzephalopathie (BSE) zusammenhängt, einer tödlich verlaufenden Erkrankung bei Rindern, die in den 80er und 90er Jahren epidemieartig vor allem in Großbritannien aufgetreten ist, und die zu einer starken Verunsicherung der Verbraucher von industriell hergestellten Fleischprodukten innerhalb der Europäischen Union führte.

1.1.2 Alte Infektionskrankheiten

Außer diesen neu auftretenden Infektionskrankheiten spielen aber auch die altbekannten Infektionskrankheiten immer noch eine sehr große Rolle. Nach dem Zusammenbruch der Sowjetunion und der Auflösung des Ostblocks sind vor allem in Russland spektakuläre Fälle von Diphtherie beobachtet worden, deren Auftreten mit entsprechenden Impflücken in der Bevölkerung assoziiert war. Des Weiteren sind in letzter Zeit vor allem in Lateinamerika große Ausbrüche des Dengue-Fiebers aufgetreten. Trotz großer Anstrengungen von Seiten der WHO und anderer Gesundheitsinstitutionen sind wir von einer Ausrottung der Masern gegenwärtig noch weit entfernt und beobachten immer wieder regionale Ausbrüche, und zwar nicht nur in Entwicklungsländern, sondern infolge von Impflücken auch in westlichen Industrieländern. Aufgrund des starken internationalen Reiseverkehrs besteht eine zunehmende Gefährdung der Bevölkerung durch importierte Fälle von Malaria auch in nicht für diese parasitäre Erkrankung endemischen Regionen.

Anfang der neunziger Jahre wurden in New York bei HIV-infizierten Personen spektakuläre Fälle von multiresistenter Tuberkulose beobachtet, deren klinisch schwerwiegender und häufig tödlicher Verlauf durch generalisierte Tuberkuloseinfektionen infolge Immunsuppression bedingt war. Gegenwärtig besteht eine Bedrohung der Bevölkerung durch resistente Tuberkulosestämme besonders auch in Russland und angrenzenden osteuropäischen Ländern. Mit diesen wenigen Hinweisen wird deutlich, dass die Beschäftigung mit Infektionskrankheiten in den westlichen Industrieländern keineswegs ad acta gelegt werden kann, sondern dass diese Erkrankungen auch in diesen Ländern gegenwärtig und zukünftig einen gewichtigen Stellenwert haben.

Infektionskrankheiten können sich beim Menschen im Bereich aller großen Organsysteme manifestieren, wie dies in Lehrbüchern der klinischen Infektiologie für die klassischen Infektionskrankheiten beschrieben wird. Im Folgenden sollen einige ausgewählte Krankheitsbilder erwähnt werden, bei deren Ätiologie und Pathogenese bestimmte Infektionserreger modellhaft eine wichtige Rolle spielen, oder bei denen neuerdings die Beteiligung bestimmter Infektionen an der Krankheitsentstehung diskutiert wird.

1.2 Spektrum der durch Infektionen ausgelösten Krankheiten

1.2.1 Infektionen als Ursache von Krebserkrankungen

Für die Gruppe der Krebserkrankungen soll hier das hepatozelluläre Karzinom genannt werden, das vor allem in Regionen, in denen Infektionen mit dem Hepatitis-B- und dem Hepatitis-C-Virus endemisch sind, häufig vorkommt (Pisani et al. 1997). Die Ätiologie des hepatozellulären Karzinoms ist mit diesen beiden Virusinfektionen der Leber eng verknüpft, wobei sich der Tumor erst nach langen Latenzzeiten von Jahren oder Jahrzehnten manifestieren kann. Hinsichtlich der Pathogenese des hepatozellulären Karzinoms ist eine interessante Frage, welche anderen Kofaktoren (genetische Faktoren, Umgebungsfaktoren) neben den Infektionen mit dem Hepatitis-B- bzw. -C-Virus von Bedeutung sind. Von großer bevölkerungsmedizinischer und Public-Health-Relevanz ist die Aussicht, Prävalenz und Inzidenz des hepatozellulären Karzinoms durch effektive Impfkampagnen besonders in endemischen Regionen mittel- und langfristig deutlich zu vermindern.

Außerdem ist die adulte T-Zellen-Leukämie (ATL) zu nennen, bei der es sich um eine lymphoproliferative Erkrankung mit besonders bösartigem Verlauf handelt und deren Ätiologie eng mit einer Infektion durch das humane T-Zellen-Leukämie-Virus Typ I (HTLV-I) zusammenhängt. Diese sehr alte Retrovirusinfektion kommt z. B. in Südjapan und der Karibik endemisch vor und kann bei einigen HTLV-I-infizierten Personen ebenfalls nach sehr langen Latenzzeiten zu ATL bzw. einem T-Zell-Lymphom führen. Bestimmte humane Papillomviren (HPV) können an der Entstehung von Zervixkarzinom und Analkarzinom beteiligt sein, und seit einiger Zeit wird die Beteiligung des humanen Herpesvirus Typ 8 an der Pathogenese des Kaposi-Sarkoms diskutiert.

Nicht nur virale Erreger, sondern auch Infektionen mit bakteriellen Erregern kommen als Ursache für Krebserkrankungen in Betracht. Die Beteiligung des Bakteriums *Helicobacter pylori* an der Entstehung des MALT („mucosa-associated lymphoid tissue") -Lymphoms kann als gesichert gelten, während die Rolle von *Helicobacter pylori* für die Pathogenese des Magenkarzinoms noch diskutiert wird. Auf dem Gebiet der gastrointestinalen Erkrankungen haben die wissenschaftlichen

Erkenntnisse im Zusammenhang mit der *Helicobacter-pylori*-Infektion nicht nur das Pathogenesekonzept der Ulkuskrankheit revolutioniert, sondern auch das therapeutische Konzept für diese Erkrankung nachhaltig dahingehend verändert, dass heutzutage durch Antibiotika eine Eradikation dieses Keims versucht wird. Neuerdings wird sogar über eine Beteiligung von *Helicobacter pylori* bei allen möglichen anderen Erkrankungen spekuliert, insbesondere wurde die These aufgestellt, dass dieses Bakterium für die Ätiologie bzw. Pathogenese der Arteriosklerose mitverantwortlich sein könnte.

1.2.2 Infektiöse Genese der koronaren Herzkrankheit?

Stärkere Evidenz scheint es in diesem Kontext für die mögliche Rolle eines anderen Erregers, *Chlamydia pneumoniae*, zu geben, weil große epidemiologische Studien Assoziationen zwischen *Chlamydia pneumoniae* und dem Auftreten der koronaren Herzkrankheit aufgezeigt haben (Saikku 1992), wobei die genauen ätiopathogenetischen Zusammenhänge aber noch ungeklärt sind. Trotzdem hätte die mögliche Beteiligung dieses infektiologischen Erregers bei einer Volkskrankheit wie der koronaren Herzkrankheit und der Arteriosklerose ganz erhebliche bevölkerungsmedizinische Relevanz mit potentiellen Implikationen für die Prävention. Auch über die Rolle eines weiteren Herpesvirus, des Zytomegalievirus, bei der Entstehung von Gefäßerkrankungen wird nachgedacht.

1.2.3 Neuropsychiatrische Infektionskrankheiten

Nicht zuletzt werden Infektionserreger zunehmend auch im Bereich neurologischer und psychiatrischer Erkrankungen diskutiert. Für die Ätiologie der Creutzfeldt-Jakob-Krankheit werden Prione angeschuldigt, bei denen es sich nicht um selbstständige Erregerentitäten wie Viren oder Bakterien handelt, sondern um infektiöse Makromoleküle. Prione kommen auch als ursächliches Agens für die bovine spongiforme Enzephalopathie (BSE) bei Rindern in Betracht und für Kuru, eine Erkrankung des Zentralnervensystems, welche bei Ureinwohnern in Papua-Neuguinea beobachtet wird. Über eine mögliche Rolle des Bornavirus bei bestimmten endogenen Depressionen wird

spekuliert, weil dieses Virus offenbar eine Affinität zu den Neuronen des limbischen Systems hat (Bode u. Ludwig 1997).

Ganz besonders faszinierend für ein infektiologisches Konzept bei demyelinisierenden Erkrankungen ist der Zusammenhang zwischen HTLV-I und der HTLV-I-assoziierten Myelopathie bzw. tropischen spastischen Paraparese (HAM/TSP), welche wie ATL in für HTLV-I endemischen Gebieten vorkommt und bei der es sich um die spinale Form einer demyelinisierenden Erkrankung handelt. Deswegen wurde das HTLV-I-Modell auch schon für die in unseren Breiten häufige multiple Sklerose diskutiert (Krämer u. Blattner 1989, Krämer et al. 1995).

1.3 Strukturelle Gründe für die Ausbreitung von Infektionskrankheiten

Darüber hinaus gibt es strukturelle Gründe für die Ausbreitung von Infektionskrankheiten (Tabelle 1.1), weswegen die Epidemiologie der Infektionskrankheiten in letzter Zeit deutlich an Bedeutung gewonnen hat. Diese wieder wachsende Bedeutung der Infektionsepidemiologie hängt mit der Globalisierung zusammen, welche zu einer zunehmenden Mobilität von Individuen und ganzen Bevölkerungsgruppen geführt hat. Internationales Reisen hat aus geschäftlichen und touristischen Gründen, und weil die technologischen Voraussetzungen vorhanden sind, stark zugenommen, sodass man nur in wenigen Stunden weit entfernte Länder erreichen kann, deren Kulturen, klimatische Verhältnisse und Prävalenz von Infektionserregern und ansteckenden Krankheiten vom Heimatland sehr verschieden sein können. Etwa 4 Millionen deutsche Bundesbürger reisen pro Jahr in tropische und subtropische Länder und importieren auf dem Rückweg Malaria, Dengue-Fieber, Hepatitis-A-Infektionen, andere gastrointestinale Infektionen und weitere Erkrankungen. Häufig ist die reisemedizinische Beratung vor Reiseantritt unzureichend, und Gesundheitsämter und niedergelassene Ärzte sind nur teilweise auf importierte Infektionen bei Reiserückkehrern vorbereitet.

❶ Migrationen von Bevölkerungsgruppen und ganzen Bevölkerungen spielen eine wichtige Rolle für den Import und Export von Infektionserregern und Krankheiten.

Tabelle 1.1. Ursachen für eine zunehmende Bedeutung der Epidemiologie von Infektionskrankheiten

Globalisierung	Hohe Mobilität
	Import und Export von Infektionskrankheiten
	Internationales Reisen (Reisemedizinische Beratung, Reiserückkehruntersuchungen)
Migrationen	Arbeitsmigration
	Bildungsmigration
	Flüchtlinge (unkoordinierte Bevölkerungsbewegungen)
Umwelt	Urbanisierung (Mega-Cities)
	Klimaveränderungen (Brutstätten)
	Katastrophen (Wirbelstürme, Erdbeben, etc.)
Politik	Kriege
	Politische Unterdrückung (Minderheiten)
	Soziale Ungleichheit (vulnerable Gruppen)
Medizin	Hochtechnisierte Medizin (z. B. Intensivstationen)
	Organtransplantationen
	Chemotherapie
	Nosokomiale Infektionen
	Antibiotikaresistenzen
Lebensmittel	Technisierung und Industrialisierung der Produktion
	Antibiotikaeinsatz bei Tieren
	Verbrauchsverhalten der Bevölkerung
	Globale Distribution von Lebensmitteln

Unter diesen Migrantenströmen finden sich Menschen, die ihr Heimatland verlassen, um in einem anderen fremden Land Arbeit zu suchen (Arbeitsmigration), und solche, die wegen einer Ausbildung oder Weiterbildung in ein anderes Land fahren (Bildungsmigration). Darüber hinaus wandern Menschen aus politischen, religiösen oder kulturellen Gründen aus und suchen politisches Asyl in einem demokratischen Land, weil sie in ihrem Heimatland als Minderheiten verfolgt und diskriminiert werden. Im Rahmen von kriegerischen Auseinandersetzungen und Umweltkatastrophen (z. B. Wirbelstürme, Erdbeben, Flutkatastrophen) kann es zu völlig mangelhaft koordinierten Flüchtlingsbewegungen kommen, welche weitreichende medizinische Folgen für die flüchtende Bevölkerung haben, sodass sich in solchen Fällen verheerende Seuchen ausbreiten können, die auf durch Hunger und Strapazen ausgezehrte und vulnerable Menschen treffen.

❶ Ein weiterer struktureller Grund für die Begünstigung der Ausbreitung von Infektionskrankheiten ist die zunehmende Verstädterung vor allem in Entwicklungsländern, aber auch in entwickelten Ländern mit dem Ergebnis wachsender Bevölkerungsdichte und der Bildung sog. Mega-Cities mit weitreichenden sozialen und medizinischen Konsequenzen.

Aus der zunehmenden sozialen Ungleichheit in den Entwicklungsländern, aber auch in westlichen Industrieländern, resultieren in benachteiligten und vulnerablen Bevölkerungsgruppen höhere Prävalenzen und Inzidenzen an infektiologischen Erkrankungen. Zusätzlich können Umweltveränderungen infolge einer Abholzung der Regenwälder und eine globale Erwärmung als Folge von Industrieemissionen und anderen Ursachen zu einer Vergrößerung der für bestimmte Tropenkrankheiten endemischen Regionen wie z. B. der Malaria führen, weil die für die Übertragung dieser Krank-

heiten verantwortlichen Vektoren erweiterte Brut-
stätten haben.

**❶ Des Weiteren hat die zunehmende Bedeutung
der Infektionsepidemiologie ihren Grund in der
heutzutage hochtechnisierten medizinischen
Versorgung.**

Als Beispiele seien die Verbreitung von Infektionserregern durch zentrale Katheter und die Gefährdung von künstlich beatmeten Patienten durch
Pneumonien auf Intensivstationen genannt. Im-
munsuppressive Therapien nach Organtransplan-
tationen können nicht nur die Abstoßung des
transplantierten Organs verhindern, sondern auch
die Dissemination von Krankheitserregern begünstigen, wodurch beim Patienten generalisierte
schwere Infektionen auftreten können wie generalisierte Zytomegalievirusinfektionen oder Asper-
gillosen.

In der Onkologie sind die Überlebensraten von
Krebspatienten nicht nur von der erfolgreichen Re-
mission der Tumore oder Leukämien abhängig,
sondern hängen wesentlich auch von dem Auftreten
lebensbedrohlicher generalisierter Infektionen ab,
deren klinische Manifestation durch die chemothe-
rapeutische Behandlung begünstigt werden kann.

**❶ Antibiotikaresistenzen von Bakterien, Viren und
Parasiten stellen ein seit Beginn der Antibiotika-
ära zunehmendes Problem bei den unterschiedlichsten Infektionen dar, vor allem bei im Krankenhaus erworbenen Infektionen (nosokomiale
Infektionen).**

Anfang der 90er Jahre wurden bei HIV-infizierten
Patienten in New Yorker Krankenhäusern Fälle
von multiresistenter Tuberkulose beobachtet. In
letzter Zeit ist vor allem aus Russland über gehäufte Fälle von multiresistenter Tuberkulose berichtet
worden, was zu der Befürchtung Anlass gab, dass
zukünftige Epidemien der Tuberkulose in Russland mit einer Gefährdung der gesamten Bevölkerung bevorstehen könnten vor dem Hintergrund
der großen sozialen Probleme in diesem Land,
einer zunehmend dysfunktionalen medizinischen
Versorgung und einem größer werdenden Anteil
immunsupprimierter Bevölkerungsgruppen durch
eine starke Ausbreitung der HIV-Infektion besonders bei intravenösen Drogenkonsumenten
und ihrem Umfeld.

Durch die Technisierung und Industrialisie-
rung der Lebensmittelproduktion mit Antibioti-

kaeinsatz in der Tierproduktion, das veränderte
Zubereitungs- und Verbrauchsverhalten und die
zunehmend globale Distribution von Lebensmitteln sind Verhältnisse geschaffen worden, welche
die Ausbreitung bestimmter für den Menschen gefährlicher Erreger begünstigen (s. Tabelle 1.1).

1.4   Aufgaben der Infektionsepidemiologie

Die Aufgaben der Infektionsepidemiologie
(s. Übersicht) bestehen darin, die Prävalenz und
Inzidenz von Infektionskrankheiten zu beschreiben, wobei die epidemiologischen Trends für verschiedene Weltregionen charakterisiert werden
müssen. Eine weitere Aufgabe ist, die Ausbrei-
tungs- und Verbreitungswege der Infektionserreger in menschlichen Bevölkerungsgruppen und
ggf. bei den Vektoren zu erfassen, was Untersuchungen zur Übertragungsart, der Infektionswahrscheinlichkeit pro Kontakt zwischen dem Infizierten und dem Suszeptiblen, der Häufigkeit
und Intensität dieses Kontaktes genauso ein-
schließt wie die Bestimmung von Risiko- und protektiven Faktoren für Infektionen und assoziierte
Erkrankungen. Ohne derartige epidemiologische
Studien und Erkenntnisse kann die Dynamik einer Infektion bzw. Infektionskrankheit auf Bevölkerungsebene nur unzureichend verstanden werden. In Zusammenarbeit mit den Mikrobiologen
gilt es, die speziellen Eigenschaften des Erregers
wie seine Virulenz, seine Pathogenität und ggf. seine Resistenzen zu charakterisieren und auf mole-
kularbiologischer Ebene für verschiedene Subtypen und Stämme des Erregers zu spezifizieren.
Weitere Aufgaben der Infektionsepidemiologie bestehen darin, für eine bestimmte Infektion besonders vulnerable Bevölkerungsgruppen zu
identifizieren, damit diese von gezielten Präven-
tions- und Interventionsmaßnahmen profitieren
können. Außerdem geht es darum, Ausbrüche zu
erkennen, um zu verhindern, dass aus diesen Ausbrüchen größere Epidemien werden. Untersuchungen zur Populationsimmunität dienen dem
Zweck, den Impfstatus der Bevölkerung zu erfassen, um etwaige Impflücken schließen zu können.

Eine entscheidende Aufgabe der Infektionsepidemiologen besteht darin, zu einem modernen
Monitoring des Infektionsgeschehens und einer
belastbaren Infektionssurveillance beizutragen,
welche in demokratischer Weise und datenschutz-
rechtlich unbedenklich die modernen Informa-

Aufgaben der Infektionsepidemiologie

- Beschreibung von Prävalenz und Inzidenz von Infektionskrankheiten (epidemiologische Trends)
- Erfassung der Ausbreitungs- und Verbreitungswege der Erreger
- Charakterisierung der Übertragung (Infektionswahrscheinlichkeit, Kontakte)
- Identifikation von Risikofaktoren und protektiven Faktoren
- Charakterisierung der Erregereigenschaften (Virulenz, Pathogenität, Resistenzen)
- Spezifikation bestimmter Subtypen und Stämme des Erregers (molekulare Epidemiologie)
- Identifikation von vulnerablen Bevölkerungsgruppen (Prävention, Interventionen)
- Erkennen von Ausbrüchen (Verhinderung von Epidemien)
- Untersuchungen zur Populationsimmunität (Impfstatus, Impflücken)
- Modernisierung des Monitorings und der Infektionssurveillance (Standardisierung, internationale Netzwerke, aktive Partizipation)
- Mathematische Modelle (Computersimulationen, Evaluation von Interventionsstrategien, gesundheitsökonomische Faktoren)
- Inter- und transdisziplinäre Kooperationen (Mikrobiologen, Public-Health-Experten, Epidemiologen)

tionstechnologien nutzt und dabei die verschiedenen Public-Health-Akteure, andere Mitglieder des medizinischen Versorgungssystems und vor allem die Adressaten von medizinischen und Public-Health-Dienstleistungen, die Bürgerinnen und Bürger, aktiv und zum gesundheitlichen Wohle der Bevölkerung mit einbezieht. Für eine effektive moderne Surveillance sind abgestimmte und standardisierte Meldesysteme und Prozeduren des Datenmanagements erforderlich. So wurde vom Europäischen Parlament und Rat der EU im Jahre 1998 beschlossen, ein unionsweites Netzwerk der infektionsepidemiologischen Überwachung und ein Frühwarnsystem einzurichten und die nationalen

Maßnahmen zur Verhütung und Kontrolle ausgewählter Infektionskrankheiten aufeinander abzustimmen.

Mathematische infektionsepidemiologische Modelle haben die Aufgabe, die Übertragungsdynamik und Ausbreitungsmuster von Infektionen besser verstehen zu helfen, für die Populationsdynamik wichtige Parameter zu identifizieren, Surveillancestrategien zu bewerten und bestimmte Interventionsmaßnahmen wie z. B. Impfungen durch Computersimulationen miteinander zu vergleichen. Dadurch können Public-Health-Experten und politischen Entscheidungsträgern Empfehlungen an die Hand gegeben werden, welche Interventionen auf Bevölkerungsebene für eine definierte Region auch unter gesundheitsökonomischen Gesichtspunkten am wirkungsvollsten sind. Somit können die aus den Modellrechnungen gewonnenen Informationen auch Erkenntnisse beisteuern, an welchen Stellen die Infektionssurveillance durch neue und effektivere Elemente ersetzt bzw. ergänzt werden muss. Auch das auf der Basis des neuen Infektionsschutzgesetzes zu etablierende modernisierte Surveillancesystem in Deutschland wird gegenwärtig entsprechenden Evaluationen unterzogen.

❷ Fazit

Ganz entscheidend für den Erfolg bei der Bekämpfung der Infektionskrankheiten ist die verstärkte interdisziplinäre Zusammenarbeit zwischen Mikrobiologen, Public-Health-Experten und Infektionsepidemiologen sowohl in der wissenschaftlichen Arbeit wie beim Wissenstransfer. Nur dadurch kann gewährleistet werden, dass die durch Infektionskrankheiten verursachte Morbidität und Mortalität gesenkt und die Lebensqualität der Bevölkerung entscheidend verbessert wird.

Literatur

Bode L, Ludwig H (1997) Bornavirus-Infektion und psychiatrische Erkrankungen. Inf Fo III: 15–20

Krämer A, Blattner WA (1989) The HTLV-I model and chronic demyelinating neurologic diseases. In: Notkins AL, Oldstone MBA (eds) Concepts in Viral Pathogenesis III. Springer, New York Berlin Heidelberg Tokyo. pp 204–214

Krämer A, Maloney E, Morgan OSC et al. (1995) Risk factors and cofactors for HTLV-I associated myelopathy / tropical spastic paraparesis (HAM/TSP) in Jamaica. Am J Epidemiol 142: 1212–1220

National Academy of Sciences (1992) Emerging infections: microbial threats to health in the United States. Natl Acad Press, Washington DC

N.N. (1994) Adressing emerging infectious disease threats: a prevention strategy for the United States. MMWR 43: RR-5

N.N. (1998a) G-8 Wirtschaftsgipfel 1998 zum Problem der Infektionskrankheiten. Epidemiol Bulletin 32: 227–228

N.N. (1998b) Preventing emerging infectious diseases: a strategy for the 21st century. MMWR 47: RR-15

Pisani P, Parkin M, Munoz N, Ferlay J (1997) Cancer and infection: estimates of attributable fraction in 1990. Cancer Epidemiol Biomarkers and Prev 6: 387–400

Saikku P (1992) The epidemiology and significance of Chlamydia pneumoniae. J Infect 25: 27–34

UNAIDS (2000) www.unaids.org/epidemic_update/report/

WHO (1998) The World Health Report 1998 – Life in the 21st century. A vision for all. WHO Genf

World Health Report (2001) www.who.int/whr/2001/

Alte und neue Infektionskrankheiten mit Public-Health-Relevanz

Thomas Löscher und Luise Prüfer-Krämer

Die in diesem Kapitel dargestellten Infektionskrankheiten werden wegen ihrer Prävalenzdynamik unter dem Begriff „emerging infectious diseases" zusammengefasst. Hierunter versteht man

1. lange bekannte Krankheiten, die erst vor wenigen Jahren durch Entdeckung eines verantwortlichen Erregers als Infektionskrankheiten klassifiziert wurden („emerging diagnosis of infectious diseases"),
2. neue Infektionskrankheiten („newly emerging infectious diseases"),
3. das Wiederauftreten oder verstärkte Auftreten bekannter Infektionskrankheiten mit neuer Public-Health-Relevanz („reemerging infectious diseases") und
4. die zunehmende Resistenz bestimmter Infektionserreger („emerging resistance").

Dabei werden anhand von einzelnen wichtigen Erkrankungen die Besonderheiten dieser Infektionskrankheiten erläutert, um die Vielfältigkeit der Einflussfaktoren zu charakterisieren.

In Tabelle 2.1 sind Beispiele alter und neuer Infektionskrankheiten mit aktueller Relevanz aufgeführt. Ein Übergang von einer alten in eine neue Infektionskrankheit ist durch Veränderung des Erregers z. B. zu einer Variante mit veränderter Virulenz oder Therapieresistenz möglich.

2.1 Neu entdeckte Erreger bei bekannten Krankheiten

Die Entdeckung neuer Infektionserreger bei bislang ätiologisch ungeklärten Krankheitsbildern ist auch im 20. und 21. Jahrhundert eine wesentliche Grundlage für epidemiologische Untersuchungen und wirksame Präventions- und Therapiemaßnahmen.

2.1.1 Zunehmende Diagnose von Infektionskrankheiten

Helicobacter-pylori-assozierte Krankheiten

Eine Reihe von bereits lange bekannten Krankheiten konnten in den letzten zwei Jahrzehnten als Infektionskrankheiten („emerging diagnosis of infectious diseases") identifiziert werden (s. Tabelle 2.2). Hierzu gehören die *Helicobacter-pylori* (H. p.)-assoziierten Krankheiten wie die H. p.-Gastritis, peptische Magen- und Duodenalulzera, das Magenkarzinom und das MALT-Lymphom. Bei der sog. B-Gastritis lässt sich Helicobacter in 90 % nachweisen. Im Falle einer helicobacterassoziierten Gastritis erhöht sich das Risiko eines Ulcus duodeni je nach Lokalisation der Gastritis um das 4- bis 25-fache. *H. pylori* wurde von der WHO als Karzinogen erster Ordnung klassifiziert aufgrund der Potenz, bei Langzeitinfektion die Entwicklung eines Magenkarzinoms zu begünstigen. Epidemiologisch manifestiert sich dies in höheren Prävalenzen des Magenkarzinoms in Regionen mit hoher *H.-pylori*-Prävalenz (Correa et al. 1990). Die Entdeckung von *H. pylori* macht eine kurative Therapie der meisten assoziierten Krankheiten beim Individuum heute möglich. Allerdings stellen in jüngster Zeit bei der Eradikationstherapie zunehmende Resistenzen eine neue Herausforderung dar. Den größten epidemiologischen Effekt auf die Prävalenz der assoziierten Erkrankungen bei H. p.-Infektion hat jedoch die Zunahme des Hygiene-

Tabelle 2.1. Beispiele aktueller alter und neuer Infektionskrankheiten

Alte und neue Infektionskrankheiten		
		„Emerging diagnosis"
		Heliobacter-pylori-assoziierte Erkrankungen
		Borreliose
		Hepatitis C, E
„Reemerging"		**„Newly emerging"**
		HIV/Aids
		Neue Variante der Creutzfeldt-Jakob-Krankheit
Dengue		Hämorrhagische Fieber (Hanta, Ebola, Lassa, Marburg)
Cholera	→	Cholera-non-01-Typ (0319)
		Humane Ehrlichiose
		Affenpocken-Virus (Kongo)
		Nipah-Virus-Enzephalitis
		„Emerging resistance"
Tuberkulose	→	Multiresistente Tuberkulose
Malaria	→	Multiresistente Malaria
Syphilis		MRSA

Tabelle 2.2. Neue Infektionserreger bei alten Krankheiten, die in den letzten Jahrzehnten als Infektionskrankheiten klassifiziert wurden

Erreger	Jahr der Entdeckung	Krankheit
Helicobacter pylori	1983	H.p.-Gastritis
		Duodenalulkus
		Magenkarzinom
		MALT-Lymphom
Borrelia burgdorferi	1982	Lyme-Krankheit (Borreliose)
		Erythema chronicum migrans
		Arthritis
		Neuroborreliose
Hepatitis-C-Virus (HCV)	1989	Hepatitis C
Chlamydia pneumoniae	1986	Ambulant erworbene Pneumonie des Erwachsenen
		? Koronare Herzkrankheit
Tropheryma whippeli	1992	Morbus Whipple
Bartonella henselae	1994	Katzenkratzkrankheit
		Bazilläre Angiomatose

standards in westlichen Industrieländern mit einem deutlichen Rückgang der Prävalenz von H. p.-Infektionen in jüngeren Alterskohorten.

Die Übertragung von *H. pylori* erfolgt vermutlich vorwiegend im Kindesalter und nimmt mit steigendem Hygienestandard ab. In westlichen Industrieländern liegt die *H. -pylori*-Prävalenz bei durchschnittlich 30 %, wobei eine starke Altersabhängigkeit mit höheren Prävalenzen in höheren Altersgruppen aufgrund dieses Kohorteneffektes und eine Abhängigkeit vom sozioökonomischen Status vorliegt (Rothenbacher et al. 1989). In Ländern mit niedrigem Hygienestandard sind die Prävalenzen nach wie vor auch in jüngeren Altersgruppen hoch und erreichen in Entwicklungsländern 90 %. Bei Populationen mit Migrationshintergrund aus Entwicklungs- oder Schwellenländern liegen deshalb auch in Industrienationen die Prävalenzen signifikant über denjenigen der einheimischen Bevölkerung (Mégraud 1993).

Lyme-Krankheit

Eine zweite epidemiologisch bedeutende Erkrankung ist die Lyme-Krankheit. Seit Anfang des 20. Jahrhunderts waren das Erythema chronicum migrans und eine Arthritis bekannt, als deren Ursache man eine Infektion, die durch Zeckenbisse übertragen wurde, vermutete. Durch molekularbiologische Untersuchungen bei konservierten Zecken konnte gezeigt werden, dass Borrelien die Überträgerzeckenpopulationen bereits vor Jahrzehnten infiziert hatten. Vermehrte Kontakte zwischen Menschen und Zecken hatten die Zunahme der Übertragung von Borrelien auf den Menschen zur Folge. Das auffallend häufige Vorkommen des Krankheitsbildes an der Nordostküste Amerikas führte schließlich 1981 zur Entdeckung des Erregers *Borrelia burgdorferi* durch Willy Burgdorfer. Seit Kenntnis der verschiedenen Krankheitsbilder werden 3 Stadien der Erkrankung unterschieden, die für das Fortschreiten der Erkrankung und den Einbezug verschiedener Organsysteme (Haut, Gelenke, Zentralnervensystem) in das Krankheitsgeschehen charakteristisch sind: Stadium 1 entspricht einer frühen, lokalisierten Infektion, Stadium 2 einer frühen, disseminierten Infektion und Stadium 3 einem Spätstadium mit persistierender Infektion. Die Lyme-Borreliose ist vor allem an der Ostküste und im Staat Minnesota der USA, in Ost- und Zentraleuropa und in Russland verbreitet. In Deutschland ist die Borreliose nur in ausgewählten Bundesländern meldepflichtig (Berlin, Brandenburg, Mecklenburg-Vorpommern, Sachsen, Sach-

sen-Anhalt) oder wird freiwillig wie in Thüringen gemeldet. Die gemeldeten Erkrankungszahlen lagen in den Jahren 1997/98 zwischen 2 und 33 Erkrankungen auf 100.000 Personen (Robert-Koch-Institut 1999), wobei aber von einer Untererfassung auszugehen ist. Die Seroprävalenzrate, die in etwa 50 % klinisch inapparente Infektionen widerspiegelt, schwankt in Deutschland regional und altersabhängig zwischen 2 und 18 % (Hassler et al. 1992; Weiland et al. 1992).

Bei Hochrisikogruppen wie z. B. Waldarbeitern liegen die Prävalenzen in Deutschland zwischen 25 und 29 % (Talaska u. Bätzig 2001). Die Borrelienprävalenzen bei den Überträgerzecken (Ixodes-Arten) liegen in Deutschland je nach Untersuchungsgebiet und angewandter Testmethode (IFT und PCR) zwischen 2 und 30 %. Als Risikofaktoren für eine Borrelieninfektion wurden in den meisten Untersuchungen das Alter (Kinder: 4–9 Jahre, Erwachsene: zwischen 35 und 60 Jahren), Aufenthalt in der Natur in Waldnähe, Hautkontakt mit Büschen oder Gras und das Vorhandensein von Zecken an Haustieren ermittelt (Robert-Koch-Institut 2001a). In Deutschland schätzt man die Wahrscheinlichkeit einer Infektion (Serokonversion) nach einem Zeckenbiss auf 3–6 %, die einer klinisch manifesten Krankheit auf 0,3–1,4 %. Der Biss einer mit Borrelien infizierten Zecke führt bei ca. 20–30 % zur Infektion. Dies ist auch abhängig von der Verweildauer der Zecke am Körper (Robert-Koch-Institut 1999). Seit Anfang der 80er Jahre stiegen die Meldezahlen für Lyme-Krankheit in den USA von 0 auf über 16.000 pro Jahr an. Hier handelt es sich vor allem um eine zunehmend häufigere („emerging") Diagnose nach bekannt werden der Ätiologie und der Entwicklung von Nachweismethoden für die Erkrankung. Allerdings variieren die Meldezahlen auch in Abhängigkeit von der Vermehrung der Wirtstiere (Mäuse, Wildtiere) für die Überträgerzecken sowie den Kontakten zwischen Mensch und Natur (Spach et al. 1993). Die Entwicklung eines Impfstoffes ist für *B. burgdorferi* gelungen, der in den USA bereits angewendet wurde. Die Häufigkeit der Erkrankung kann hierdurch möglicherweise in der Zukunft beeinflusst werden. Für Europa, wo neben *B. burgdorferi* weitere Erregertypen (vor allem *B. afzelii* und *B. garinii*) vorkommen, ist die Impfstoffentwicklung deutlich erschwert.

2.1.2 Neue Erreger mit zum Teil unklarer klinischer Bedeutung

In den letzten Jahrzehnten wurden einige Erreger erstmals beschrieben. Bei einigen von ihnen ist die pathogene Bedeutung bisher jedoch nicht gesichert. Hervorzuheben ist aus epidemiologischer Sicht *Chlamydia pneumoniae*, da der Erreger neben Zytomegalievirus und *Helicobacter pylori* als Kofaktor für die Entwicklung von kardiovaskulären Erkrankungen diskutiert wird (Ross 1999).

C. pneumoniae wurde erstmals 1986 von Grayston als eigenständiges infektiöses Agens beschrieben. In Deutschland ist die Durchseuchung sehr groß. Etwa 60 % aller 20-Jährigen besitzen Antikörper gegen *C. pneumoniae*. Aufgrund seroepidemiologischer Untersuchungen wird angenommen, dass 5–15 % der ambulant erworbenen Pneumonien durch *C. pneumoniae* versacht werden. Der Erreger vermehrt sich intrazellulär in Endothelien, Makrophagen und glatter Muskulatur und wurde in verschiedenen Untersuchungen in ca. 50 % der artheriosklerotischen Läsionen von Koronararterien nachgewiesen. Patienten mit koronarer Herzerkrankung hatten in mehreren seroepidemiologischen Studien signifikant häufiger erhöhte Antikörpertiter als Kontrollpatienten. *C.-pneumoniae*-Antikörper werden bei Männern deutlich häufiger nachgewiesen als bei Frauen, was ebenfalls für die Prävalenz der koronaren Herzkrankheit gilt.

Trotzdem ist der epidemiologische und pathogenetische Nachweis eines Zusammenhangs zwischen dieser Infektion und der koronaren Herzkrankheit noch nicht abschließend geführt worden.

2.2 Neu auftretende Infektionskrankheiten („newly emerging infections")

❯ **Definition**

In diesem Buch werden unter „emerging infections" nur solche Erkrankungen verstanden, die beim Menschen neu aufgetreten sind.

Dazu gehören vor allem die HIV-Infektion, die neue Variante der Creutzfeld-Jakob-Krankheit (vCJK), das hämorrhagisch-urämische Syndrom (HUS) durch enterohämorrhagische *Echerichia-coli* und die viralen hämorrhagischen Fieber, z. B. Lassa- und Ebola-Fieber.

2.2.1 HIV und vCJK

Die HIV-Infektion hatte vermutlich in Zentralafrika ihren Ursprung und breitete sich im Zuge von Wanderarbeit, entlang bestimmter Transportsysteme (Lastwagenrouten) und Prostitution zunächst in Afrika aus. Mit zunehmender weltweiter Mobilität drang das Virus in die homosexuelle Population und in die Gruppe der intravenösen Drogenbenutzer von Industrieländern ein und verbreitete sich epidemisch über die ganze Welt. Wegen der Konzentration der HIV-Infektion auf Risikopopulationen haben effektive Präventionsmaßnahmen in diesen Bevölkerungsgruppen in westlichen Industrieländern sehr rasch zur Abnahme der Neuinfektionen geführt. In Weltregionen, in denen die HIV-Infektion die gesamte Bevölkerung betrifft und Präventionsmaßnahmen aufgrund fehlender Infrastruktur und Ressourcenknappheit schlecht zu etablieren sind, lässt sich eine z. T. dramatische weitere Zunahme der Inzidenzen beobachten (European Centre for the Epidemiological Monitoring of AIDS 2001).

1995 wurden in England, 3 Jahre nach dem Höhepunkt der BSE (bovine spongiforme Enzephalopathie) -Epidemie (mit insgesamt ca. 181.000 BSE-Fällen bei Rindern), die ersten Todesfälle an einer bislang unbekannten neuen Variante der Creutzfeld-Jakob-Krankheit (vCJK) beobachtet. Kleine Fallzahlen von BSE bei zunächst aus England importierten Rindern, später auch bei einheimischen Rindern wurden aus vielen europäischen Ländern gemeldet, wobei Portugal, die Schweiz und Frankreich mit mehreren Hundert Fällen jeweils an der Spitze stehen. In Deutschland wurden von 2000 bis März 2002 insgesamt 177 BSE-Fälle bei in Deutschland geborenen Rindern bekannt. Hierzu gehören auch diejenigen, die seit 2001 aufgrund der Routinetestung aller verstorbenen Rinder und aller Schlachttiere positiv getestet wurden. Aufgrund verschiedener wissenschaftlicher Befunde ist anzunehmen, dass die BSE-Epidemie ursächlich mit dem Auftreten der vCJK zusammenhängt. Nach der sog. „Priontheorie" handelt es sich bei dem Erreger um ein sich selbst replizierendes Protein, genannt Prion. Als Infektionsquelle für das Rind wird erregerhaltiges Tiermehl vermutet. Der Mensch infiziert sich wahrscheinlich über die orale Aufnahme der Erreger mit Rindfleischprodukten, durch kontaminierte chirurgische Instrumente bei Operationen bzw. infizierte Kornea- und Dura-mater-Transplantate oder aus Hypophysen gewonnenem Wachstumshormon. Von 1996 bis 1999 wurde der Export aller Rindfleischprodukte aus England verboten. Die zeitlich zur BSE-Epidemie verzögert zu beobachtenden vCJK-Inzidenzraten sind wahrscheinlich auf die lange Inkubationszeit dieser Erkrankung zurückzuführen, die möglicherweise Jahre bis Jahrzehnte betragen kann. Bis Mai 2002 wurden in England insgesamt 113 Fälle von bestätigter vCJK gemeldet. In Frankreich wurden 3 Fälle, in Irland 1 Fall und in Deutschland bisher kein Fall dokumentiert. Über die noch zu erwartenden Fallzahlen können z. Z. noch keine Voraussagen getroffen werden. Erst in einigen Jahren wird sich zeigen, wie der weitere epidemiologische Verlauf von vCJK in der menschlichen Population sein wird (Hörnlimann et al. 2001).

2.2.2 Lassa-Fieber und Ebola-Fieber

Zu den neu auftretenden viralen hämorrhagischen Fiebern gehören das Lassa-Fieber und das Ebola-Fieber. Erste Opfer von Lassa waren 1969 Missionsschwestern in Lassa in Nigeria. Das Krankheitsbild war bereits in den 50er Jahren beschrieben worden. Als Hauptreservoir des Lassa-Virus gelten Vielzitzenratten, eine der häufigsten Nagerarten Afrikas. Die Ratten leben in ländlichen Gebieten in engem Kontakt zur Bevölkerung in deren Häusern und Vorratshütten, wo sie den Erreger mit ihrem Urin ausscheiden. In Kriegs- und Unruhezeiten treten gehäuft Infektionen beim Menschen auf, die initial durch orale Infektionen beim Kontakt mit Ratten oder Rattenurin bedingt sind, später von Mensch zu Mensch durch direkten Kontakt erfolgen. Inzwischen rechnet man in Westafrika mit 100.000 Erkrankungen und ca. 5000 Todesfällen pro Jahr.

Im Unterschied zum Lassa-Fieber liegt die Letalität von Ebola-Virusinfektionen mit 53–100 % wesentlich höher. Bei dieser Filovirusinfektion ist das Reservoir nicht bekannt. Wiederholt wurden seit 1976 vor allem im Sudan und Kongo Ausbrüche mit jeweils um 300 Erkrankungen mit initial unbekannter Infektionsquelle und darauf folgenden weiteren Kontaktinfektionen z. B. bei Angehörigen und Krankenhauspersonal beobachtet. Wegen der hohen Infektiosität kommt es bei dieser schweren Infektion, begünstigt durch unzureichende Krankenhaushygiene, in den betroffenen Entwicklungsländern zur Übertragung auf andere Patienten und zu Laborinfektionen, die aufgrund des Versandes von infektiösen Patientenmaterialien auch in weit entfernten Ländern stattfinden

können. Die letzten Ausbrüche fanden im Dezember 2000 in Uganda mit 394 Fällen (davon 149 Todesfälle) und seit Ende 2001 in Gabun und dem benachbarten Kongo mit bisher 60 Fällen (davon 49 Todesfälle) statt (WHO Outbreak News).

2.2.3 Seltenere Infektionen

Tabelle 2.3 zeigt seltenere Infektionen, die in den letzten Jahrzehnten zu Ausbrüchen mit neu entdeckten Erregern führten. Weltweit werden etwa 200.000–300.000 Fälle von hämorrhagischem Fieber mit renalem Syndrom (HFRS) beobachtet, die durch Infektionen mit Hantaviren (Puumala und Dobrava) verursacht werden. Seroepidemiologische Untersuchungen konnten zeigen, dass etwa 2 % der deutschen Bevölkerung hantaspezifische Antikörper aufweisen (Zöller et al. 1995). 1993 trat in den USA (New Mexico, Arizona, Colorado) ein bis dahin unbekanntes pulmonales Syndrom mit hoher Letalität auf. Das ungewöhnliche Krankheitsbild wurde von „neuen" Hantavirustypen hervorgerufen, die erst durch besondere klimatische Bedingungen mit hoher Feuchtigkeit, die zu einer starken Vermehrung der chronisch infizierten Mäusepopulation (Peromyscus maniculatus) führte, Kontakt mit Menschen bekommen hatten.

Importierte, kontaminierte Erdbeeren aus Guatemala sorgten 1996/97 in den USA für Ausbrüche von Cyclospora-cayetanensis-Infektionen mit langanhaltenden Durchfällen. Seit Überträgermückenpopulationen in den USA mit West-Nile-Virus infiziert sind, treten an der Ostküste seit 1999 zunehmend Fälle von Enzephalitiden durch dieses Virus bei Menschen und Pferden auf. Das zuvor auf die alte Welt (Afrika, Eurasien) beschränkte Virus wird vorwiegend durch infizierte Zugvögel verbreitet.

Tabelle 2.3. Seltenere neu aufgetretene („newly emerging") Infektionskrankheiten

Erreger	Jahr der Entdeckung	Erkrankung	Wichtige Ausbrüche; Verbreitung
Hantaan-Virus	1976	Hämorrhagisches Fieber mit renalem Syndrom (HFRS)	Mehr als 3000 Fälle 1951 bei US-Soldaten im Koreakrieg, Mortalität 5 %
Puumala-Virus		HFRS	Mittel- und Nordeuropa (Seroprävalenz bis 3 %)
Dobrava (mitteleuropäische und südosteuropäische Variante)		HFRS	Mittel-/Südosteuropa (Seroprävalenz 2,4 % bei Waldarbeitern in Brandenburg)
Verschiedene Hantavirustypen: Muerto Canyon, Sin Nombre, Louisiana etc.	1993	Pulmonales Hantavirussyndrom	Erstausbruch 1993 in den USA durch günstige klimatische Bedingungen für die Vermehrung der chronisch infizierten Hirschmäusepopulation, 140 Erkrankungen in 3 Jahren, Letalität bis 50 %
Nipah-Virus (dem Hendravirus verwandt)	1999	Enzephalitis	1997/98 in Malaysia bei Schlachthofarbeitern, Letalität 40 %, Übertragung durch infizierte Schweine
West-Nile-Virus	1999	Enzephalitis	Seit 1999 an der Ostküste der USA
Vibrio cholerae O139 Bengal	1992	Cholera	Ausgehend von Indien und Bangladesh Epidemie mit ca. 200.000 Fällen in 7 asiatischen Ländern
Cyclospora cayetanensis (zu Kokzidien gehörig)	1993	Lang anhaltende Durchfallerkrankung	1996/97 Ausbrüche in den USA mit 1465 Erkrankungen durch Kontamination importierter Erdbeeren aus Guatemala
Vermutlich PrP Sc (Prion), vermutlich identisch mit BSE-Erreger	1996	Neue Variante der Creutzfeld-Jakob-Krankheit (vCJK)	Erste Fälle 1994/95 in England, 83 Sterbefälle bis 2001
Ehrlichia chaffeensis, E. ewingii etc	1986, 1994, 1999	Humane monozytogene und granulozytogene Ehrlichiose	Einzelne klinische Fälle, Seroprävalenz bei Waldarbeitern in Brandenburg im Jahr 2000 6,2 %

2.3 Wieder auftretende Infektionskrankheiten („reemerging infections")

❯ **Definition**
Bei den erneut bzw. wieder auftretenden Infektionskrankheiten handelt es sich um bereits seit langem bekannte Erkrankungen, die sich nach einem Rückgang in der Vergangenheit weltweit oder regional wieder ausbreiten, gehäuft auftreten oder epidemische Ausbrüche verursachen. Dazu gehören vor allem Tuberkulose, Malaria, Cholera und Dengue-Fieber. Weitere Infektionskrankheiten, die als „reemerging" bezeichnet werden können, sind in Tabelle 2.4 aufgeführt.

2.3.1 Tuberkulose

Diese weltweit verbreitete Erkrankung betrifft heute vorwiegend Entwicklungsländer (ca. 95 % aller Erkrankungen und 98 % aller Todesfälle) und weist insbesondere in Folge der HIV-Pandemie eine globale Wiederzunahme auf (Gazzard 2001). Die durch Tröpfcheninfektion übertragenen Tuberkulosebakterien sind hochkontagiös und gehören zu den am weitesten verbreiteten Krankheitserregern. Etwa ein Drittel der Menschheit ist Tuberkulin-positiv, das heißt diese Menschen hatten Kontakt mit *Mycobacterium tuberculosis* (Komplex) und sind meist latent infiziert. Es wird angenommen, dass 5–10 % aller latent Infizierten ohne

Tabelle 2.4. Wieder zunehmende und erneut auftretende Infektionskrankheiten („reemerging infectious diseases", Auswahl)

Erkrankung	Aktuelle Epidemiologie
Tuberkulose, Malaria, Cholera, Dengue-Fieber	Siehe Text
Gelbfieber	Zahlreiche Ausbrüche in Afrika und Südamerika; Ausbreitung nach Süd-Brasilien; gehäufte Einzelerkrankungen bei Rodungsarbeitern und Goldschürfern im Amazonasbecken; Importerkrankungen in Industrieländern (Deutschland, USA u. a. Länder)
Japanische Enzephalitis	Zunahme in ländlichen Verbreitungsgebieten Südostasiens; Ausbreitung nach Westen (Epidemien in Nordindien, Nepal, Sri Lanka); seit 1995 Fälle auf den australischen Torres-Inseln
Krim-Kongo-hämorrhagisches Fieber	Epidemische Ausbrüche 2001 (Kosovo, Albanien, Iran, Pakistan, Südafrika)
Meningokokken-Meningitis	Pandemie in Westafrika seit 1996; Epidemie durch Serogruppe W135 Meningokokken bei Mekkapilgern 2000 und 2001 (Importe und Kontaktinfektionen in mehreren europäischen Ländern)
Pest	Mehrere Epidemien in den 90er Jahren in Indien, Tansania und Madagaskar, ausgehend von bekannten Naturherden, begünstigt durch Rattenplage (Verslumung, mangelhafte Hygiene)
Rift-Valley-Fieber	Epidemien bei Mensch und Nutztieren in Nordafrika und subsaharischen Ländern, 1997–1998 große Ausbrüche in Kenia und Somalia (heftige Regenfälle, El Niño), im September 2000 erstmaliges Auftreten außerhalb Afrikas (Epidemien in Saudi-Arabien und Jemen)
Ross-River-Fieber	Ausbreitung in Australien und nach Ozeanien, z. T. mit epidemischen Ausbrüchen
Schlafkrankheit	Epidemische Wiederzunahme in Kriegs-/Unruhegebieten (Angola, Demokratische Republik Kongo, Süd-Sudan) mit hoher Mortalität
Viszerale Leishmaniose	Epidemische Zunahme im Süd-Sudan, Nordost-Indien und West-China; Zunahme als opportunistische Erkrankung bei HIV-Koinfektion, besonders in Südwest-Europa (bevorzugt bei i.v.-Drogengebrauchern) und Nordost-Brasilien

Behandlung im Laufe ihres Lebens eine klinisch manifeste Erkrankung entwickeln. Das Erkrankungsrisiko hängt neben genetischen Dispositionsfaktoren und der Intensität der Exposition vor allem von der Abwehrlage ab. Typische begünstigende Faktoren sind Malnutrition, Alkoholismus, Obdachlosigkeit und Immunsuppression. So ist die Tuberkulose, die im 17. und 18. Jahrhundert noch für ein Viertel aller Todesfälle in Europa verantwortlich war, seit Beginn des 20. Jahrhunderts in allen Industrieländern allein durch die Verbesserung der Ernährungslage und der allgemeinen Wohn- und Lebensverhältnisse kontinuierlich zurückgegangen, obwohl die Ära der tuberkulostatischen Therapie erst nach 1940 begann.

Heute ist HIV/Aids weltweit der bei weitem wichtigste Risikofaktor. Das Risiko einer Tuberkuloseerkrankung für HIV-Koinfizierte liegt bei ca. 10 % pro Jahr (Gazzard 2001). Die Tuberkulose ist die bei weitem häufigste opportunistische Infektion bei Aids-Patienten in Afrika und einigen asiatischen Ländern (z. B. Thailand). Auch in Europa ist sie mittlerweile die häufigste Aids-definierende Erkrankung (European Centre for the Epidemiological Monitoring of AIDS 2001).

In Deutschland sank die Zahl gemeldeter Neuerkrankungen an aktiver Tuberkulose 1999 erstmals unter 10.000. Im Jahr 2000 waren von den 9064 erfassten Fällen (Inzidenz $11/10^5$) 3047 ausländische Mitbürger (33,6 %). Die Inzidenz war

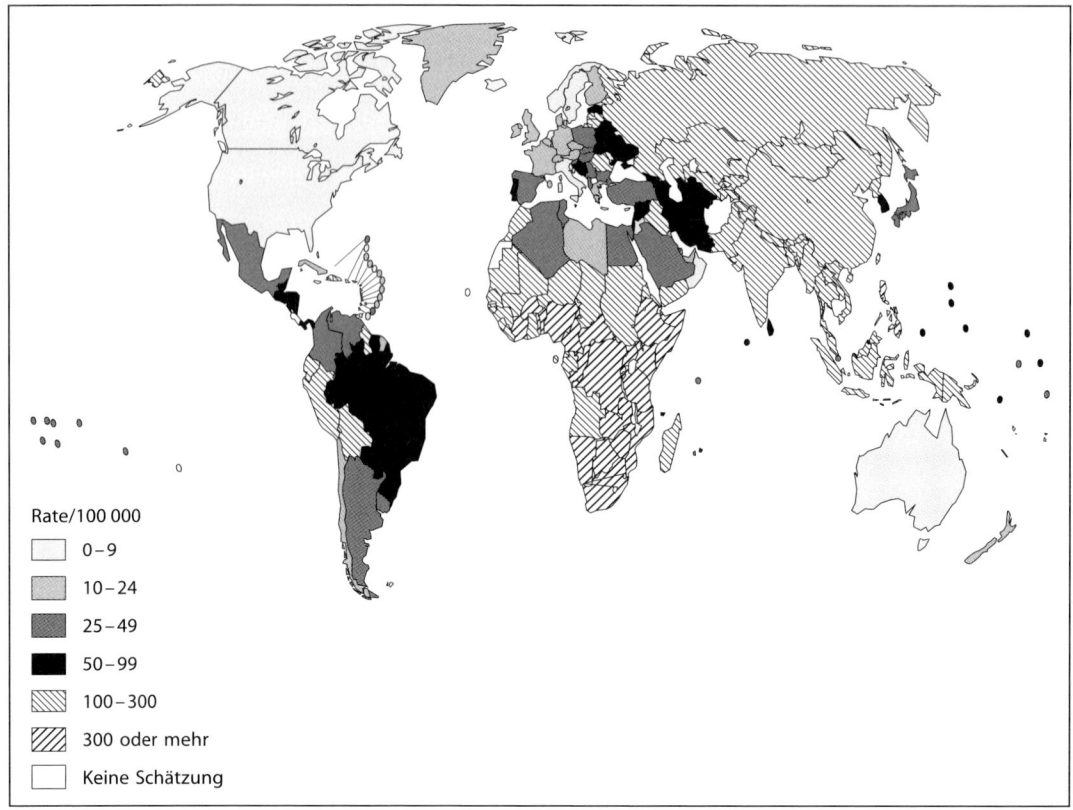

Abb. 2.1. Inzidenzraten der Tuberkulose 2000, Schätzung der WHO. (Aus WHO 2002b, www.who.int/gtb/publications/globrep02/Excel/maps.ppt)

damit 5-fach höher als bei der deutschen Bevölkerung (Robert-Koch-Institut 2001b). Die meisten ausländischen Patienten stammen aus Osteuropa, insbesondere aus den Nachfolgestaaten der Sowjetunion (baltische Länder und GUS-Staaten), wo seit 1990 ein besorgniserregender Anstieg der Tuberkulose und vor allem auch von Infektionen mit multiresistenten Erregern zu verzeichnen ist. Auch in den USA und einigen europäischen Ländern kam es Mitte der 80er Jahre zu einem vorübergehenden Wiederanstieg der zuvor kontinuierlich zurückgegangenen Meldezahlen. Dies war vor allem durch die Zunahme von HIV-Tb-Koinfektionen bedingt. Mit Einführung einer besser wirksamen antiretroviralen Therapie ging die Tuberkuloseinzidenz ab 1993/94 wieder zurück.

In den meisten von der HIV-Pandemie besonders betroffenen Ländern ist eine breit verfügbare antiretrovirale Therapie von HIV/Aids z. Z. noch illusorisch und es ist mit einer weiteren Begünstigung des fatalen Zusammenspiels von Tuberkulose und HIV-Infektion zu rechnen. Einige

Untersuchungen weisen darauf hin, dass die steigende Zahl Koinfizierter mit besonders kontagiöser Tuberkulose auch eine Zunahme der Tuberkulose bei der nicht mit HIV infizierten Population begünstigt (EuroTB 2002, Gazzard 2001).

Nach Schätzungen der WHO erkrankten im Jahr 2000 mehr als 8 Millionen Menschen neu an Tuberkulose. 80 % aller neuen Fälle treten in nur 23 Ländern auf (Abb. 2.1). Es wird befürchtet, dass die Zahl der Tuberkulosefälle in den nächsten Jahren weltweit um durchschnittlich 3 % pro Jahr ansteigen wird (Gazzard 2001), nur in den Industrienationen gehen die Neuerkrankungen z. Z. um 2–3 % pro Jahr zurück. Zwischen 1,7 und 2 Millionen Menschen sterben jährlich an der Tuberkulose, die damit nach HIV/Aids die häufigste Todesursache durch eine einzelne Infektionskrankheit darstellt. Hinzu kommt in einigen Regionen ein alarmierender Anstieg resistenter Erreger (s. Kap. 2.4).

Angesichts dieser Situation erklärte die WHO 1993 die Tuberkulose zu einem globalen Notfall und versucht im Rahmen des *Global Tuberculosis*

Programme über die Bekämpfungsstrategie DOTS (Directly Observed Treatment, Short course) umfassende Maßnahmen von der Diagnose über die Therapie bis zur Nachsorge zu etablieren. Mit DOTS können in den ärmsten Ländern der Welt Heilungsraten von 95 % erzielt werden. Das Problem besteht darin, diese Therapie zu finanzieren und alle infizierten Menschen zu erreichen.

2.3.2 Malaria

Dies ist die bei weitem wichtigste Tropenkrankheit und eines der führenden Gesundheitsprobleme in den meisten Ländern des tropischen Afrika. Die Malaria wird von 4 verschiedenen Arten einzelliger Parasiten verursacht (*Plasmodium falciparum*, *P. vivax*, *P. ovale* und *P. malariae*), die von dämmerungs- und nachtaktiven Stechmücken der Gattung Anopheles übertragen werden. *P. falciparum*, der Erreger der Malaria tropica, ist heute für die Mehrzahl der Erkrankungen und fast ausschließlich für Todesfälle verantwortlich. Aufgrund der für die Weiterentwicklung von *P. falciparum* im Überträgermoskito erforderlichen Mindesttemperatur von ca. 20°C ist die endemische Verbreitung der Malaria tropica weitgehend auf tropische Gebiete beschränkt, während *P. vivax*, der Erreger der Malaria tertiana, sich bereits ab 15°C im Vektor vermehrt und im 19. Jahrhundert noch in weiten Teilen Europas endemisch war (Anderson u. May 1991).

Heute leben ca. 2,4 Milliarden Menschen (40 % der Menschheit) in den Endemiegebieten von über 90 Ländern. Die WHO geht von 300–500 Millionen Erkrankungen pro Jahr aus mit über 1 Million Todesfällen, die zu mehr als 90 % Kinder in Afrika betreffen (Roll Back Malaria 2002). Es wird geschätzt, dass die Malaria weltweit für 2,3 % und in Afrika für 9 % aller Erkrankungen die Ursache ist. Auch bei den in Industrieländer importierten Tropenkrankheiten spielt die Malaria die wichtigste Rolle. In Deutschland werden pro Jahr ca. 1000 Importfälle gemeldet (davon 60–70 % Malaria tropica), die zu ca. 80 % aus Afrika stammen (ca. 90 % bei den Malaria-tropica-Fällen). Die Letalität der importierten Malaria tropica liegt bei 2–3 % (Robert-Koch-Institut 2001c).

Nach den Erfolgen des vorwiegend auf breiter DDT-Anwendung und Massenbehandlung mit Chloroquin beruhenden Malaria-Eradikationsprogramms der WHO in den 50er und 60er Jahren des 20. Jahrhunderts hat die Malaria seit etwa 1970 in Asien und Südamerika in den bekannten Verbreitungsgebieten langsam wieder zugenommen. Seit 1990 kam es auch zu einer geographischen Ausbreitung der Malaria in einige der neuen unabhängigen Staaten im Süden der ehemaligen Sowjetunion. Besonders von hoher Morbidität und Mortalität sowie z. T. auch von epidemischen Ausbrüchen betroffen sind mobile bzw. nomadisierende Populationen wie in Papua-Neuguinea, ethnische Minderheiten in den Grenzgebieten von Thailand zu Myanmar, Kambodscha und Laos oder Waldrodungsarbeiter und Goldschürfer im Amazonasbecken oder in Indonesien. Diese haben einen schlechten Zugang zu den Gesundheitssystemen und werden von Kontrollmaßnahmen kaum erfasst.

Im subsaharischen Afrika, wo das globale Eradikationsprogramm der WHO gar nicht implementiert worden war, blieb die Malaria in den hochendemischen Gebieten unverändert das führende Gesundheitsproblem. In diesen hyper- bzw. holoendemischen Regionen mit perinnealer Übertragung und/oder saisonaler Hochtransmission ($\geq$1 infektiöser Stich pro Nacht), liegt eine *stabile* Malariaübertragung mit geringen epidemiologischen Schwankungen vor, die die gesamte Population erfasst und einerseits mit einer hohen Morbidität im Kindesalter sowie andererseits mit der Ausbildung einer Semiimmunität (meist zwischen dem 5. und 10. Lebensjahr) einhergeht (Abb. 2.2). Diese Teilimmunität ist nicht steril, sondern führt zu einer Kontrolle der Parasitämie und inapparenten oder leichten Verläufen. Sie entsteht erst nach vielfachen Infektionen mit den regional prävalenten Parasitenstämmen und muss durch ständige Reinfektion aufrecht erhalten werden, da sie ansonsten innerhalb weniger Jahre abklingt. Reinfektionen und die chronisch latente Parasitämie der Teilimmunen sorgen für ständigen Nachschub sexueller Parasitenformen im Blut, die als Infektionsquelle für die Vektoren dienen und damit die hohe Endemizität aufrecht erhalten. Die Semiimmunität wird mit einer hohen Kindersterblichkeit erkauft: Die Malaria ist die führende Todesursache bei Kindern bis zum 5. Lebensjahr im tropischen Afrika und für ca. 20 % aller Todesfälle in dieser Altersgruppe verantwortlich (Nchinda 1998).

In niedriger endemischen Gebieten (z. B. Hochland, Trockengebiete, streng saisonale Malaria, Randgebiete der Malariaverbreitung) liegt meist eine *instabile* Malariaübertragung vor, bei der eine wesentliche Morbidität und Mortalität auch im Erwachsenenalter besteht (Abb. 2.2) und wo ausgesprochene Epidemien auftreten können.

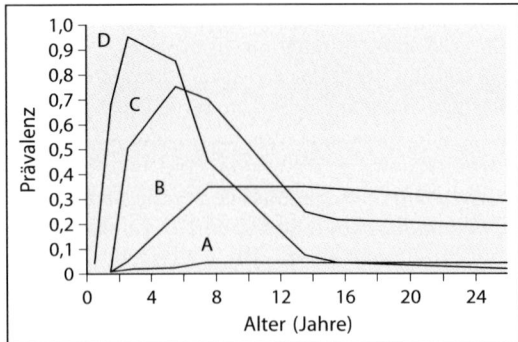

Abb. 2.2. Prävalenz der aktuellen Malariainfektion (Nachweis von Plasmodien im Blut) in Abhängigkeit vom Alter für verschiedene Grade der Endemizität (nach Boyd 1949): A = hypoendemisch, B = mesoendemisch, C = hyperendemisch, D = holoendemisch

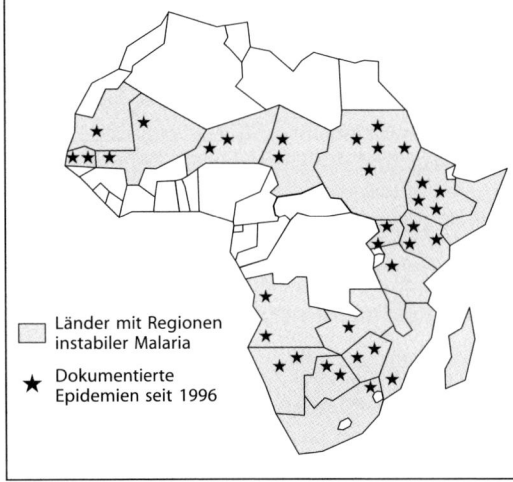

Abb. 2.3. Malariaepidemien in Afrika seit 1996. (Nach Roll Back Malaria 2002, http://mosquito.who.int./cmc_upload/0/000/015/365/RBMInfosheet_8.htm)

In den letzten Jahrzehnten wurde einerseits in einigen Regionen *stabiler* Malariaübertragung eine Zunahme der malariabedingten Morbidität und Mortalität beobachtet, andererseits traten zahlreiche Epidemien in *instabilen* Regionen auf (Abb. 2.3).

Die Gründe hierfür sind vielfältig (s. Übersicht unten); von besonderer Bedeutung sind einerseits die Schwächung bzw. der Zusammenbruch von Gesundheitssystemen und Kontrollaktivitäten aufgrund von Kriegen und Unruhen oder rapider Ver-

schlechterung der soziökonomischen Rahmenbedingungen und andererseits Naturkatastrophen (Überschwemmungen, Auswirkungen des El-Niño-Phänomens). Hinzu kommt in vielen Gebieten eine zunehmende Resistenzproblematik (s. Kap. 2.4).

**Ursachen der Zunahme der Malaria.
(Nchinda 1998)**

- Nachlassende oder fehlende Malariakontrolle
- Verschlechterung der soziökonomischen Bedingungen
- Hohe Geburtenraten mit raschem Anstieg der suszeptiblen Population (Kinder <5 Jahre)
- Häufige Kriege und Unruhen (Flüchtlinge, Bevölkerungsverschiebung in Gebiete anderer Endemizität)
- Migration nichtimmuner Populationen (z. B. vom Hochland in tiefliegende Hochendemiegebiete)
- Veränderte Niederschlagsmuster, Klimaveränderungen
- Bewässerungs- und Wasserkraftprojekte („man-made breeding sites")
- Rasche Ausbreitung von Resistenzen gegen Chloroquin und andere Medikamente
- Veränderungen des Vektorverhaltens

2.3.3 Cholera

Die über fäkal kontaminiertes Wasser und Nahrungsmittel übertragene Cholera ist seit Jahrhunderten im Delta von Ganges und Bramaputra beheimatet und begann sich erst im 19. Jahrhundert über den indischen Subkontinent hinaus auszubreiten. Seit 1817 traten 6 Pandemien durch den klassischen Biotyp des Cholerabakteriums *Vibrio cholerae* auf, die im 19. Jahrhundert auch Europa erfassten und ein wesentlicher Motor für die Einführung einer hygienischen Trinkwasserversorgung und Abwasserentsorgung waren. Die jetzige 7. Pandemie ist durch den Biotyp El Tor (erstmals 1906 in der Pilger-Quarantänestation El Tor im Sinai isoliert) verursacht und breitete sich in den frühen 60er Jahren des 20. Jahrhunderts von Südostasien (Sulawesi) über den mittleren Osten nach Afrika aus, wo die Cholera ab 1970 erstmals in der Geschichte südlich der Sahara Fuß fassen konnte.

1991 trat die Cholera nach über 100 Jahren wieder in Südamerika auf und führte ausgehend von Peru zu einer zahlreiche mittel- und südamerikanische Länder erfassenden Epidemie. Innerhalb von 6 Jahren wurden in Lateinamerika 1,4 Millionen Erkrankungen mit über 10.000 Todesfällen gemeldet.

Bis 1992 waren von den 138 bekannten *V.-cholerae*-Serogruppen nur Erreger der Serogruppe O1 mit epidemischer Cholera assoziiert. In diesem Jahr wurde in Bangladesh und Indien erstmals ein neuer Erreger, *V. cholerae* 0139, entdeckt, der ebenfalls epidemisches Potenzial aufweist und aufgrund mangelnder Kreuzimmunität mit den bisherigen O1-Stämmen zu größeren Epidemien führte (Tabelle 2.3). Bislang blieb seine endemische Verbreitung auf Süd- und Südostasien beschränkt, wo er derzeit für ca. 15 % der laborbestätigten Cholerafälle verantwortlich ist (WHO 2002a).

Heute ist die Cholera eine weltweit in zahlreichen Entwicklungsländern verbreitete Erkrankung, die in den Industrieländern bis auf vereinzelte Importfälle (1990–2000 in Deutschland 0–7 gemeldete Fälle pro Jahr) nicht mehr vorkommt. Während die Epidemie in Lateinamerika in den letzten Jahren durch intensive Bekämpfungsmaßnahmen zurückging, traten zahlreiche Ausbrüche vor allem in afrikanischen Ländern einschließlich Südafrika (2000/2001) auf (WHO Outbreak News). Im Jahr 2000 wurden der WHO 137.071 Erkrankungsfälle und 4.908 Todesfälle gemeldet (WHO 2002a). Aufgrund mangelnder Surveillance und der Furcht betroffener Länder vor internationaler Stigmatisierung und Sanktionen wird jedoch nur ein Bruchteil der Fälle gemeldet. Allein die Zahl cholerabedingter Todesfälle wird auf ca. 120.000 pro Jahr geschätzt (WHO 2001). Ein besonders hohes Risiko explosionsartiger Epidemien mit hoher Letalität besteht bei politisch-militärischen Konflikten und Naturkatastrophen in Regionen mit ohnehin schwachen Gesundheitssystemen, wie der massive Ausbruch 1994 in ruandischen Flüchtlingslagern in Goma, Zaire, mit ca. 70.000 Erkrankungen und mindestens 20.000 Todesfällen innerhalb eines Monats.

2.3.4 Dengue-Fieber

Das durch Aedes-Mücken übertragene Dengue-Fieber hat sich in den letzten Jahrzehnten geographisch erheblich ausgebreitet und zahlreiche große Epidemien verursacht, insbesondere in Südost- bzw. Südasien und Ozeanien sowie in der Karibik (Kuba 1977/79, 1981 und 1997) und Südamerika (z. B. Rio de Janeiro 2000–2002). Die Erkrankung ist heute in über 100 Ländern endemisch und tritt bevorzugt in urbanen und periurbanen Regionen auf. Etwa 2,5 Milliarden Menschen leben in den tropischen und subtropischen Verbreitungsgebieten von Asien, Ozeanien, Afrika, Mittel- und Südamerika.

Die WHO schätzt die Zahl der Erkrankungen auf über 50 Millionen pro Jahr mit ca. 500.000 schweren, hospitalisierungspflichtigen Fällen, die meist als Dengue-hämorrhagisches Fieber (DHF) oder Dengue-Schocksyndrom (DSS) verlaufen und zu mehr als 25.000 Todesfällen führen.

Es gibt 4 antigenetisch distinkte Serotypen des Dengue-Virus, wobei die Infektion eine lebenslange Immunität nur gegen den homologen Serotyp hinterlässt. Seit längerem ist bekannt, dass DHF und DSS vorwiegend bei Zweit- bzw. Mehrfachinfektionen mit einem anderen Serotyp auftreten. Hierbei scheinen präexistente heterologe Antikörper die Virusvermehrung (Antikörper als Rezeptor für die Virusaufnahme in Monozyten) und das Auftreten schwerer Verläufe mit Gerinnungsstörungen und Schädigung des Kapillarendothels zu begünstigen („antibody dependent enhancement", ADE). DHF und DSS treten daher fast nur in Gebieten auf, in denen mindestens zwei verschiedene Dengue-Virus-Serotypen verbreitet sind. Betroffen sind vor allem Kinder im Alter von 3–15 Jahren, aber auch Säuglinge mit diaplazentar übertragenen maternalen Antikörpern. Treten verschiedene Serotypen neu in einem Gebiet auf, ist auch mit DHF/DSS bei Erwachsenen zu rechnen. Bei Schwarzafrikanern sind DHF und DSS selten und das ADE-Phänomen scheint (wohl genetisch bedingt) keine Rolle zu spielen.

Gründe für Ausbreitung und epidemische Ausbrüche sind Bevölkerungszunahme und ungeplante Urbanisierung, die durch mangelhafte Wasserversorgung und Abfallentsorgung eine Zunahme peridomestischer Mückenbrutstätten („manmade breeding sites") nach sich ziehen. So sind für Eiablage und Larvenentwicklung der Aedes-Mücken bereits kleinste Wasseransammlungen geeignet, wie offene Wasserbehälter, Regenpfützen oder Regenwasser in Pflanzen, Abfall oder alten Autoreifen. Ein weiterer Grund ist die fehlende oder nachlassende Vektorbekämpfung in vielen Gebieten. Nach dem Ende der vorwiegend auf der Anwendung des billigen DDT beruhenden Vektorbekämpfung im Rahmen der Gelbfieberkontrollprogramme (um 1970) folgte eine Wiederausbreitung von *Aedes aegypti*, dem Hauptvektor des Dengue-Fiebers (und des urbanen Gelbfiebers) in großen Teilen Mittel- und Südamerikas. Auch das Ende des Malaria-Eradikationsprogramms in Asien führte zu einer Wiederzunahme von Aedes-Mücken und Dengue-Fieber.

Durch internationale Migration und Reisetätigkeit wird das Dengue-Virus zunehmend in infektionsfreie Regionen exportiert und kann beim Vorhandensein geeigneter Vektoren auch in entfernten bzw. abgelegenen Regionen zu Ausbrüchen führen (z. B. Texas 1999, Hawaii 2001, Osterinseln 2002). In Deutschland wird die Zahl importierter Erkrankungen auf über 3000 pro Jahr geschätzt (Jelinek et al. 1997). Auch Vektoren können heute durch internationale Transportaktivitäten disseminiert werden. So wurde die asiatische Tigermücke *Aedes albopictus*, ein kompetenter Vektor des Dengue-Virus, von Südostasien aus durch Schiffstransporte von Altreifen in offenen Containern (Mückenlarven in kleinsten Regenwasseransammlungen in alten Autoreifen) in zahlreiche Länder exportiert, in denen sie sich autochthon etabliert und verbreitet hat, wie z. B. USA, Südamerika, Spanien, Südfrankreich und Norditalien. Schließlich besteht wie bei anderen vektorübertragenen Infektionen ein potenzielles Risiko, dass regionale und globale Klimaveränderungen wie El Niño oder globale Erwärmung die Ausbreitung auch in gemäßigte Zonen begünstigen.

2.4   Zunahme von Erregerresistenzen („emerging resistance")

Epidemiologisch relevante Resistenzen gegen wichtige Antibiotika und Chemotherapeutika haben sich bei zahlreichen Erregern entwickelt und betreffen mittlerweile nicht nur Bakterien, sondern Parasiten und Pilze und trotz der erst kurzen Geschichte der antiviralen Therapie auch bereits Viren (Tabelle 2.5). Resistenzentwicklung findet sich auch bei einigen Erregern von neu und wieder auftretenden Infektionskrankheiten, wodurch deren Behandlung und Bekämpfung zusätzlich erschwert wird.

Ein immenses Problem ist die zunehmende Resistenz von Bakterien bei nosokomialen Infektionen, insbesondere bei Intensivpatienten und auf operativen Stationen. Zu diesen Problemkeimen gehören vor allem Staphylokokken, Entero-

kokken, verschiedene Enterobakterien und Pseudomonaden (s. Kap. 11). Betroffen sind nicht nur Standardantibiotika der Klinik wie Penicilline, Cephalosporine, Chinolone oder Aminoglykoside, sondern zunehmend auch Reserveantibiotika (z. B. Glykopeptide) und neuere Substanzklassen (neue Chinolone, Carbapeneme). Es bestehen jedoch erhebliche geographische Unterschiede. So sind derzeit in den USA bis zu 15 % der klinisch relevanten Enterokokken-Isolate resistent gegen Vancomycin, in Deutschland weniger als 1 % (Harbarth et al. 2001). Auch bei *Escherichia coli* und anderen Enterobakterien, die als Hospitalkeime eine Rolle spielen, gibt es erhebliche Unterschiede des Resistenzspektrums bereits zwischen einzelnen Krankenhäusern. Insgesamt hat der Prozentsatz resistenter *E.-coli*-Stämme in den letzten Jahren in Deutschland deutlich zugenommen und ist beispielsweise gegenüber Ampicillin von 25 auf 42 % gestiegen (GENARS 2002). Besonders bedenklich ist das Auftreten von Hospitalkeimen (besonders Klebsiellen, *Enterobacter spp.*, Pseudomonas) mit Multiresistenz gegen nahezu alle wesentlichen Antibiotika einschließlich neuer Substanzgruppen wie Carbapeneme, neuere Chinolone oder Streptogramine (Witte u. Klare 1999). Dies kompliziert die Auswahl der Initialtherapie insbesondere bei schweren, lebensbedrohlichen Infektionen erheblich. In jeder Klinik muss daher die epidemiologische Situation der Hospitalkeime und ihr Resistenzverhalten zumindest für die wichtigsten grampositiven (Staphylokokken, Streptokokken, Enterokokken) und gramnegativen (Enterobakterien, Pseudomonas) Keime regelmäßig überwacht werden.

Auch bei außerhalb des Krankenhaus erworbenen Infektionen ist eine bedenkliche Zunahme von Resistenzen bei einigen bedeutsamen Erregern zu beobachten. Penicillinresistenz bei Pneumokokken ist seit längerem in einigen Ländern wie Südafrika, Island, Spanien oder Ungarn verbreitet (Anteil 30–40 %), während sie in Deutschland bislang selten war (<1 %) und erst in den letzten Jahren auf 3–6 % angestiegen ist (Reinert et al. 2002). Häufig besteht gleichzeitig eine verminderte Empfindlichkeit gegen andere Antibiotika. Auch Meningokokkenstämme mit verminderter Penicillinempfindlichkeit werden in einigen Ländern (besonders Spanien, Großbritannien u. a.) gehäuft beobachtet. Die Bedeutung ist jedoch noch unklar, da Infektionen durch diese Stämme klinisch meist noch gut auf hohe Penicillindosen ansprechen.

Tabelle 2.5. Epidemiologisch bedeutsame Resistenzen von Erregern gegen Antibiotika und Chemotherapeutika (Auswahl)

Erreger/Erkrankung	Häufige oder bes. bedeutsame Resistenzen gegen
Staphylokokken	Penicillin, Methicillin, Glycopeptide (s. Kap. 11)
Enterokokken	Glycopeptide, Multiresistenzen
Enterobakterien (*E. coli* u. a.)	Breitspektrumpenicilline, Chinolone u. a., Multiresistenzen auch gegen Reservemittel
Pseudomonaden	Zahlreiche Antibiotika inkl. Reservemittel
Typhus abdom.	Chloramphenicol, Ampicillin, Cotrimoxazol, Chinolone, Multiresistenzen in Thailand, Laos, Vietnam
Shigellen	Ampicillin, Tetrazykline, Cotrimoxazol, Chinolone
Pneumokokken	Penicilline, Cephalosporine, Makrolide
Meningokokken	Penicillin
Gonokokken	Penicilline, Tetrazykline, Chinolone
Helicobacter	Nitroimidazole
Cholera	Tetrazykline, Cotrimoxazol, Chinolone (noch selten)
Tuberkulose	INH, Rifampicin, andere Tuberkulostatika, Multiresistenzen
Lepra	Dapson
Malaria	Chloroquin, Sulfa/Pyrimethamin u. a., Multiresistenzen
Leishmaniosen	Antimonpräparate, besonders Indien und Sudan
Trypanosomen	Pentamidin, Suramin, Melarsoprol (besonders Ostafrika)
Schistosomen	Paziquantel (Senegal, Ägypten)
Pilze	Azolderivate, Flucytosin, Amphotericin B (noch selten)
HIV	Alle antiretroviralen Substanzen
HSV	Aciclovir u. a.
CMV	Ganciclovir u. a.
HBV	Lamivudin, Vakzine-Escape-Mutanten

❶ **Die Resistenzentwicklung wird vor allem durch zwei Faktoren bestimmt: einerseits durch das genetische Potenzial des Erregers (z. B. Resistenzgene, Aufnahme mobiler Resistenzfaktoren, Mutationsrate) und andererseits durch den Selektionsdruck aufgrund des therapeutischen oder paratherapeutischen Einsatzes antimikrobieller Substanzen.**

Im Krankenhaus wird dies begünstigt durch die Präsenz von besonders an das Milieu angepassten Erregerstämmen (rasche Besiedlung von Patienten und Personal, z. T. Resistenz gegen Desinfektionsmittel), sowie einer zunehmenden Zahl schwerkranker, abwehrgeschwächter und alter Patienten mit besonderer Infektionsanfälligkeit und einem entsprechend hohen Antibiotikaeinsatz.

Ein weiteres bedeutsames Resistenzreservoir besteht in der Tierhaltung durch die Verwendung antimikrobieller Futterzusätze als „Leistungsförderer" (z. B. das Glykopeptid Apovacrin, das Streptogramin Virginiamycin) und durch die häufig übliche Behandlung des ganzen Tierbestandes zur Therapie oder Prävention von Infektionen.

Bei außerhalb des Krankenhauses erworbenen Infektionen spielt zudem die falsche und inadäquate Anwendung antimikrobieller Substanzen eine wichtige Rolle bei der Resistenzentstehung. Dies trifft in besonderer Weise für Entwicklungsländer zu, wo meist nur ein kleines und oft unzureichendes Spektrum antimikrobieller Medikamente zur Verfügung steht, wo Medikamentenknappheit häufig zu lückenhaften oder zu kurzen Behandlungen führt, und wo die unkontrollierte Anwendung frei erhältlicher Medikamente zur Selbstbehandlung an der Tagesordnung ist. Aus diesen Gründen findet man z. B. Resistenzen bei Gonokokken besonders häufig in Südostasien. Ein großes Problem in einigen Gebieten ist auch die Resistenz von Shigellen und *Salmonella typhi* gegen verschiedene Standardantibiotika. (Tabelle 2.5). Die noch wirksamen Reservemittel können zum Teil nur parenteral verabreicht werden und stehen in den besonders betroffenen Ländern oft allein schon aus Kostengründen nicht zur Verfügung.

Ein typisches Beispiel für die Folgen einer insuffizienten Therapie ist die bedrohliche Zunahme von Resistenzen bei *Mycobacterium tuberculosis*. Sie entstehen vor allem dann, wenn die Behandlung aufgrund mangelnder Compliance oder fehlender Medikamente lückenhaft und nicht als Kombinationstherapie durchgeführt wird. Multiresistenz, das heißt gleichzeitige Resistenz gegen die beiden wichtigsten Basismedikamente Isoniazid und Rifampicin ist besonders bedenklich und wird zunehmend in zahlreichen Entwicklungsländern beobachtet. Die höchste Inzidenz in Europa findet sich in den sog. neuen unabhängigen Staaten (NUS; baltische Länder und GUS-Staaten), die 1999 bis zu 18 % multiresistente Isolate bei neu an Tuberkulose Erkrankten (47 % bei vorbehandelten Patienten) meldeten (EuroTB 2002). Die Zahlen scheinen regional noch deutlich höher zu liegen. 1992 wurden in New York bei 33 % der *M.-tuberculosis*-Isolate Resistenzen und bei 19 % Multiresistenz gefunden. Dies war durch einen Ausbruch mit einem hochgradig resistenten Stamm bedingt, der vor allem HIV-Patienten, Drogenabhängige und vorbehandelte Patienten betraf. In Deutschland beträgt die Multiresistenzrate bei kulturell gesicherter Tuberkulose derzeit 1,4 %; bei den aus NUS-Staaten stammenden Patienten 9,4–29 % (Robert-Koch-Institut 2001b; Robert-Koch-Institut 2002).

Resistenzen betreffen auch verschiedene Parasitosen, die Erreger wichtiger Tropenkrankheiten sind (Tabelle 2.5). Von größter Bedeutung ist die Resistenz von *Plasmodium falciparum*, dem Erreger der Malaria tropica. Bereits ab 1960 kam es zur raschen Ausbreitung von Resistenzen gegen das langjährige Standardmittel Chloroquin insbesondere in Südostasien, wo die meisten Parasitenstämme heute hochgradig resistent sind. Dies ist wahrscheinlich die direkte Folge der therapeutischen und prophylaktischen Massenanwendung (z. B. Speisesalz-Chloroquinidierung) im Rahmen des Eradikationsprogrammes. Heute sind dort auch Resistenzen gegen Pyrimethamin/Sulfa-Kombinationen (z. B. Fansidar) sehr häufig und in einigen Gebieten bereits solche gegen neuere Medikamente wie das Mefloquin (in einigen Provinzen Thailands bis zu 50 %). Seit 1980 breitete sich die Chloroquinresistenz auch in Afrika aus und erreichte bereits 1990 in einigen Regionen Ostafrikas klinische Versagerquoten von mehr als 50 %. Daher wurde seit 1998 von bisher 10 afrikanischen Staaten Chloroquin als Standardmedikament durch Fansidar oder die Kombination Fansidar/Chloroquin ersetzt. Leider ist in einigen Regionen mittlerweile auch bei Fansidar bei mehr als 25 % ein klinisches Versagen der Therapie zu beobachten (parasitologische Versagerquote bis 45 %). Mit Ausnahme des umständlich zu applizierenden und nebenwirkungsreichen Chinins (zunehmende Resistenzrate besonders in Südostasien) stehen in Afrika aus Kostengründen in der Regel keine weiteren Reservemittel zur Verfügung. Die Resistenzproblematik hat in einigen Gebieten bereits eine signifikante Zunahme der malariabedingten Morbidität und Mortalität verursacht (Wongsrichanalai et al. 2002).

Obwohl die antivirale Therapie der HIV-Infektion noch relativ jung ist (Einführung des Zidovudin 1987, Einführung der hochaktiven antiretroviralen Therapie [HAART] 1996), sind mittlerweile Resistenzen bei nahezu allen zur Therapie der HIV-Infektion zur Verfügung stehenden Substanzen bekannt, die relativ rasch auftreten, wenn sie als Monotherapie angewandt werden. Erst durch die Mehrfach-Kombinationstherapie mit Medikamenten unterschiedlicher Angriffspunkte (HAART) konnte dieses Risiko drastisch reduziert werden. Dennoch bleibt die Resistenzentwicklung eine Achillesferse der heutigen hochaktiven antiretroviralen Kombinationstherapie. Auch bei therapienaiven HIV-Infizierten ist innerhalb von einem Jahr in 5–20 % mit einem virologischen Therapieversagen zu rechnen (20–40 % nach 3–4 Jahren), dessen häufigste Ursache Resistenzen sind. Wesentlich schlechter sind die Ergebnisse bei vorbehandelten Patienten (Versagerrate innerhalb eines Jahres 20–40 % und höher), da hier häufig schon Resistenzen und Multiresistenzen vorbestehen. Zudem wurde in den USA bereits eine Zunahme von Primärresistenzen bei therapienaiven bzw. neu infizierten Patienten beobachtet (Ristig et al. 2002).

❗ Insgesamt besteht die Gefahr, dass durch die Zunahme von Erregerresistenzen die Fortschritte der antimikrobiellen Chemotherapie teilweise wieder zunichte gemacht werden. Vor allem bei akut lebensbedrohlichen Infektionen kann sich das Risiko ergeben, dass initial keine wirksame Behandlung erfolgt (z. B. nosokomiale Infektionen, invasive Pneumokokkeninfektionen, Malaria tropica). Zudem kann die Zeitverzögerung durch inadäquate Behandlung die Ansteckung anderer und damit auch die Weiterübertragung resistenter Erreger begünstigen (z. B. multiresistente Tuberkulose).

Schließlich stellen die erforderlichen Maßnahmen zur Überwachung und Bekämpfung der Resistenzentwicklung und die häufig erforderliche Anwendung von neuen, meist teureren antimikrobiellen Medikamenten, von Reservemitteln und von Antibiotika- bzw. Chemotherapeutikakombinationen einen erheblichen Kostenfaktor dar. Für Entwicklungsländer kann dies rasch zum limitierenden Faktor bei der Therapie und Bekämpfung von Infektionen durch resistente Erreger werden.

2.5 Zukunftsperspektiven

Infektionen sind auch in Industrieländern ein Gesundheitsproblem geblieben, die Problemstellungen haben sich jedoch geändert. Auch wenn sich die infektionsbedingte Mortalität drastisch reduziert hat, ist die Morbidität weiterhin hoch. So sind z. B. in Deutschland akute Infektionen der oberen Atemwege mit über 20 % der häufigste Grund für Arbeitsunfähigkeitsbescheinigungen (AOK 2002), während der Anteil an der Gesamtsterblichkeit

durch infektiöse und parasitäre Erkrankungen im engeren Sinne (ICD 10 A00-B99) derzeit nur 1,2 % beträgt (Gesundheitsberichterstattung des Bundes 2002). Allerdings werden hierbei eine Reihe von Organinfektionen nicht mit berücksichtigt (z. B. ca. 18.000 Pneumonietodesfälle/Jahr), die den Anteil der Infektionen an der Gesamtsterblichkeit auf mehr als 4 % erhöhen. Zudem sind verschiedene Infektionen, die ebenfalls in der Statistik nicht erfasst werden, häufig die aktuelle Todesursache bei Patienten mit chronischen Grunderkrankungen oder Malignomen. Infektionen sind der wichtigste Faktor bei der Limitierung therapeutischer Fortschritte in der Intensivmedizin, bei der Chemotherapie von Tumorerkrankungen oder bei Transplantationen. So wird allein die Zahl der Todesfälle durch nosokomiale Infektionen in Deutschland auf ca. 40.000 pro Jahr geschätzt (Zastrow u. Schoneberg 1994). Durch die steigende Zahl älterer und abwehrgeschwächter Patienten ist zu erwarten, dass Häufigkeit und Bedeutung schwerwiegender Infektionen weiter zunehmen werden.

In den Entwicklungsländern war und ist der Stellenwert der Infektionskrankheiten in der Gesamtmedizin stets unverändert hoch geblieben und nach wie vor die führende Ursache für von Krankheit beeinträchtigte Lebenszeit (DALYS, „disability adjusted life years") und vorzeitig verlorene Lebensjahre. Diese Länder tragen auch die Hauptlast neuer und wieder zunehmender Infektionskrankheiten (Tabelle 2.6). Obwohl es sich zu einem großen Teil um vermeidbare Morbidität und Mortalität handelt, ist es bislang nicht gelungen, die heutigen Möglichkeiten der präventiven und kurativen Medizin außerhalb der Industrieländer auch nur annähernd umzusetzen. Die wichtigsten Ursachen hierfür sind die schlechten und krankheitsfördernden Lebensbedingungen im privaten wie im öffentlichen Bereich der armen Länder, die schwachen Strukturen der Gesundheitssysteme und die fehlenden Ressourcen für Prävention und Behandlung. Zwar sind dies alles integrale Bestandteile der allgemeinen sozioökonomischen Probleme von Entwicklungsländern, jedoch ist der schlechte Gesundheitsstatus der Bevölkerung per se ein schwerwiegendes Entwicklungshemmnis. Allein die Aids-Katastrophe im subsaharischen Afrika ist eine wesentliche Ursache von ausbleibender Entwicklung, zunehmender Verelendung und politischer Instabilität.

Die Auswirkungen dieser ökonomischen und politischen Krisen auf das Wiederauftreten von Infektionskrankheiten sind nicht nur in Entwick-

Tabelle 2.6. Epidemiologie wichtiger Infektionskrankheiten Schätzungen der WHO für das Jahr 2000 (in Millionen). (Aus WHO 2001)

Erkrankungen	Todesfälle	Erkrankte	Infizierte
Atemwegsinfektionen	3,9	?	–
HIV/AIDS	2,9	3,5	36
Durchfallerkrankungen	2,1	?	–
Tuberkulose	1,7–2	70–80	1700
Malaria	1–2	300	–
Summe	*11,6–12,9*		
Todesfälle 2000 insgesamt	ca. 55		
Todesfälle 2000 durch Infektionen	ca. 17 (30 %)		

lungsländern offensichtlich, sondern zeigen sich z. B. auch an der epidemischen Zunahme der Diphtherie und dem Anstieg der Tuberkulose nach dem Zerfall des kommunistischen Ostblocks. Insgesamt gesehen hat sich die Situation vieler Entwicklungsländer in den letzten beiden Jahrzehnten verschlechtert, und die Kluft zwischen den ärmsten Ländern und den Industrie- und Schwellenländern ist noch größer geworden. Besonders betroffen sind Regionen, in denen aufgrund von Kriegen und Unruhen die Gesundheitsstrukturen und Kontrollprogramme weitgehend oder vollständig zum Erliegen gekommen sind.

Von diesen Entwicklungen sind die Industrieländer in vielfältiger Weise direkt und indirekt betroffen, auch hinsichtlich der neuen und wieder auftretenden Infektionskrankheiten. Als Folge der Globalisierung reisen nicht nur Menschen und Waren, sondern auch Erreger über große Distanzen und mit Hochgeschwindigkeit. Dies wird nicht nur bei der BSE-Krise oder importierten Tropenkrankheiten mit großer Medienwirksamkeit (z. B. Ebola- oder Lassa-Fieber) deutlich, sondern vielmehr bei zwar zunächst weniger spektakulären, aber weit folgenreicheren Ereignissen wie der HIV/Aids-Pandemie, Influenza-Epidemien oder der Verbreitung resistenter Erreger. Auch die Eradikation bzw. Elimination impfpräventabler Erkrankungen wie z. B. Polio, Masern oder Hepatitis B wird nicht erfolgreich sein, wenn es nicht gelingt, die Kontrollprogramme global umzusetzen.

 Fazit

Weltweit haben Infektionskrankheiten eine enorme Bedeutung mit erheblichen politischen und ökonomischen Auswirkungen. Hiervon sind alle Länder betroffen, wenn auch auf sehr unterschiedliche Weise. Neue und wieder zunehmende Infektionen stellen die Infektionsepidemiologie vor immense Aufgaben und neue Problemstellungen. Entscheidend für die zukünftige Entwicklung wird sein, inwieweit die Menschheit in der Lage ist, einerseits das extreme Gefälle zwischen den Industrie- und Schwellenländern und den ärmsten Ländern auszugleichen und andererseits adäquat auf neue Probleme und Bedrohungen zu reagieren.

Literatur

Anderson RM, May RM (1991) Infectious Diseases of Humans: Dynamics and Control. Oxford University Press, Oxford

AOK Bundesverband (2002) Krankheitsartenstatistik 2000. Bonn (www.aok.de/bundesverband)

Boyd M F (1949) Epidemiology of malaria. In: Malariology (Hrg.: Boyd M F). Saunders, Philadelphia

Correa P, Fox J, Fontham E (1990) Helicobacter and gastric carcinoma. Serum antibody prevalence in populations with contrasting cancer risks. Cancer 66: 2569–2574

European Centre for the Epidemiological Monitoring of AIDS (2001) HIV/AIDS Surveillance in Europe. End-year report 2000, N° 64 (www.eurohiv.org)

EuroTB (2002) Surveillance of tuberculosis in Europe WHO Collaborating Centre (www.eurotb.org)

Gazzard B (2001) Tuberculosis, HIV and the developing world. Clin Med JRCPL 1: 62–68

GENARS (2002) Aktuelle Daten zur Resistenzsituation. German Network for Antimicrobial Resistance Surveillance. Bonn (www.GENARS.de)

Gesundheitsberichterstattung des Bundes (2002) Amtlich gemeldete Sterbefälle nach den häufigsten Todesursachen je 100.000 Einwohner, 1980–1998, Region, Alter, Geschlecht, ICD10. (www.gbe-bund.de)

Harbarth S, Albrich W, Goldmann D A, Huebner J (2001) Control of multiply resistant cocci: Do international comparisons help? Lancet Infect Dis 1: 251–261

Hassler D, Zoller L, Haude M, Hufnagel HD, Sonntag HG (1992) Lyme-Borreliose in einem europäischen Endemiegebiet: Antikörperprävalenz und klinisches Spektrum. Dtsch Med Wochenschr 117: 767–774

Hörnlimann B, Riesner D, Kretzschmar H (2001) Prionen und Prionkrankheiten. De Gruyter, Berlin New York

Jelinek T, Dobler G, Holscher M, Löscher T, Nothdurft HD (1997) Prevalence of infection with dengue virus among international travellers. Arch Intern Med 157: 2367–2370

Mégraud F (1993) Epidemiology of Helicobacter pylori infection. Gastroenterol Clin North Am 22: 73–88

Nchinda TC (1998) Malaria: A Reemerging Disease in Africa. Emerg Inf Dis 4: 398–403

Reinert RR, Al-Lahham A, Lemperle M et al. (2002) Emergence of macrolide and penicillin resistance among invasive pneumococcal isolates in Germany. J Antimicrob Chemother 49: 61–68

Ristig MB, Arens MQ, Kennedy M, Powderly W, Tebas P (2002) Increasing prevalence of resistance mutations in antiretroviral-naive individuals with established HIV-1 infection from 1996–2001 in St. Louis. HIV Clin Trials 3: 155–160

Robert-Koch-Institut (1999) Zur Lyme-Borreliose in ausgewählten Bundesländern in den Jahren 1997 und 1998. Epidem Bull 22: 163–167

Robert-Koch-Institut (2001a) Risikofaktoren für Lyme-Borreliose: Ergebnisse einer Studie in einem Brandenburger Landkreis. Epidem Bull 21: 147–149

Robert-Koch-Institut (2001b) Tuberkulose in Deutschland. Epidem Bull 46: 351–352

Robert-Koch-Institut (2001c) Reiseassoziierte Infektionskrankheiten in Deutschland. Epidem Bull 49: 373–377

Robert-Koch-Institut (2002) Tuberkulose-Screening bei Spätaussiedlern im Grenzdurchgangslager Friedland. Epidem Bull 15: 121–123

Roll Back Malaria (2002) Epidemic prediction and response. RBM Initiative, WHO, Genf (www.rbm.who.int)

Ross R (1999) Atherosclerosis – an inflammatory disease. N Engl J Med 340: 115–126

Rothenbacher D, Bode G, Berg G et al. (1989) Prevalence and determinants of Helicobacter pylori infection in preschool children: A population-based study from Germany. Int J Epidemiol 27: 135–141

Spach DH, Liles WC, Campbell GL et al. (1993) Tick-borne diseases in the United States. N Engl J Med 329: 939–947

Talaska T, Bätzig J (2001) Waldarbeiter-Studie Berlin-Brandenburg 2000 zu zeckenübertragenden und anderen Zoonosen. Epidemiologisches Bull 16: 109–110

Weiland T, Kuhnl P, Laufs R, Heesemann J (1992) Prevalence of Borrelia burgdorferi antibodies in Hamburg blood donors. Beitr Infusionsther 30: 92–95

WHO Outbreak News, WHO, Genf, www.who.int/disease-outbreak-news

WHO (2001) World Health Report 2001, WHO, Genf. www.who.int/whr/2001

WHO (2002a) The Global Task Force on Cholera Control. www.who.int/emc/diseases/cholera

WHO (2002b) WHO Report 2002: Global tuberculosis control. Surveillance, planning, financing. www.who.int/gtb/publications/globrep02/index.html

Witte W, Klare I (1999) Antibiotikaresistenz bei bakteriellen Erregern: Mikrobiologisch-epidemiologische Aspekte. Bundesgesundhbl Gesundheitsforsch Gesundheitsschutz 42: 8–16

Wongsrichanalai C, Pickard AL, Wernsdorfer WH, Meshnick SR (2002) Epidemiology of drug-resistant malaria. Lancet Infect Dis 2: 209–218

Zastrow KD, Schoneberg I (1994) Nosocomial infection as the cause of death. Gesundheitswesen 56: 122–125

Zöller L, Faulde M, Meisel H et al. (1995) Seroprevalence of hantavirus antibodies in Germany as determined by a novel recombinant enzyme immunoassay. Eur J Clin Microbiol Infect Dis 14: 305–313

Teil II

Methodische Grundlagen der Infektionsepidemiologie

Prinzipien der Infektionsepidemiologie

Alexander Krämer und Lutz Wille

In diesem Kapitel werden die Prinzipien und Konzepte der modernen Infektionsepidemiologie dargestellt. Nach einer Definition des Begriffs Epidemiologie und der Charakterisierung ihrer Rolle für die Gesundheitswissenschaften (Public Health) werden die Spezifika der Epidemiologie von Infektionen und Infektionskrankheiten behandelt. Außer einer Übersicht über die theoretisch und praktisch relevanten Konzepte der Infektionsepidemiologie enthält das Kapitel Definitionen der für diese Disziplin wichtigsten Begriffe.

3.1 Definition und Aufgaben der Epidemiologie

Eine allgemeingültige Definition der Epidemiologie zu geben ist schwierig, weil es sich bei ihr im Gegensatz z. B. zur Anatomie oder Gastroenterologie nicht um eine Wissenschaft mit einem klar umschriebenen Wissensgegenstand bzw. einem definierten Organsystem handelt, sondern eher um eine wissenschaftliche Methode, die für die Bearbeitung und Erforschung eines großen Spektrums gesundheitswissenschaftlicher und medizinischer Fragestellungen eingesetzt wird. Dieser Bereich reicht von infektionsepidemiologischen Themen hin zu Fragen der Versorgungsforschung, z. B. bei Patienten mit chronischen Schmerzen. Darüber hinaus lassen sich in der Epidemiologie dauernd Veränderungen beobachten, weil in dieser Wissenschaft neue Gegenstandsbereiche hinzukommen und neue epidemiologische und statistische Methoden eingesetzt werden. Im Zeitalter moderner Informationstechnologien und leistungsstarker Computer ist in der Epidemiologie gegenwärtig eine rasante Neuentwicklung epidemiologischer Verfahren und Modelle festzustellen.

Im Rahmen der Globalisierung lässt sich eine zunehmende Hinwendung zu weltweit relevanten gesundheitswissenschaftlichen Problemen wie z. B. Umweltproblemen oder der HIV/Aids-Epidemie verzeichnen.

❯ **Definition**
Etymologisch gesehen ist das Wort Epidemiologie griechischen Ursprungs und setzt sich zusammen aus den Begriffen „epidemos" (im Volk verbreitet) und „logos" (die Wissenschaft) und bedeutet folglich „die Wissenschaft dessen, was sich im Volk verbreitet".

Entscheidend ist, dass sich die Epidemiologie also mit Bevölkerungen oder Bevölkerungsgruppen beschäftigt, im Gegensatz zur klinischen Medizin, bei der die Behandlung von Individuen (Patienten) im Vordergrund steht. Dementsprechend beschreibt die Epidemiologie Gesundheit und Krankheit mit Hilfe von Begriffen wie Häufigkeit und Verteilung z. B. bestimmter Krankheiten in der Bevölkerung oder in bestimmten Bevölkerungsgruppen. Diese Häufigkeiten werden zu den Häufigkeiten und Verteilungen von Faktoren in Beziehung gesetzt, denen bestimmte Bevölkerungsgruppen exponiert sind. Auf diese Weise sollen Risikofaktoren bzw. protektive Faktoren identifiziert werden, die mit dem Gesundheitszustand bzw. mit bestimmten Krankheiten assoziiert sind. Dabei geht man von der Annahme aus, dass Krankheiten und Expositionsfaktoren in der Bevölkerung nicht zufällig verteilt sind, sondern dass sich Bevölkerungsgruppen finden lassen, in denen bestimmte Krankheiten und entsprechende Expositionsfaktoren häufiger vorkommen als in anderen Bevölkerungsgruppen.

❶ Ein für die Epidemiologie grundlegendes Prinzip ist die Anordnung von Individuen in Gruppen, bei denen es sich um die Gruppe der Frauen oder Männer, bestimmte Altersgruppen oder andere Gruppen handeln kann.

Aus dieser Vorgehensweise lässt sich auch das heute viel diskutierte Konzept der „vulnerablen" Gruppe ableiten, bei der es sich um eine Gruppe handelt, die wegen des Vorliegens einer ungünstigen Risikokonstellation für bestimmte Erkrankungen besonders gefährdet ist.

❶ **Im Allgemeinen können in der Epidemiologie für die gefundenen Assoziationen zwischen Krankheiten und Expositionsfaktoren keine streng kausalen Beziehungen abgeleitet werden in dem Sinne, dass ein bestimmter Faktor die Ursache für eine bestimmte Krankheit darstellt.**

Vielmehr handelt es sich um den Versuch, durch Beobachtung indirekte Evidenzen ausfindig zu machen, welche Faktoren für die Entwicklung einer Krankheit eine Rolle spielen. Dabei kann es durchaus sein, dass diese Faktoren für die Ätiologie der Erkrankung maßgeblich sind. Dementsprechend sind sog. Kausalitätskriterien aufgestellt worden, deren Vorhandensein auf eine mögliche kausale Beziehung der identifizierten Faktoren zur Krankheitsentstehung schließen lassen (Kausalitätskriterien nach Hill; Rothman u. Greenland 1998). Auf diese Kriterien soll hier nicht genauer eingegangen werden (siehe nächstes Kapitel). Es bleibt festzuhalten, dass eine fortwährende Diskussion über das Prinzip der Kausalität in der Epidemiologie stattfindet (Bartmann 2001). Anhand von epidemiologischen Studien können Hypothesen generiert werden, die besagen, welche Faktoren möglicherweise für die Entwicklung bestimmter Krankheiten eine ursächliche Rolle spielen. Diese Zusammenhänge endgültig zu beweisen bleibt aber anderen Wissenschaftlern vorbehalten, wie z. B. Laborwissenschaftlern oder Molekularbiologen. Als Beispiel für eine zunehmende interdisziplinäre Vernetzung zwischen Laborwissenschaftlern und Epidemiologen hat sich in letzter Zeit das epidemiologische Spezialfach der molekularen Epidemiologie entwickelt.

Beispiel

Ein gutes Beispiel dafür, welche Rolle die Epidemiologie in Zusammenarbeit mit den anderen in den Gesundheitswissenschaften relevanten wissenschaftlichen Disziplinen spielt, ist die Erforschung der Aids-Epidemie. Anfang der 80er Jahre wurde erstmalig in den USA das Krankheitsbild des erworbenen Immundefektsyndroms (Aids)

beschrieben, welches in der Gruppe von vormals gesunden homosexuellen Männern in Kalifornien und New York auftrat, bei denen opportunistische Infektionen und Tumore im Rahmen eines generalisierten Immunmangels vorkamen. Damals wurden alle möglichen Theorien über die Ursachen für dieses Krankheitsbild aufgestellt. Durch gezielte epidemiologische Untersuchungen stellte sich heraus, dass es sich um eine Infektionskrankheit handelte und Sexualverkehr einen wichtigen Übertragungsweg darstellte, weswegen homosexuelle Männer mit vielen Sexualpartnern besonders häufig erkrankten. Später gelang es dann, das menschliche Immundefizienzvirus (HIV) als Ursache für die Erkrankung im virologischen Labor zu identifizieren und einen Antikörpertest zur Testung auf Antikörper gegen dieses Virus zu entwickeln. Dadurch konnten bestimmte Risikogruppen der Bevölkerung hinsichtlich einer HIV-Infektion im Rahmen eines Screenings untersucht und HIV-infizierte Personen über längere Zeit in Kohortenstudien beobachtet werden, um Aufschlüsse über den natürlichen Verlauf der Erkrankung und prädiktive Faktoren für die Entwicklung von Aids zu erhalten. Schließlich wurden Therapien zur Behandlung HIV-infizierter Personen entwickelt, die gegenwärtig weiter optimiert werden. Bei dieser „neuen" Infektionskrankheit hatten epidemiologische Untersuchungen gewissermaßen eine Filterfunktion, um die gesamte Fülle der potenziellen ätiologischen Faktoren zu sortieren und eine infektiologische Genese der Erkrankung wahrscheinlich zu machen. Diese Hypothese konnte dann im Labor überprüft und durch die Identifikation von HIV bestätigt werden. Damit hatte die Epidemiologie ihre wichtige Bedeutung bei der Erforschung der HIV-Epidemie allerdings keineswegs verloren. Im Gegenteil spielen epidemiologische Untersuchungen gegenwärtig für die Surveillance und die Prävention der sich in bestimmten Weltregionen weiter stark ausbreitenden Infektion eine große Rolle.

❶ **Für die Epidemiologie ist die Triade zwischen dem auslösenden Agens (biologisch oder nichtbiologisch), dem Wirt (gewöhnlich dem Menschen) und der Umwelt konstitutiv.**

Während für das Agens die Frage der Übertragbarkeit, das Wirtsspektrum und sein natürliches Vorkommen charakteristisch sind, determinieren den Wirt seine Empfänglichkeit gegenüber bestimmten Erkrankungen, sein Immunstatus, soziodemographische und andere Faktoren. Diese Zusammenhänge sind in einem räumlichen und zeitlichen Kontext angesiedelt, was eine geographische Visualisierung ebenso erlaubt wie die Beobachtung von Ausbrüchen und zeitlichen epidemiologischen Trends. Die räumlichen und zeitlichen Strukturen von Krankheiten sind für die effektive Anwendung von Präventionen und Interventionen eine wichtige Grundlage, um die entsprechenden Erkrankungsraten zu vermindern.

Detels spricht von der Epidemiologie als einer „Kunst des Möglichen" (Detels et al. 2002), gemäß derer der Epidemiologe weiß, wann und wie er welche epidemiologischen Methoden anwenden muss, um bestimmte gesundheitswissenschaftliche Fragen zu beantworten. Demnach genügt es nicht, Kenntnisse über verschiedene Studiendesigns und statistische Verfahren zu haben.

❶ **Wenn epidemiologische Verfahren dagegen der jeweiligen Fragestellung entsprechend innovativ angewendet werden, ist die Epidemiologie als wissenschaftliche Disziplin eines der wichtigsten Werkzeuge zur Bekämpfung von Krankheiten und zur Gesundheitsförderung.**

Die Epidemiologie ist eine Grundlagendisziplin für die Gesundheitswissenschaften (Public Health), und ihre Verwendung stellt in mehrfacher Hinsicht eine vielversprechende Unterstützung der Gesundheitswissenschaften dar (Detels et al. 2002) (s. Übersicht).

Verwendung der Epidemiologie zur Unterstützung von Public Health

- Beschreibung des Krankheitsspektrums
- Beschreibung des natürlichen Krankheitsverlaufs
- Identifikation von Risiko- und protektiven Faktoren
- Vorhersage von Krankheitstrends
- Erhellung von Mechanismen der Krankheitsübertragung
- Überprüfung der Effizienz von Interventionsstrategien
- Charakterisierung des gesundheitlichen Bedarfs einer Bevölkerung
- Evaluation von Public-Health-Programmen

Beispiel

Die HIV-Erkrankung ist durch ein ganzes Potpourri verschiedener Diagnosen und Krankheitszustände charakterisiert, die von bestimmten opportunistischen Infektionen über Tumore bis zu neurologischen Defekten reichen, weswegen wir ja auch von einem „Syndrom" (Aids) sprechen. Der gemeinsame pathogenetische Nenner dieser klinischen Zustände besteht in der durch die HIV-Infektion bedingten und durch die Zerstörung der CD_4-T-Lymphozyten vermittelten Defizienz des Immunsystems der HIV-infizierten Personen. Auch Infektionen wie Masern, die Lyme-Erkrankung, Herpesvirusinfektionen und viele andere können jeweils verschiedene klinische Manifestationen hervorrufen. Dies gilt ebenso für die Krankheit der arteriellen Hypertonie, welche als ein Hauptrisikofaktor für kardiovaskuläre Erkrankungen ursächlich mit der Entstehung des Schlaganfalls, des Herzinfarkts und von Nierenerkrankungen assoziiert sein kann.

Neben dem Spektrum beschreibt die Epidemiologie den sog. „natürlichen Verlauf" von Erkrankungen, wobei man unter natürlichem Verlauf einen Verlauf ohne Therapieinterventionen versteht, was sich in der medizinischen Praxis so üblicherweise nicht beobachten lässt.

Beispiel

Der natürliche Verlauf der HIV-Erkrankung ist anfänglich durch ein akutes retrovirales Syndrom charakterisiert, welches mit Fieber, einer schweren grippeähnlichen Symptomatik und einer HI-Virämie einhergeht, gefolgt von einer üblicherweise langjährigen „Latenzphase", in der ein relatives Gleichgewicht zwischen HIV und dem Immunsystem des Infizierten besteht (obwohl auch in dieser Phase das Virus nach neueren Erkenntnissen aktiv ist), welche dann schließlich über ein klinisches Vorstadium in das sog. Vollbild der Aids-Erkrankung übergeht, die durch einen zunehmenden Zusammenbruch des Immunsystems gekennzeichnet ist. Im Rahmen der klinischen Epidemiologie stellt sich hier die Frage, an welcher Stelle und zu welchem Zeitpunkt die begrenzten Therapieoptionen bei HIV-infizierten Personen am sinnvollsten eingesetzt werden sollen.

❗ Wie bereits oben ausgeführt, geht es in der Epidemiologie um die Identifikation von Risiko- und protektiven Faktoren, die die Entwicklung bestimmter Krankheiten fördern bzw. verhindern, sowie um die Bestimmung der Häufigkeit und Verteilung dieser Faktoren in der Bevölkerung.

Durch gezielte Public-Health-Interventionen kann dann versucht werden, die Prävalenz wichtiger Risikofaktoren zu vermindern, wie z. B. den Verzehr nicht gut durchgegarten Geflügelfleisches, und somit durch frühzeitige Maßnahmen oder eine primäre Prävention die Neuerkrankungsrate (Inzidenz) von gastrointestinalen Infektionen zu senken.

Für die Vorhersage von epidemiologischen Trends im Bereich der Infektionsepidemiologie können das Rückrechnungsverfahren (HIV-Epidemie) und andere epidemiologische Modelle verwendet werden. Für viele Infektionskrankheiten ist es außerdem typisch, dass entsprechende Erkrankungsraten eine Periodik, wie z. B. saisonale Schwankungen, aufweisen. Auch für kardiovaskuläre Erkrankungen lassen sich Trends charakterisieren, die mit der effektiven Beeinflussung von Risikofaktoren, Fortschritten in der Therapie und anderen Faktoren einhergehen.

❗ Die korrekte Einschätzung dieser Trends ist für die Schätzung des Bedarfs an gesundheitlicher Versorgung in der Bevölkerung maßgebend.

Für die Infektionsepidemiologie ist die Charakterisierung der Infektionsübertragung eine entscheidende Grundlage für Maßnahmen zum Schutz der Bevölkerung vor einer Ansteckung durch die entsprechende Infektion. Mit dem Konzept der Infektionsübertragung werden wir uns unten bei den Spezifika der Infektionsepidemiologie genauer befassen.

Epidemiologische Untersuchungen helfen dabei, besonders vulnerable Subpopulationen für bestimmte Krankheitsprozesse zu charakterisieren, die am meisten unserer Unterstützung bedürfen und von gezielten und effektiven Interventionsmaßnahmen profitieren.

❗ Es ist Aufgabe der Epidemiologie, bei der Evaluation von Interventionsstrategien, bei Interventionsprogrammen und ganzen Public-Health-Programmen zu assistieren.

Dabei ist u. a. zu gewährleisten, dass Interventionsstrategien auch wirklich den gewünschten Effekt erzielen und nicht kontraproduktiv sind, dass Impfprogramme, die in Doppelblindstudien effektiv waren, auch bei ihrem Einsatz vor Ort der Bevölkerung einen wirksamen Impfschutz verleihen und dass Public-Health-Programme Kosten-Nutzen-Überlegungen genügen.

3.2   Charakteristika und Besonderheiten der Infektionsepidemiologie

Im Folgenden sollen die speziellen Charakteristika und Besonderheiten der Infektionsepidemiologie herausgearbeitet und anderen Feldern der Epidemiologie gegenübergestellt werden (s. Übersicht).

Besondere Charakteristika der Infektionsepidemiologie

- Infektionsfall ist mögliche Quelle für weitere Infektionen
- Infektionsfall wird als solcher nicht erkannt (Carrier, subklinische Infektion)
- Bestimmter Anteil der Bevölkerung kann gegenüber der Infektion immun sein (durchgemachte Infektion, Impfung)
- Bei Ausbrüchen ist häufig eine Dringlichkeit für Interventionen gegeben (Limitierung der Ausbreitung einer Infektion)
- Gute wissenschaftliche Grundlage für Public-Health-Interventionen vorhanden

---

❯ **Definition**
Eine Infektionskrankheit ist definiert als eine Erkrankung, die von einem Infektionserreger oder seinen toxischen Produkten hervorgerufen wird. Dieser Erreger wird von einem infizierten Menschen, einem Tier oder Reservoir auf direktem oder indirektem Wege über einen Vektor (z. B. Zwischenwirt) oder die unbelebte Umwelt auf eine für die Infektion empfängliche Person übertragen.

Genau wie die anderen Formen der Epidemiologie ist auch die Infektionsepidemiologie mit der Untersuchung von Bevölkerungsgruppen befasst, anstatt, wie die klinische Infektiologie das Individuum bzw. den Patienten als Gegenstand zu haben. In den Mittelpunkt der Betrachtung stellt die

Infektionsepidemiologie den Infektionserreger, seine Übertragung, den Wirt und die Umwelt. Dabei sind einige Charakteristika speziell für die Infektionsepidemiologie typisch. Ein infiziertes Individuum (Fall) kann Ausgangspunkt (Quelle) für weitere Infektionen sein. Bei inapparenten oder subklinischen Infektionen und bei Infektionsträgern (Carrier) besteht die Möglichkeit, dass sie Quelle für weitere Infektionen darstellen können, ohne als Infektionsfälle erkannt zu werden. Bestimmte Personen bzw. Teile der Bevölkerung können gegenüber einer Infektion immun sein, entweder weil sie geimpft sind oder weil sie die Infektion bereits durchgemacht haben.

❗ **Im Gegensatz zu vielen anderen Erkrankungen stehen die mit infektionsepidemiologischen Problemen beschäftigten Akteure zuweilen unter großem Druck, effektive Interventionen durchzuführen, um beobachtete Ausbrüche zu begrenzen und die übrige Bevölkerung vor gefährlichen Infektionen zu schützen.**

Dabei ist es von Vorteil, dass für solche infektionsepidemiologischen Interventionen eine gute wissenschaftliche Grundlage gegeben ist, weil der Erreger als auslösende Ursache der Erkrankung häufig bekannt ist, während hingegen im Fall der Epidemiologie vieler chronischer Krankheiten oftmals nur Risikofaktoren angenommen werden können, was die effektive Kontrolle dieser Krankheiten erschwert.

Wichtige infektionsepidemiologische Fragen sind, wie infektiös ein Erreger ist, wie lange es vom Zeitpunkt der Infektion bis zur späteren Erkrankung dauert (Inkubationsperiode) und ob die Infektion nur vorübergehend ist oder lebenslang besteht; außerdem, ob sich aus einem Ausbruch eine regelrechte Epidemie entwickeln kann und warum eine Epidemie wie z. B. die HIV-Epidemie in verschiedenen Ländern und Subpopulationen so unterschiedliche Formen haben kann.

Wie alle wissenschaftliche Disziplinen operiert auch die Infektionsepidemiologie mit bestimmten wichtigen Grundbegriffen, für die im Folgenden Definitionen gegeben werden. Diese Definitionen entsprechen denen, die in anderen epidemiologischen und infektiologischen Lehrbüchern zu finden sind, bzw. lehnen sich an diese an. Da unsere infektionsepidemiologischen Überlegungen im Kontext der Gesundheitswissenschaften (Public Health) angesiedelt sind, sollen die von uns verwendeten Definitionen nach Möglichkeit der Dy-

namik des Infektionsgeschehens und seinen Public-Health-Implikationen zur Kontrolle der Infektionskrankheiten verpflichtet sein.

❯ **Definition**

Was versteht man also unter einer Infektion? Im Gegensatz zur Kolonisation, einer Besiedlung der Haut mit Keimen ohne Krankheitswert, ist bei der Infektion eine Situation gegeben, bei der der Erreger in der Regel Barrieren des Organismus wie die Haut oder Schleimhäute durchdringt und dadurch im Organismus eine lokal begrenzte oder generalisierte Reaktion hervorrufen kann. In der pathologischen Anatomie ist eine Entzündung durch Infektionserreger oder andere schädigende Agenzien anhand der folgenden 4 Phänomene charakterisiert: Rötung und Überwärmung z. B. des betreffenden Hautareals durch die infolge des Prozesses ausgelöste stärkere Durchblutung, Schmerz und Einschränkung der Funktion.

❗ **Infektionen können ganz unterschiedliche zeitliche Dynamiken aufweisen. Sie können akut sein und nur für wenige Stunden, Tage oder Wochen bestehen (z. B. Masern, Mumps, Influenza, Durchfallerkrankungen) oder chronisch verlaufen und mitunter lebenslang nachweisbar sein (z. B. Hepatitis B und C, HIV-Infektion).**

Unter klinischen Aspekten kann ein und dieselbe Infektion unterschiedliche Ausprägungen aufweisen. Es kann sich um eine Infektion handeln, die beim Infizierten zu einem Trägerstadium (Carrier) führt, ohne dass bei dem betroffenen Individuum eine klinische Reaktion zu beobachten ist. Trotzdem lassen sich bei diesen Personen entsprechende Erreger mit Hilfe mikrobiologischer Verfahren z. B. im Blut nachweisen, weswegen die genannte Definition für eine Infektion erfüllt ist. Carrier sind für die Ausbreitung von Infektionen und die Dynamik des Infektionsgeschehens von sehr großer Bedeutung, weil sich bei entsprechenden Kontakten empfängliche Personen infizieren können. Da sie selbst aber nicht erkrankt sind und häufig nichts von ihrer Infektion wissen, kann es unwissentlich zu einer starken Ausbreitung der Infektion in Bevölkerungsgruppen kommen (z. B. Hepatitis-B-Virusinfektion, HIV-Infektion), weil effektive Public-Health-Interventionen unter diesen Bedingungen erheblich erschwert sind. Daneben gibt es inapparente oder subklinische Verläufe von Infektionen und solche mit diagnostizierbaren Manifestationen. Klinisch erkrankte Personen können entweder an der Krankheit versterben, dauerhaft erkranken (chronischer Krankheitsverlauf) oder sie werden von ihrer Erkrankung spontan oder durch Therapie geheilt. Häufig sind sie nach durchgemachter Infektion für eine bestimmte Zeit oder lebenslang, wie nach einer Impfung, immun. Immunität kann entweder aktiv erworben oder passiv sein, wenn z. B. mütterliche Antikörper das Neugeborene vor bestimmten Infektionen schützen.

Ein weiterer zentraler Begriff der Epidemiologie ist die Exposition gegenüber einem potenziell krankmachenden Agens; im Falle der Infektionsepidemiologie sind dies die Erreger. Dabei kann es sich um Prionen, Viren, Bakterien, Pilze, Parasiten oder ihre toxischen Produkte handeln. Eine Exposition gegenüber dem Erreger ist die Voraussetzung für eine Infektion. Handelt es sich um einen sehr infektiösen Erreger, kann dieser schon bei einem nur flüchtigen Kontakt übertragen werden (z. B. Windpocken), während instabile und weniger infektiöse Erreger nur bei intensivem Kontakt zwischen infizierter und suszeptibler Person übertragen werden (z. B. sexuell übertragene Infektionen).

❗ **Kontaktmuster spielen für die Dynamik des Infektionsgeschehens eine grundlegende Rolle, weswegen Kommunikationsstrukturen und soziale Netzwerke, die für die Ausbreitung bestimmter Infektionen wichtig sind, durch infektionsepidemiologische Studien erforscht werden müssen, um auf dieser wissenschaftlichen Basis die weitere Ausbreitung der Infektion zu stoppen.**

Die Eigenschaften des Erregers, seine Verbreitung in der Bevölkerung und seine *Virulenz* spielen ebenfalls eine für die Infektionsdynamik wichtige Rolle. Hier profitiert die Infektionsepidemiologie von den Erkenntnissen der Mikrobiologie, weswegen wünschenswerterweise zwischen Epidemiologen und Mikrobiologen eine gute interdisziplinäre Kooperation im Interesse der Sache bestehen sollte.

❯ **Definition**
Die *Virulenz* ist definiert als die Fähigkeit des Erregers, während der Infektion krankheitsauslösend zu wirken. Diese Eigenschaft wird durch die Wechselwirkung der Immunabwehr des Wirts mit dem Erreger bedingt und kann sich durch eine Defizienz des Immunsystems, z. B. bei Aids, dahingehend ändern, dass vormals harmlose Erreger zu

opportunistischen Infektionen mit generalisierter Aussaat führen können. Die die Virulenz bestimmenden mikrobiologischen Faktoren bewirken, wie der Erreger proliferiert (sich vermehrt), den Organismus invadiert und die Organsysteme schädigt. Diese Wirkungen sind abhängig von der Dosis, mit der der Erreger in den Organismus eindringt.

Auf Seiten des Wirts sind außer seiner Resistenzlage und der Immunabwehr für die Empfänglichkeit gegenüber der Infektion genetische Faktoren, Alter und Geschlecht sowie andere physiologische Bedingungen, wie z. B. das Vorliegen einer Schwangerschaft, maßgeblich. Unter der Immunogenität versteht man die Eigenschaft eines Erregers oder eines Impfstoffes, nach einer Infektion oder Impfung eine Immunantwort beim Wirt hervorzurufen, die zu einem Schutz gegenüber einer Reinfektion mit demselben oder einem ähnlichen Erreger führt. Dieser Schutz ist bei einigen Infektionen sehr gut und besteht lebenslang (natürliche Infektionen mit Masern- oder Poliovirus), während er bei anderen Infektionen schwach und nur vorübergehend ist (z. B. bei Malaria tropica). Die unterschiedliche Dynamik des Infektionsgeschehens in einer Population wird hiervon ganz entscheidend beeinflusst (s. Kap. 2 zur Malaria, Kap. 7 zur Modellierung und Kap. 8 zu Grundlagen und Praxis von Impfungen).

❯ **Definitionen**
Unter der *Infektionsquelle* versteht man den Ausgangspunkt, von dem die Infektion für den Menschen herrührt. Dies können verschiedene Materialien in der Umwelt (z. B. Gegenstände, Boden, Wasser), kontaminierte oder infizierte Nahrungsmittel, infizierte Tiere oder der Mensch selbst sein.

Ein *Reservoir* stellt eine ökologische Nische dar, in der sich der Erreger aufhält und sich vermehren kann. *Zoonosen* sind Infektionen, die von Tieren auf den Menschen übertragen werden können. *Vektoren* sind wirbellose Tiere, die Infektionen von infizierten Tieren oder dem Menschen aufnehmen und dann auf den Menschen weiter übertragen, wie beispielsweise die Anophelesmücke, die den Malariaparasiten von Mensch zu Mensch überträgt.

Hinsichtlich der zeitlichen Strukturen bei der Infektion können die infektiöse Periode, die Latenzzeit und die Inkubationszeit unterschieden werden.

Abb. 3.1. Zeitliche Dynamik von Infektion und Erkrankung. (Nach Halloran 1998)

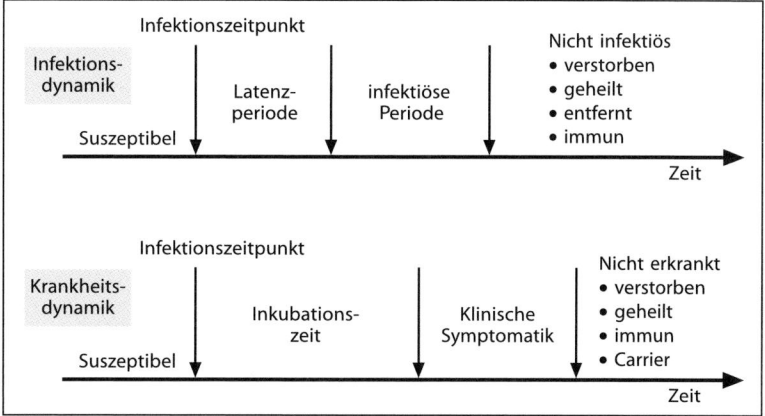

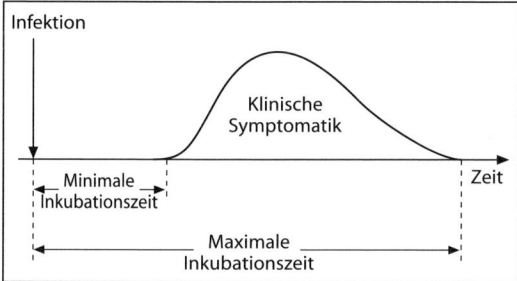

Abb. 3.2. Inkubationszeitverteilung

> **Definitionen**
>
> Unter der *infektiösen Periode* versteht man die Dauer, während derer eine infizierte Person die Infektion auf andere übertragen kann. Die *Latenzperiode* ist die Zeitspanne von der Infektion bis zum Beginn der infektiösen Periode, und die *Inkubationsperiode* stellt die Zeitspanne von der Infektion bis zum Beginn der klinischen Symptomatik dar (Halloran 1998, s. Abb. 3.1).

Da die Inkubationszeit bei verschiedenen Individuen variiert, spricht man genauer von einer Inkubationszeitverteilung mit einer minimalen, mittleren und maximalen Inkubationszeit (Abb. 3.2). Weil man häufig die Abfolge mehrerer Generationen der Infektion beobachten kann, lassen sich zwischen diesen Serien bestimmte Intervalle beobachten (Abb. 3.3). Dabei versteht man unter dem Primärfall oder Indexfall denjenigen Fall, welcher die Infektion in die Population hineinbringt und unter Sekundärfällen diejenigen, die vom Indexfall infiziert wurden, entsprechend Tertiärfälle etc.

> **Definitionen**
>
> Die *Reproduktionsrate* einer Infektion ergibt sich aus deren Potenzial, wie sie sich innerhalb einer Population ausbreiten kann und hängt von folgenden Bestimmungsfaktoren ab: dem Anteil der Immunen in der Population, der Infektionsperiode, dem Kontaktmuster in der Population und der Übertragungswahrscheinlichkeit pro Kontakt zwischen einer infizierten und einer empfänglichen Person. Die *Infektionswahrscheinlichkeit* ist definiert als die Wahrscheinlichkeit, mit der bei einem Kontakt zwischen dem empfänglichen Wirt und der Infektionsquelle eine Übertragung der Infektion stattfindet und der empfängliche Wirt dadurch infiziert wird. Sie ist abhängig von den Eigenschaften des Erregers, der Infektionsquelle, der Art und Intensität des Kontaktes und von Wirtsfaktoren.

3.3 Übertragungsmöglichkeiten

Direkte Arten der Übertragung können von indirekten unterschieden werden. Zu den direkten Übertragungsmöglichkeiten gehört die Übertragung durch direkten Hautkontakt oder den sexuellen Kontakt. Die indirekte Übertragung findet über Vektoren oder Überträgermedien statt.

Beispiele

Beispiele für einen direkten Übertragungsmodus sind sexuell übertragbare Infektionen, bei denen die Erreger durch Schleimhautkontakte übertragen werden, eine Übertragung über die Plazenta (z. B. Toxoplasmose), Blutübertragungen und solche durch Transplantationen (HIV, Hepatitis B), Herpesvirus-Typ-I-Infektionen durch Hautkontak-

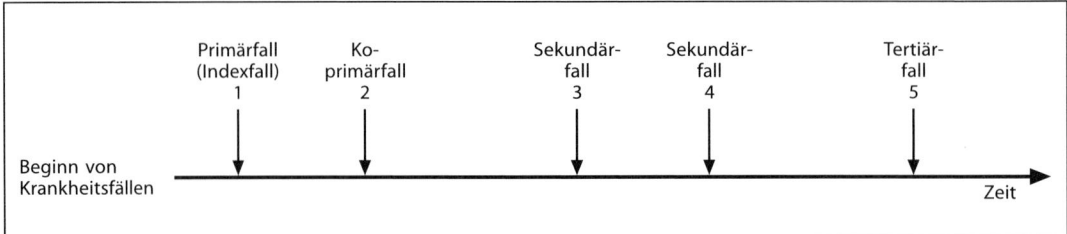

Abb. 3.3. Die Generationen einer Infektion

Tabelle 3.1. Häufige Übertragungsmedien für Infektionserreger mit Beispielen und englischer Bezeichnung

Übertragungsmedium	Beispiele	Englische Bezeichnung
Nahrungsmittel	Salmonellose Campylobakteriose	Food-borne
Wasser Tröpfcheninfektion	Cholera Influenza Tuberkulose	Water-borne Vapour droplets
Transplantate Blut- und Blutprodukte Luft/Aerosole	Zytomegalievirusinfektion HIV, Hepatitis C Windpocken, Legionellose	Transplant-borne Blood-borne Air-borne

te und die Übertragung der Influenza durch Husten und Niesen (Tröpfcheninfektion). Beispiele für indirekte Übertragungen sind die Hepatitis A (Wasser als Reservoir), Windpocken (Luft), Infektionen mit Salmonellen (Lebensmittel), Malaria (Vektoren) und Scharlach (z. B. Übertragung durch Kinderspielzeug).

Übertragungsmöglichkeiten können dementsprechend auch nach dem Überträgermedium benannt werden (s. hierzu Tabelle 3.1).

Bei vielen Infektionen gibt es neben dem Wirt (Mensch oder Wirbeltier) einen oder mehrere Zwischenwirte (z. B. Arthropoden), in denen sich der Erreger vermehrt und wichtige Entwicklungsschritte durchläuft. Der Mensch kann bei ungewöhnlichem Kontakt zum zufälligen Wirt eines Infektionserregers werden, der sonst Tiere als Hauptwirt hat (z. B. bei pulmonalem Hantavirussyndrom, s. Kap. 2). Im Falle der Malaria stellt der Mensch den Zwischenwirt dar, da die sexuelle Vermehrung des Erregers in der Anophelesmücke stattfindet.

3.4 Ausbruch und Epidemie

❯ Definition
Unter einem Ausbruch versteht man das Auftreten einer Infektion in einer Population, bei dem mehr als die zu erwartenden Fälle beobachtet werden. Der Übergang zu einer Epidemie ist fließend.

Es gibt in der Literatur unterschiedliche Definitionen von Epidemie, wobei wir vorschlagen von einer Epidemie dann zu sprechen, wenn es sich um einen großen Ausbruch handelt. Eine endemische Situation ist dann gegeben, wenn eine Infektion in einer bestimmten geographischen Region oder Population permanent vorhanden ist. Dabei kann es vorkommen, dass sich vor dem Hintergrund dieser endemischen Lage durch bestimmte Einflüsse Ausbrüche, bzw. Epidemien herausbilden.

❖ Fazit

Eine allgemeingültige Definition der Epidemiologie zu geben ist schwierig, weil es sich bei ihr um eine wissenschaftliche Methode handelt, die für die Bearbeitung und Erforschung eines großen Spektrums gesundheitswissenschaftlicher und medizinischer Fragestellungen eingesetzt wird. Entscheidend ist, dass sich die Epidemiologie mit Bevölkerungen oder Bevölkerungsgruppen beschäftigt. Dementsprechend beschreibt die Epidemiologie Gesundheit und Krankheit mit Hilfe von Begriffen wie Häufigkeit und Verteilung z. B. bestimmter Krankheiten in der Bevölkerung oder in bestimmten Bevölkerungsgruppen. Durch die beobachtende Vorgehensweise können i. Allg. in der Epidemiologie für die gefundenen Assoziationen zwischen Krankheiten und Expositionsfaktoren keine streng kausalen Beziehungen abgeleitet werden. Vielmehr handelt es sich um den Versuch, durch Beobachtung indirekte Evidenzen ausfindig zu machen, welche Faktoren für die Entwicklung einer Krankheit eine Rolle spielen.

Die Infektionsepidemiologie besitzt besondere Charakteristika im Vergleich zur allgemeinen Epidemiologie: Der bedeutendste Unterschied besteht darin, dass ein Infektionsfall eine mögliche Quelle für weitere Infektionen darstellt. Dies hat zur Folge, dass ein nicht erkannter Infektionsfall als eine potenzielle Quelle für Folgeinfektionen agieren kann. Ein bestimmter Anteil der Bevölkerung kann gegenüber der Infektion bereits immun sein, d. h. ist bereits vor der Infektion geschützt, was auf eine bereits durchlaufene Infektion oder eine Impfung zurückzuführen ist. Bei Ausbrüchen von Infektionskrankheiten ist häufig eine Dringlichkeit für Interventionen gegeben, um die Limitierung der Ausbreitung zu erreichen. Diese Besonderheiten der Infektionsepidemiologie bedingen eigene Begrifflichkeiten und ein erweitertes methodisches Instrumentarium.

Literatur

Bartmann K (2001) Kritik der Ursachenforschung bei Infektionskrankheiten. Wissenschaftliche Verlagsgesellschaft, Stuttgart

Detels R, Holland W, McEwen J et.al. (eds) (2002) Oxford Textbook of Public Health, 4th edn. Oxford University Press, Oxford

Halloran ME (1998) Concepts of infectious disease epidemiology. In: Rothman KJ, Greenland S (eds) Modern Epidemiology, 2nd edn. Lippincott-Raven, Philadelphia, pp 529–554

Rothman KJ, Greenland S (1998) Modern Epidemiology, 2nd edn. Lippincott-Raven, Philadelphia

Methoden und Konzepte der Infektionsepidemiologie

Lutz Wille und Alexander Krämer

Die Methoden der infektionsepidemiologischen Forschung beinhalten neben den Verfahren zur Epidemiologie von nichtübertragbaren Erkrankungen weitere Ansätze, die hauptsächlich der Besonderheit Rechnung tragen, dass ein infiziertes Individuum eine Quelle für weitere Infektionen darstellen kann. Die „klassischen" epidemiologischen Methoden mit ihren Studiendesigns und Konzepten stellen aber auch für Infektionserkrankungen die Grundlage für die wissenschaftliche Betrachtung von Fragestellungen dar, die sich lediglich mit den Methoden der Epidemiologie beantworten lassen. Dieser Beitrag beschäftigt sich genau mit diesen Verfahren und kann somit von einem bereits mit epidemiologischen Techniken vertrauten Leser ausgelassen werden. Dabei können lediglich Schlaglichter auf die wichtigsten Ansätze geworfen werden, d. h. eine vollständige und vielschichtige Diskussion ist anderen Quellen vorbehalten (z. B. Rothman u. Greenland 1998, Kreienbrock u. Schach 2000).

Der methodische Grundansatz epidemiologischer Forschung kommt zur Anwendung, wenn gesundheitswissenschaftliche Fragestellungen mit Bevölkerungsbezug beantwortet werden müssen. Er besteht aus einem Vergleich von Gruppen und nicht von Einzelpersonen. Dieses Vorgehen findet sich ebenfalls im Bereich der klinischen Forschung mit ihren sog. randomisierten kontrollierten Studien wieder. Der entscheidende Unterschied zwischen diesen beiden Disziplinen besteht allerdings darin, dass sich epidemiologische Problemstellungen lediglich durch einen *beobachtenden Ansatz* beantworten lassen.

❗ Ein Experiment, das die Vergleichbarkeit von Gruppen auf künstlichem Wege erreicht, d. h. durch eine zufällige Zuteilung von Untersuchungseinheiten zu den entsprechenden Gruppen mittels einer Randomisation, ist in der Epidemiologie aus ethischen Gründen häufig nicht möglich.

4.1 Begriffe

Um die eigentliche Methodik infektionsepidemiologischer Forschung verstehen zu können, ist es notwendig, eine begriffliche Basis zu schaffen. Dazu werden ein paar grundlegende Bezeichnungen eingeführt und erläutert:

- Unter einem *Verhältnis* oder auch einer *Odds* (Chance) versteht man einen Quotienten zweier Einheiten, beispielsweise das Verhältnis gewonnener zu verlorener Spiele einer Fußballmannschaft in einer Saison.
- Von einer *Proportion* spricht man, wenn man einen Quotienten betrachtet, bei dem der Zähler Teil des Nenners ist.
- Die *Rate* schließlich entspricht einer Proportion, bei der es sich um Ereignisse in einer bestimmten Zeitspanne handelt, die auf eine definierte Gruppe (Bevölkerung, Population) bezogen wird.
- Die *Exposition* entspricht einem Faktor, dessen Einfluss auf die Entstehung der Erkrankung beurteilt werden soll. Wenn die Infektion als Expositionsfaktor betrachtet wird, kann im infektionsepidemiologischen Kontext der Erkrankungsstatus durch eine aus einer Infektion resultierende Erkrankung definiert werden, d. h. hier soll dessen potenzieller Einfluss auf die Entstehung der Erkrankung beurteilt werden. Alternativ kann es aber auch sein, dass die Infektion selbst die Erkrankung darstellt und eine dazu betrachtete Exposition als Faktor zu interpretieren ist, dessen Bedeutung für die Erlangung der Infektion beurteilt werden soll.

- *Risiko* und *Risiko-* bzw. *protektiver Faktor*: In der Epidemiologie basiert der Begriff des Risikos auf Beobachtungen über einen Zeitraum, d. h. auf sog. Längsschnittuntersuchungen, bei denen mit dem Vorhandensein bestimmter Merkmale ein erhöhtes (Risikofaktor) oder ein erniedrigtes Risiko (protektiver Faktor), an einer bestimmten Erkrankung in der Population in einem bestimmten Zeitraum zu erkranken, korreliert ist. Der Begriff des Risikos ist dabei ein empirisch motivierter, d. h. es muss sich hierbei nicht um eine kausale Beziehung handeln. Bei genügend großer Evidenz für einen Zusammenhang kann die Schlussfolgerung gezogen werden, dass es sich um einen möglicherweise kausalen Zusammenhang handelt.
- Als *Outcome* wird ein eindeutig festgelegtes Ereignis definiert, das als Effekt definiert wird. Dies kann eine Erkrankung sein, der Tod als Folge einer Erkrankung oder auch eine gewünschte Verhaltensänderung im Rahmen einer Intervention.
- Die *Zielpopulation* oder *Grundgesamtheit* ist die Bevölkerung, für die eine Aussage durch die infektionsepidemiologische Studie getroffen werden soll.
- Die *Stichprobe* bezeichnet den Teil der Zielpopulation, der konkret im Rahmen der infektionsepidemiologischen Untersuchung analysiert wird. Sie sollte ein repräsentatives Abbild der Zielpopulation sein.

4.2   Kausalitätsnachweis in der Infektionsepidemiologie

❶ Der Beobachtungscharakter infektionsepidemiologischer Studien bedingt, dass nicht jeder gefundene Zusammenhang kausal ist. Ein Kausalitätsnachweis ist daher auf der Basis einer einzelnen Studie nicht möglich. Vielmehr wird in der epidemiologischen Forschung ein Katalog von Kriterien zum Nachweis einer Kausalität herangezogen.

Dabei wird nicht verlangt, dass die Liste vollständig erfüllt ist, sondern die Struktur der Indizien basierend auf einzelnen Punkten ergibt die Erkenntnis. Ein grundlegendes Argument des Katalogs ist die *Stärke des Zusammenhangs*, d. h. sehr deutliche Einflüsse von Faktoren sind eher nicht dem Zufall zuzuschreiben. Außerdem sollten die

Studienergebnisse mehrerer unabhängiger Untersuchungen *konsistent* untereinander sein. Es spricht für eine kausale Beziehung, wenn ein Faktor eine *spezifische Wirkung* erzielt. Beispielsweise führt das HI-Virus zum Erkrankungsbild Aids. Bedeutend ist auch die *zeitliche Abfolge von Exposition und Outcome*. Ein weiteres Argument ist eine *Dosis-Wirkungs-Beziehung*, d. h. je höher die Dosis einer Exposition ist, desto gravierender sollte ihre Wirkung sein. In vielen infektionsepidemiologischen Studien wird die *Umkehrbarkeit* als wichtiger Faktor betrachtet, d. h. ein Outcome verschwindet, wenn eine Infektion als vermutliche Exposition eliminiert wird. Schließlich sollten Expositions-Outcome-Beziehungen aber auch *biologisch plausibel* sein. Die genannten Bedingungen gehören zum Katalog der sog. Hill-Kriterien (Hill 1965).

4.3   Studiendesigns

Es existieren verschiedene Studiendesigns zur Beantwortung infektionsepidemiologischer Fragestellungen.

❶ Die Auswahl des Designs hängt dabei von unterschiedlichen Faktoren ab.

Zu nennen sind die Fragestellung selbst, d. h. mit welcher Intention wird die Studie durchgeführt, dann die finanziellen Ressourcen und der zur Beantwortung zur Verfügung stehende Zeitraum, die Häufigkeit sowohl des betrachteten Outcomes als auch der Exposition und schließlich die allgemeine Datenlage in Kombination mit den bereits zuvor durchgeführten Studien. Unterteilen lassen sich die Ansätze im Wesentlichen in zwei Gruppen: zum einen in die *deskriptiven* Studientypen mit *ökologischen Studien*, *Fallserien* und *Querschnittsstudien* und zum anderen in die *analytischen* Studientypen mit *Kohortenstudien*, *Fall-Kontroll-Studien*, *Interventionsstudien* und schließlich *systematischen Reviews*.

4.3.1   Querschnittsstudie

❯ **Definition**
Unter einer Querschnittsstudie („cross-sectional study") oder auch Prävalenzstudie versteht man die Untersuchung einer meist durch eine einfache

Zufallsstichprobe oder auch durch eine geschichtete Stichprobenziehung gewonnene Studienpopulation in Bezug auf Merkmale zu einem festen Zeitpunkt.

❗ **Bei den Studienteilnehmern erfolgt eine simultane Erhebung des Outcome- und des Expositionsstatus. Ein Follow-up der Probanden ist dabei nicht geplant.**

Die simultane Erfassung von Expositions- und Outcomestatus erschwert die Erhebung der zeitlichen Abfolge zwischen Exposition und Outcome. Dies bedeutet, dass ein kausaler Nachweis der Assoziation zwischen Exposition und Outcome nur schwerlich zu führen ist. Weiterhin kann im Rahmen einer Querschnittsstudie lediglich die Prävalenz eines Outcomes, einer Infektion oder aber auch eines Expositionsfaktors zu einem bestimmten Zeitpunkt geschätzt werden. Bevölkerungsbezogene Querschnittsstudien sind nicht dazu geeignet, seltene Outcomes bzw. Infektionen und seltene Expositionen zu untersuchen. Es ist hier nicht möglich, die Anzahlen der betroffenen Probanden künstlich durch ein stratifiziertes Design im Rahmen einer speziellen Studienplanung zu erhöhen.

Gefeller (1998) fordert, dass nur bestimmte Erkrankungen und Expositionen in Querschnittsstudien sinnvoll untersucht werden können. Er hält lebenslang als konstant angesehene Expositionen für geeignet. Bei der restlichen Menge an Faktoren sollte eine Beschränkung auf diejenigen erfolgen, für die die Kausalität des Zusammenhangs zwischen Exposition und Erkrankung bereits gezeigt ist und für die die aus einer Querschnittsstudie gewonnene Expositionsinformation einen inhaltlich sinnvollen Bezug zur Erkrankung aufweist. Diese Forderungen werden in Querschnittsstudien häufig missachtet. In einer solchen Situation kann die Motivation für die Wahl des Designs einer Querschnittsstudie allerdings nur sein, Hypothesen über mögliche Beziehungen zu generieren, d. h. man befindet sich im Feld der deskriptiven Epidemiologie.

Dessen ungeachtet besitzen Querschnittsstudien aber auch Vorteile. Sie sind kostengünstig und relativ schnell durchführbar, d. h. i. Allg. ohne hohe zeitliche Belastung der Probanden. Es ist vorstellbar, simultan mehrere Outcomevariablen zu erheben und diese jeweils in Beziehung zu einer Reihe von Expositionen zu setzen.

4.3.2 Kohortenstudie

❯ **Definition**

Unter einer Kohortenstudie („cohort study") oder auch Longitudinalstudie versteht man die zumeist längere Beobachtung einer bestimmten Gruppe gesunder Personen hinsichtlich der Entwicklung eines oder mehrerer Outcomes.

Dabei wird zu Beginn der Untersuchung der Expositionsstatus erhoben, d. h. die teilnehmenden Probanden diesbezüglich eingeteilt. Am Ende der Studie ist dann bekannt, ob eine Person exponiert oder nicht exponiert war und ob sie vom Outcome betroffen oder nicht betroffen ist. Die Häufigkeit oder das Niveau der Ausprägung der Exposition wird dann zwischen den betrachteten Gruppen miteinander verglichen.

Es werden also i. Allg. Inzidenzraten zwischen Exponierten und Nichtexponierten verglichen (vgl. Kap. 4.4 Konzepte). Damit ist es möglich, die Entwicklung der Häufigkeit von Ereignissen zu untersuchen. Durch die longitudinale Beobachtung der Studienteilnehmer kann das betrachtete Outcome hinsichtlich seiner Entwicklungsgeschichte detailliert betrachtet werden (Schweregrad, Wiederherstellung, Letalität, Immunitätsbildung, Therapieeinflüsse etc.). Wird der relevante Risikofaktor mehrfach im Verlauf der Kohortenstudie erhoben, kann ein Einblick in seine Entwicklungsdynamik erfolgen.

Das Design hat aber auch Nachteile. Es ist i. Allg. relativ aufwändig und teuer. Eine statistisch abzusichernde Aussage benötigt häufig einen langen Zeitraum zur Beobachtung der Kohorte. Die Konstanz der Untersuchungsbedingungen ist über einen langen Zeitraum nur schwer zu realisieren, sodass sich dadurch evtl. verzerrende Einflüsse ergeben können. Die betrachtete Kohorte muss eine relativ stabile Struktur besitzen, um zu verlässlichen Ergebnissen zu führen. Schließlich ist diese Studienform für seltene Erkrankungen nicht geeignet.

Im Rahmen infektionsepidemiologischer Fragestellungen, beispielsweise bei Ausbruchsuntersuchungen, stellt eine Kohortenstudie durchaus eine ernst zu nehmende Alternative dar, da die Latenzzeiten hier häufig kurz sind und teilweise mit einer hohen Infektionsrate zu rechnen ist. Damit sind einige der genannten Nachteile nicht vorhanden.

4.3.3 Fall-Kontroll-Studie

Anders als die Kohortenstudie geht die Fall-Kontroll-Studie (engl. „case-control study") vom Outcome aus.

> **Definition**
>
> Die Exposition wird bei der Fall-Kontroll-Studie zurückschauend, d. h. retrospektiv, i. Allg. durch Befragung erhoben. Das Outcome unterteilt die Studienpopulation in sog. Fälle, die vom Outcome betroffen Personen, und die Kontrollen, die nicht betroffen Personen. Diese beiden Gruppen werden rückschauend dahingehend eingeteilt, ob sie exponiert gewesen sind oder nicht.

Die Inzidenzen der Kontrollen und der Fälle lassen sich durch dieses Design nicht direkt schätzen, da die Gesamtzahl der Personen, die jeweils dem Risikofaktor ausgesetzt waren, nicht bekannt ist. Es kann allerdings bestimmt werden, wie groß der Anteil an Exponierten bei den Kontrollen und bei den Fällen war.

Eine Fall-Kontroll-Studie weist durch ihren retrospektiven Charakter vielfältige potenzielle Verzerrungsquellen auf. Hier ist auch die Problematik zu nennen, dass repräsentative Kontrollen häufig schwer zu finden sind. Außerdem kann lediglich ein Outcome betrachtet und seltene Expositionen können nur schwerlich untersucht werden.

Das Design ist aber vor allem für seltene Infektionen und Erkrankungen geeignet, da nicht abgewartet werden muss, bis gesunde Personen von dem entsprechenden Outcome betroffen sind. Damit ist die Fall-Kontroll-Studie häufig kostengünstiger und schneller durchzuführen als eine Kohortenstudie. In vielen Situationen sprechen auch ethische Gründe für dieses Vorgehen, und zwar dann, wenn ein bestimmter Faktor, der leicht zu vermeiden wäre, für die Entstehung eines Outcomes verantwortlich gemacht wird. Hier wird man i. Allg. mit bereits vorhandenen Fällen eine Fall-Kontroll-Studie durchführen.

4.3.4 Interventionsstudie

Bei den Interventionsstudien unterscheidet man zwei verschiedene Ansätze. Die sog. *kontrollierten klinischen Studien* ähneln stark einem Experiment. Hier erfolgt eine randomisierte, also zufällige Zuordnung der Probanden zu den Studiengruppen. Damit ist es möglich, bezüglich weiterer Vari-

ablen die Gleichheit der Gruppen zu erreichen. Im Hintergrund agierende Variablen, sog. Confounder bzw. Effektmodifikatoren spielen bei gelungener Randomisation keine Rolle.

Bevölkerungsbezogene Interventionsstudien beziehen sich dagegen direkt auf Bevölkerungen und sollen die Wirksamkeit von Verfahren überprüfen. Dieser Ansatz stellt somit einen Eingriff in die Lebensweise größerer Gruppen dar. Sie sind i. Allg. sehr teuer und aufwändig und sollten somit nur bei effektiven und auch anerkannten Interventionsmaßnahmen durchgeführt werden.

4.3.5 Systematischer Review

Bei größeren Mengen an Studien zu einem spezifischen Thema ist es relativ schwierig, sich einen objektiven Überblick zu verschaffen, auf dessen Basis eine grundsätzliche Entscheidung zur untersuchten Fragestellung möglich ist.

> ❶ Hier können die Methoden des systematischen Reviews helfen, zur Verfügung stehende Informationen möglichst objektiv zu beschreiben und ggf. für eine sekundäre Analyse zu nutzen, indem die bereits in Form unabhängiger Einzelstudien versammelte Evidenz zu einer Aussage kombiniert wird (z. B. Blettner et al. 1999).

Dieses Gebiet lässt sich im Wesentlichen in 4 Typen einteilen:
1. Ein *Literaturreview* oder auch *Typ-I-Review* liefert eine zusammenfassende Darstellung unabhängiger Studien mit dem Ziel einer qualitativen Bewertung und Präsentation von Erkenntnissen epidemiologischer Studien. In der Literatur wird diese Form der Übersicht auch als *narrativ* oder beschreibend bezeichnet (Greenland 1987).
2. Der *Typ-II-Review*, häufig auch mit dem Ausdruck *Metaanalyse* benannt, zeichnet sich dadurch aus, dass die in der Literatur veröffentlichten Studienergebnisse die Grundlage dieses Ansatzes darstellen. Diese werden mittels statistischer Verfahren zu einem Gesamtergebnis kombiniert.
3. Beim systematischen *Review vom Typ III* werden dagegen die Daten der einzelnen Studien auf Individualebene gesammelt, um sie dann jeweils getrennt reanalysieren zu können und schließlich zu einer Schätzung zu kombinieren.

4. Der *Typ IV* schließlich setzt bereits vor der eigentlichen Datenerhebung an, d. h. es wird eine prospektiv geplante gepoolte Analyse mehrerer Studien, in deren Studienprotokoll der Vorgang der Zusammenführung der Daten bereits berücksichtigt wird, angestrebt. Datenerhebung, Variablendefinitionen, Fragestellungen und Hypothesen werden dafür weitgehend standardisiert.

In der Epidemiologie sind systematische Reviews, vor allem die am weitesten verbreiteten vom Typ II, umstritten (Hellmeier 1998). Von absoluter Ablehnung bis hin zu absoluter Befürwortung der Anwendung dieser Technik bei genügend großer Menge an Studien sind alle Meinungen vertreten. Eine Entscheidung darüber, ob eine solche Analyse möglich ist, muss im Einzelfall getroffen werden.

4.4 Konzepte

Alle nun betrachteten Konzepte können aus dem folgenden Schema einer sog. 2×2-Tafel oder auch Vierfeldertafel abgeleitet werden. Dabei unterscheiden sich die Konzepte lediglich nach der Schätzbarkeit aus den verschiedenen Studienformen.

4.4.1 Prävalenz und Inzidenz

Outcomes sind in ihrer Häufigkeit und Verteilung in Bevölkerungen nicht stabil. Maße, die die Häufigkeit beschreiben, können den Bestand an betroffenen Personen zu einem festen *Zeitpunkt* oder die Anzahl an Neubetroffenen in einem definierten *Zeitraum* betrachten, siehe hierzu Tabelle 4.1.

> **Definition**
> Die Prävalenz (*P*) gehört zur ersten Gruppe, d. h. sie betrachtet die Häufigkeit eines Outcomes zu einem bestimmten Zeitpunkt in einer bestimmten Population:

$$P = \frac{\text{Anzahl Betroffene zu einem festen Zeitpunkt in einer bestimmten Population}}{\text{Anzahl Personen in einer bestimmten Population}}$$

> ❗ **Die Prävalenz ist ein Maß dafür, wie groß die Wahrscheinlichkeit einer Person ist, von Outcomes betroffen zu sein.**

Sie ist sowohl durch eine Querschnittsstudie (die auch die Bezeichnung Prävalenzstudie trägt) als auch durch eine in eine Kohortenstudie eingebettete Querschnittsstudie schätzbar.

Die *kumulative Inzidenz (CI)*, eine Rate, beschreibt dagegen die Anzahl an neuen Fällen in einem definierten Zeitraum.

> **Definition**
> Die kumulative Inzidenz stellt ein Maß für die Häufigkeit neu auftretender Fälle eines Outcomes in einem bestimmten Zeitraum dar und lässt sich interpretieren als Wahrscheinlichkeit, innerhalb dieses Zeitraumes vom Outcome neu betroffen zu sein. Basis für die Betrachtung ist deshalb auch die Gruppe an nicht betroffenen Personen, im infektionsepidemiologischen Kontext die der Suszeptiblen:

$$CI = \frac{\text{Anzahl neu Betroffene im definierten Zeitraum}}{\text{Anzahl Personen, die zu Beginn des definierten Zeitr. unter Risiko stehen}}$$

Tabelle 4.1. Beobachtete Häufigkeiten von Personen, die vom Outcome betroffen bzw. nicht betroffen sind, Exponierten und Nichtexponierten in einer infektionsepidemiologischen Studie (in der Infektionsepidemiologie können sowohl Outcomestatus als auch Expositionsstatus der Infektion entsprechen)

| | | Outcome-Status | | |
		nein (I_0)	ja (I_1)	Σ
Expositionsstatus	nein (E_0)	a	b	$a+b$
	ja (E_1)	c	d	$c+d$
	Σ	$a+c$	$b+d$	N

Dafür, dass Personen für eine Infektionserkrankung nicht unter Risiko stehen, können sowohl biologische Gründe als auch eine bereits erworbene Immunität verantwortlich sein. Personen, die zu Beginn einer Kohortenstudie bereits infiziert sind, stehen ebenfalls nicht mehr unter Risiko, da sie sich nicht mehr infizieren können.

In vielen epidemiologischen Studien ist das Problem gegeben, dass die Anzahl der unter Risiko stehenden Personen variiert, besonders dann, wenn sie über einen längeren Zeitraum läuft.

> **Definition**
> Um dieses Problem zu umgehen, betrachtet man die sog. *Inzidenzdichte (ID)*, die auf der Betrachtung von Personenjahren anstatt von der Anzahl an Personen unter Risiko beruht:

$$ID = \frac{\text{Anzahl neu Betroffene im definierten Zeitraum}}{\text{Personenjahre unter Risiko}}$$

Die kumulative Inzidenz erfordert immer zusätzlich die Angabe des Analysezeitraumes. Die Inzidenzdichte dagegen beinhaltet den Zeitfaktor bereits direkt.

❗ **Zwischen der Prävalenz und der Inzidenz existiert ein näherungsweiser Zusammenhang, der dazu genutzt werden kann, die jeweils andere Größe zu schätzen, wenn die Infektionsdauer bekannt ist:**
Prävalenz ≈ Inzidenz × Infektionsdauer

4.4.2 Relatives Risiko

Das relative Risiko (RR) ist ein Quotient und bezeichnet das Verhältnis der Outcomehäufigkeit in der Gruppe der exponierten Personen im Vergleich zur Outcomehäufigkeit in der Gruppe der Nichtexponierten, d. h. derjenigen, die den Faktor nicht aufweisen. Das relative Risiko kann somit jeden Wert größer als 0 annehmen. Ein Schätzwert von 1 bedeutet, dass beide Gruppen das gleiche Risiko aufweisen, ein relatives Risiko kleiner als 1 weist auf ein kleineres Risiko für die Exponierten und damit auf einen protektiven Faktor, ein relatives Risiko größer als 1 auf ein höheres Risiko unter den Exponierten und damit letztendlich auf einen Risikofaktor hin.

> **Definition**
> Das relative Risiko besteht also aus dem Quotienten zwischen dem Risiko unter den Exponierten, bezeichnet mit R_E, und dem Risiko unter den Nichtexponierten, bezeichnet mit R_0.

R_E ist gleichzeitig die Inzidenz in der Gruppe der exponierten Personen pro Zeiteinheit und dementsprechend R_0 die Inzidenz der nichtexponierten Gruppe. Das relative Risiko lässt sich aus der 2×2-Tafel berechnen:

$$RR = \frac{R_E}{R_O} = \frac{\dfrac{a}{a+b}}{\dfrac{c}{c+d}}$$

4.4.3 Odds-Ratio

Während das Risiko den Anteil der vom Outcome betroffenen Personen zu der Gesamtheit in Beziehung setzt, ist die Odds der Quotient aus der Zahl der Betroffenen und der Nichtbetroffenen.

> **Definition**
> Analog zur Definition des relativen Risikos existiert auch die Odds als ein Quotient aus der Odds der Exponierten im Vergleich zu den Nichtexponierten, die sog. *Odds-Ratio (OR)*:

$$OR = \frac{Odds_E}{Odds_O} = \frac{\dfrac{a}{b}}{\dfrac{c}{d}} = \frac{a \cdot c}{b \cdot d}$$

In Fall-Kontroll-Studien ist es nicht möglich, Risiken und damit auch *RR* direkt zu schätzen, da die Gesamtzahl der Personen, die dem Expositionsfaktor ausgesetzt waren, nicht bekannt ist. Die Odds-Ratio dagegen kann geschätzt werden.

❗ **Man kann nun zeigen, dass die Unterschiede zwischen Odds-Ratio und relativem Risiko zu vernachlässigen sind, wenn es sich beim Outcome um ein seltenes Ereignis handelt. Dann kann die Odds-Ratio als Approximation für das relative Risiko interpretiert werden.**

Zusätzlich ist die Odds-Ratio mit höheren mathematisch-statistischen Verfahren besser zu behandeln als das relative Risiko.

4.4.4 Attributables Risiko

> **Definition**
> Die Differenz zwischen dem Risiko der exponierten Bevölkerung und dem Risiko der nichtexponierten Population wird als *attributables Risiko* (*AR*) bezeichnet:

$$AR = R_E - R_O = \frac{a}{a+b} - \frac{c}{c+d}$$

Gelegentlich wird es auch mit 100 multipliziert und in Prozent angegeben. Diese Maßzahl beschreibt die Größe des absoluten Risikos (Inzidenz), die auf eine bestimmte Exposition bezogen werden kann. Nur diese Differenz ist also der betrachteten Exposition zuzuschreiben.

Um einen Bezug zwischen dem Grundrisiko, d. h. der Inzidenz ohne Einwirkung der Exposition, und der der Exposition zuschreibbaren Inzidenz herzustellen, wird das *prozentuale attributable Risiko* (*AR %*) berechnet:

$$AR\% = \frac{R_E - R_O}{R_O}$$

Zu interpretieren ist es als der Anteil des Risikos der Exponierten am Gesamtrisiko. AR und AR % beziehen sich lediglich auf Populationen, die der Exposition unterliegen.

Ergänzt wird dies durch das *populationsbezogene attributable Risiko für die Gesamtbevölkerung in Prozent* (*PAR %*), wobei R_G das Risiko des Outcomes in der Gesamtpopulation beschreibt:

$$PAR\% = \frac{R_G - R_O}{R_G}$$

PAR % berücksichtigt somit also die Verteilung der Exposition.

Prozentuale attributable Risiken lassen sich auch als Quotient von relativen Risiken darstellen und damit auch durch Fall-Kontroll-Studien schätzen, wenn es sich um ein seltenes Outcome handelt.

Beispiel

Tabelle 4.2 enthält die Daten einer Stichprobe im Rahmen einer hypothetischen infektionsepidemiologischen Studie. Anhand dieser Besetzungszahlen sollen im Folgenden verschiedene Studiendesigns und zu schätzende Konzepte beispielhaft diskutiert werden.

Beginnen wollen wir mit der Annahme, die Tabelle 4.2 würde als Resultat einer Querschnittsstudie zur Verfügung stehen. Außerdem sei angenommen, dass die Infektion die Exposition und dass eine eventuelle Folgeerkrankung das Outcome darstellt. Es wird also untersucht, ob eine Infektions-Outcome-Beziehung gegeben ist. Da im Rahmen einer Querschnittsstudie lediglich Prävalenzen und keine Inzidenzen bestimmt werden können, ist es auch nicht möglich, Neuerkrankungsrisiken zu schätzen. Es lassen sich dagegen Risiken auf der Basis von Prävalenzen berechnen. Im vorliegenden Fall lässt sich das Risiko unter den Exponierten R_E auf 300/1000=0,3=30 % bestimmen. Dies bedeutet, dass unter den Infizierten zum Zeitpunkt der Erhebung ein Outcomerisiko von 30 % gegeben war. Für die Nichtexponierten R_O erhält man ein Outcomerisiko von 10 % (200/2000). Bildet man das relative Risiko *RR*, ergibt sich ein Wert von 3,0. Infizierte weisen somit ein 3-fach höheres oder auch um 200 % höheres Risiko im Vergleich zu nicht infizierten Personen auf, am Outcome zu leiden.

Stellt man sich nun vor, dass die Daten der Tabelle 4.2 aus einer mehrjährigen Kohortenstudie resultieren, die Exposition aus der Zugehörigkeit zu einer bestimmten Risikogruppe besteht und die Infektion das Outcome darstellt, können daraus Inzidenzrisiken berechnet werden. Nimmt man weiterhin an, dass die Studie eine Beobachtungsdauer von insgesamt 5 Jahren aufweist, kann die jährliche Inzidenz in der Risikogruppe auf 6 % geschätzt werden. In der Stichprobe, die aus der Bevölkerung zum Vergleich herangezogen wurde, wird die jährliche Inzidenz mit lediglich 2 % bestimmt. Das relative Risiko ergibt damit wiederum 3,0. Es ist auch möglich, die Odds-Ratio für die zuvor genannte Kohortenstudie zu bestimmen. Setzt man die Zellbesetzungen der 2×2-Tafel in die genannte Formel ein, erhält man eine Odds-Ratio von

$$\left(1800 \cdot 300\right) / \left(200 \cdot 700\right) \approx 3,8$$

Hinweis: Auf der beigefügten CD finden Sie zu diesem Thema eine Übung (Lebensmittelvergiftung in Dublin).

Tabelle 4.2. Hypothetische 2×2-Tafel als Ergebnis einer infektionsepidemiologischen Studie

		Outcome-Status nein (I_0)	ja (I_1)	Σ
Expositionsstatus	nein (E_0)	1800	200	2000
	ja (E_1)	700	300	1000
	Σ	2500	500	3000

4.4.5 Diagnostische Tests

Wird die Frage nach der Wahrscheinlichkeit für das Vorliegen einer Infektion gestellt, werden häufig diagnostische Tests verwendet. Diagnostische Tests besitzen eine ganze Anzahl verschiedener Charakteristika, die ihre Anwendbarkeit und Effizienz in der Praxis bestimmen. Zu nennen sind dabei ihre Validität, ihre Reliabilität, ihre Praktikabilität, ihre Sicherheit und ihre Kosten. Die in der Situation der Anwendung eines diagnostischen Tests interessierenden und möglichen Ereignisse sind: I_1= Infektion liegt vor; I_0= Infektion liegt nicht vor; T_1= diagnostischer Test ist positiv; T_0= diagnostischer Test ist negativ. Im Zusammenhang mit dem interessierenden Gesundheitsstatus wird die Reaktion eines bestimmten diagnostischen Tests so verstanden, dass von einem *positiven* Ausgang gesprochen wird, falls die Infektion nachgewiesen ist bzw. Antikörper gegen die Infektion nachweisbar sind, andernfalls von einem *negativen* Testausgang.

Die für die Interpretation infektionsepidemiologischer Studien wichtigen Eigenschaften des diagnostischen Tests stellen diejenigen dar, die seine Güte bei der Identifikation einer Infektion beeinflussen. Die am weitesten verbreiteten Maße zur Beurteilung einer solchen Güte sind die *Sensitivität* oder Empfindlichkeit des Messverfahrens und die *Spezifität* oder Treffsicherheit. Sensitivität und Spezifität sind spezifische Eigenschaften des diagnostischen Tests und nicht von der Prävalenz der Infektion abhängig.

❯ **Definition**

Die *Sensitivität* eines diagnostischen Tests ist die Wahrscheinlichkeit für den positiven Nachweis einer Infektion, wenn eine tatsächlich infizierte Person untersucht wird, d.h. $P(T_1 \mid I_1)$. Im Rahmen von infektionsepidemiologischen Studien entspricht dies dem Anteil Infizierter, die durch ein positives Testergebnis gefunden werden.

Die *Spezifität* eines diagnostischen Tests ist die Wahrscheinlichkeit für den negativen Nachweis einer Infektion, wenn eine tatsächlich nichtinfizierte Person untersucht wird, d.h. $P(T_0 \mid I_0)$. Im Rahmen von infektionsepidemiologischen Studien entspricht dies dem Anteil Nichtinfizierter, die ein negatives Testergebnis aufweisen.

Ist es möglich, auf der Basis eines „golden standard", d. h. eines entweder der Wahrheit entsprechenden oder zumindest der Wahrheit nahekommenden Verfahrens die Angaben eines diagnostischen Tests mit diesem Standard zu vergleichen, dann können die Wahrscheinlichkeiten empirisch geschätzt werden. Beobachtet man die Testergebnisse im Rahmen einer Studie der Größe M bei gleichzeitiger Kenntnis des wahren Sachverhalts, so erhält man die Tabelle 4.3.

Die Sensitivität wird durch den Anteil $P(T_1 \mid I_1)$ = $d/(b + d)$ und die Spezifität durch den Anteil $P(T_0 \mid I_0) = a/(a + c)$ geschätzt.

Neben den reinen Testeigenschaften existieren aber auch Größen, die eine Mischung aus Testeigenschaften und Eigenschaften der untersuchten Population beinhalten. Die wichtigsten sind der *positive prädiktive Wert* und der *negative prädiktive Wert*:

❯ **Definition**

Der *positive prädiktive Wert* eines diagnostischen Tests in Anwendung an einer bestimmten Population ist die bedingte Wahrscheinlichkeit, dass die interessierende Infektion auch tatsächlich vorliegt, wenn der Testausgang positiv wird, d.h. $P(I_1 \mid T_1)$.

Der *negative prädiktive Wert* eines diagnostischen Tests in Anwendung an einer bestimmten Population ist die bedingte Wahrscheinlichkeit, dass die interessierende Infektion auch tatsächlich nicht vorliegt, wenn der Testausgang negativ ist, d.h. $P(I_0 \mid T_0)$.

Tabelle 4.3. Teststatus hinsichtlich positiver und negativer Ergebnisse bei gleichzeitiger Kenntnis des „golden standard"

		Infektionsstatus		
		negativ (I_0)	positiv (I_1)	Σ
Teststatus	negativ (E_0)	a	b	$a+b$
	positiv (E_1)	c	d	$c+d$
	Σ	$a+c$	$b+d$	M

Man kann zeigen, dass beide Werte sowohl von den Eigenschaften des Tests (d. h. von der Sensitivität und der Spezifität) als auch von der Population (d. h. von der Prävalenz der Infektion) abhängen. Der positive prädiktive Wert wird durch den Anteil $P(T_1 | I_1) = d/(c + d)$ und der negative prädiktive Wert durch den Anteil $P(T_0 | I_0) = a/(a + b)$ geschätzt.

Hinweis: Auf der beigefügten CD finden Sie zu diesem Thema eine Übung in englischer Sprache (HIV Screening Workshop).

4.5 Fehlerquellen in infektions- epidemiologischen Studien

Die ideale Studienform zur Quantifizierung des Effekts einer Exposition auf die Entstehung eines Outcomes ist die kontrollierte randomisierte Studie, wie sie beispielsweise im Rahmen einer Interventionstudie verwendet wird. Für epidemiologische Fragestellungen kommt eine randomisierte Studie allerdings aus funktionellen und ethischen Gründen nur sehr selten in Frage. Dies hat zur Folge, dass man es i. Allg. mit einer beobachtenden Form der Datenerhebung zu tun hat. Bei der Durchführung einer infektionsepidemiologischen Studie gibt es deshalb vielfältige Fehlerquellen. Einflüsse, Störgrößen und Wirkungen werden durch die zuvor beschriebenen Maße jeweils wiedergegeben. Wird nun durch eine Studie eine infektionsepidemiologische Assoziation zwischen Exposition und Outcome festgestellt, können dafür prinzipiell 3 mögliche Dinge verantwortlich sein. Es kann sich allein um ein Zufallsprodukt handeln, zumal eine epidemiologische Studie i. Allg. auf einer Stichprobe beruht. Weiterhin können evtl. systematische Fehler verantwortlich gemacht werden. Schließlich kann es sich aber auch um eine tatsächliche Assoziation handeln. Die Rolle des Zufalls kann durch *Konfidenzintervalle* oder auch durch *statistische Tests* erfolgen.

4.5.1 Konfidenzintervalle

Bislang hat die Schätzung eines relativen Risikos, einer Odds-Ratio oder auch eines attributablen Risikos auf der Basis einer Studie und damit einer Stichprobe lediglich eine Punktschätzung geliefert. Die Rolle des Zufalls ist dabei noch nicht berücksichtigt. Gesucht ist ein möglichst kleiner Bereich, in dem der gesuchte wahre Wert zu finden ist. Es gibt Methoden, die nur mit einer kleinen Wahrscheinlichkeit Bereiche liefern, die den zu schätzenden Wert nicht enthalten. Ist diese Wahrscheinlichkeit höchsten gleich α, erhält man mit einer Wahrscheinlichkeit von mindestens $1-\alpha$ einen Bereich, in dem der unbekannte Wert liegt. Diesen Bereich nennt man, falls es ein Intervall ist, ein *Konfidenzintervall zum Niveau $1-\alpha$*. Eine statistische Größe, die Auskunft über die Genauigkeit dieser Schätzung gibt, ist der *Standardfehler*. Die mathematisch-statistische Kombination von Punktschätzung, von geschätztem Standardfehler und einer Verteilungsannahme ermöglicht die Berechnung eines Konfidenzintervalls (vgl. z. B. Kleinbaum et al. 1982, Rothman u. Greenland 1998). In den meisten Fällen wird ein Konfidenzintervall zum Niveau von 95 % bestimmt, d. h. es wird $\alpha=5$ % angenommen.

4.5.2 Statistische Tests

Die statistischen Tests beantworten weniger das Problem der genauen Quantifizierung einer Größe. Vielmehr geht es darum, ob eine Nullhypothese H_0 zugunsten einer Alternative H_1 abzulehnen ist. Ausgangspunkt einer Untersuchung zur Beantwortung der Frage, ob H_0 oder H_1 gilt, ist die Nullhypothese. Ihr kommt somit besondere Bedeutung zu, und sie darf nicht einfach leichtfertig verworfen werden. Die Entscheidung beruht auf zufälligen Beobachtungen, so dass eine Fehlentscheidung zu Ungunsten von H_0 nicht auszuschließen ist. Die statistische Entscheidungsregel ist daher so aufgebaut, dass eine fälschlich erfolgende Ablehnung der Nullhypothese nur mit einer geringen Wahrscheinlichkeit α erfolgen kann, dem Fehler 1. Art (vgl. z. B. Kleinbaum et al. 1982, Rothman u. Greenland 1998). Für die meisten Situationen, in denen statistische Tests Verwendung finden, wird ein α von 5 % angenommen. Es ist auch eine fälschliche Annahme der Alternative vorstellbar, der sog. Fehler 2. Art.

4.5.3   Systematische Fehler

Zwischen dem, was beobachtet wird und dem, was geschätzt werden soll, gibt es oft graduelle und qualitative Abweichungen. Solche systematischen Fehler beeinflussen somit die Interpretationsfähigkeit des Ergebnisses einer Studie negativ. Sie lassen sich unterteilen in systematische Fehler, die in der Phase der Datenerhebung, infolge des Studienplans oder im Verlauf der Datenerhebung auftreten, den sog. Verzerrungen (Bias), und den systematischen Fehlern, die auf äußere dritte Faktoren infolge eines fehlspezifizierten Modells zurückzuführen sind (Confounding).

Ein Bias kann durch die statistischen Daten der Studie nicht korrigiert werden. Damit muss er in der Phase der Datenerhebung verhindert oder zumindest minimiert werden. Unter anderem werden folgende Biasarten unterschieden: Der Selektionsbias beruht auf Unterschieden von Studienpopulation und Zielpopulation. Der Beobachtungsbias tritt auf, wenn Erhebungsmethoden nicht für alle Studiengruppen gleich sind. Fehler im Rahmen der Erhebung von Merkmalen werden als Informationsfehler oder auch als Fehlklassifikation bezeichnet.

Das Ziel einer infektionsepidemiologischen Studie besteht in der Ermittlung des statistischen Effekts der Exposition auf das Outcome. Der allein auf der Basis einer 2×2-Tafel berechnete Effekt wird roher Effekt genannt. In Beobachtungsstudien kann dieser Effekt allerdings nie isoliert betrachtet werden. Es ist insbesondere der möglicherweise verfälschende Einfluss einer oder mehrerer Kovariablen auf den interessierenden Effekt zu berücksichtigen. Erfolgt diese Berücksichtigung, spricht man von einem adjustierten Effekt. Eine Kovariable heißt Confounder, wenn sie einen verfälschenden Einfluss auf die Expositions-Outcome-Beziehung besitzt. Feststellen lässt sich dies durch einen Vergleich der rohen und adjustierten

Effektschätzung. Demgemäß wird Confounding bei nicht vorhandener Wechselwirkung, d. h. wenn die Effekte in den einzelnen Schichten kein gegensätzliches Muster aufweisen, als Abweichung zwischen roher und adjustierter Effektschätzung aufgefasst. Confounder müssen einen von der Einflussgröße unabhängigen eigenen Effekt auf das Outcome aufweisen, und sie müssen mit der Exposition assoziiert sein. Zur Vermeidung von Confounding sind unterschiedliche Verfahren vorstellbar, die in Gegenmaßnahmen im Studiendesign und in der Analyse unterteilt werden. Die Gegenmaßnahmen im Studiendesign bestehen aus der Randomisation, aus der Restriktion der Studienpopulation auf bestimmte Kategorien der Counfounding-Variablen oder aus dem sog. Matching, wobei das Individual- und das Häufigkeitsmatching unterschieden wird.

Beispielsweise wird im Rahmen einer Fall-Kontroll-Studie bei geplantem Individualmatching zu einem männlichen Fall einer bestimmten Fünfjahresaltersgruppe eine Kontrolle gesucht, die ebenfalls männlich ist und der entsprechenden Altersgruppe angehört. Wird dies für die gesamte Studie umgesetzt, dann sollte damit der Einfluss des Geschlechts und des Alters als Confounding-Variable beseitigt worden sein. Bei dem Häufigkeitsmatching werden die zu vergleichenden Gruppen hinsichtlich der Häufigkeiten der Confounder künstlich vergleichbar gemacht.

Die Maßnahmen in der Analyse bestehen aus stratifizierten Analysen, d. h. geschichtet nach Ausprägungen des Confounders, und aus der Anwendung multivariater statistischer Verfahren (z. B. multipler Regression oder logistischer Regression, vgl. z. B. Kleinbaum et al. 1988, Kleinbaum 1994).

⊘ Fazit

Im Gegensatz zu den klinischen Studien mit ihren auf Randomisation basierenden Studienformen beruht die epidemiologische Erkenntnisgewinnung aus ethischen Gründen i. Allg. auf einem rein beobachtenden Ansatz. Die „klassischen" epidemiologischen Methoden mit ihren Studiendesigns und Konzepten stellen auch für Infektionserkrankungen die Grundlage für die wissenschaftliche Betrachtung von Fragestellungen dar, die sich lediglich mit den Methoden der Epidemiologie beantworten lassen. Die wichtigsten Studiendesigns sind die Querschnittsstudie, die Fall-Kontroll-Studie und die Kohortenstudie. Das konzeptionelle Instrumentarium besteht u. a. aus dem relativen Risiko, der Odds-Ratio und dem attributablen Risiko.

Aufgrund des beobachtenden Charakters epidemiologischer Datenerhebung muss zusätzlich zum Problem eines zufälligen Fehlers mit systematischen Fehlern umgegangen werden. Diese können zum einen nur durch eine sorgfältige Vorbereitung bzw. Durchführung vermieden oder zumindest verringert werden und zum anderen durch spezielle Ansätze im Studiendesign bzw. der Analyse beseitigt werden.

Die Methoden der infektionsepidemiologischen Forschung beinhalten neben den Verfahren zur Epidemiologie von nicht übertragbaren Erkrankungen weitere Ansätze, die hauptsächlich der Besonderheit Rechnung tragen, dass ein infiziertes Individuum eine Quelle für weitere Infektionen darstellen kann.

Literatur

Blettner M, Sauerbrei W, Schlehofer B, Scheuchenpflug T, Friedenreich C (1999) Traditional reviews, meta-analyses and pooled analyses in epidemiology. Int J Epidemiol 28: 148–166

Gefeller O (1998) Schätzung attributabler Risiken in Querschnittsstudien. Dissertation, Fachbereich Statistik, Universität Dortmund

Greenland S (1987) Quantitative methods in the review of epidemiologic literature. Epidemiol Rev 9: 1–30

Hellmeier W (1998) Prävalenz von Atopien bei Kindern in Deutschland – Eine Meta-Analyse von Studien aus den Jahren 1987 bis 1994. (Wissenschaftliche Reihe, Bd 3) lögd, Dissertation

Hill AB (1965) The environment and disease: association or causation. Proc Royal Soc Med 58: 295–300

Kleinbaum DG (1994) Logistic regression – a self-learning text. Springer, New York

Kleinbaum DG, Kupper LL, Morgenstern H (1982) Epidemiologic research. Lifetime Learning, Belmont

Kleinbaum DG, Kupper LL, Muller KE (1988) Applied regression analysis and other multivariable methods. Duxbury, Belmont

Kreienbrock L, Schach S (2000) Epidemiologische Methoden. 3. Aufl. Spektrum, Heidelberg

Rothman KL, Greenland S (eds) (1998) Modern Epidemiology. Lippincott-Raven, Phildelphia

Epidemiologische Surveillance

RALF REINTJES und ALEXANDER KRÄMER

Epidemiologische Surveillance beinhaltet eine systematische Sammlung und Übermittlung von Daten, die Verarbeitung und Auswertung der Daten (mittels Tabellen, Statistiken und Graphiken), die Interpretation und Umsetzung der Ergebnisse in Informationen und die Weitergabe dieser möglichst aktuellen Informationen an diejenigen, die diese für die Umsetzung in Präventions- und Bekämpfungsmaßnahmen benötigen. Dieses sollte auf den unterschiedlichsten Ebenen, also lokal, regional, auf Landes-, Bundes- und internationaler Ebene stattfinden. Im folgenden Kapitel werden die Grundbegriffe und Methoden von Surveillance beschrieben. Es wird die Durchführung von Surveillance auf verschiedenen Ebenen erläutert und das Vorgehen zum Aufbau eines epidemiologischen Surveillancesystems dargestellt. Verschiedene Datenquellen für eine epidemiologische Surveillance von Infektionskrankheiten werden zusammen mit ihren Vorzügen und Nachteilen besprochen. Das Vorgehen bei der Datenverarbeitung und -analyse, sowohl unter methodischen als auch inhaltlichen Aspekten, wird dargestellt. Der für die Verbreitung der Ergebnisse und Informationen der Datenanalyse wichtige Bereich der (Risiko-) Kommunikation an die Öffentlichkeit rundet den Bereich des praktischen Vorgehens ab.

5.1 Definitionen und Konzepte

Der Begriff Surveillance hat sich über einen langen Zeitraum entwickelt und wird auch heute noch des Öfteren mit anderen Inhalten in Zusammenhang gebracht. Zur Zeit der Napoleonischen Kriege verstand man unter Surveillance das gezielte Beobachten eines Areals bzw. eines Kollektivs auf subversive Elemente. Die vorrangigen Fragen waren: Um wie viele Individuen handelt es sich? Können sie isoliert werden? Ist es möglich, sie zu eliminieren?

Im Bereich des Gesundheitsdienstes wurde der Begriff in den folgenden Jahrhunderten verwendet unter dem Aspekt des Beobachtens und ggf. Isolierens infizierter Individuen z. B. in Form von Quarantäne, mit dem Ziel der Eindämmung des Erkrankungsgeschehens.

Heute versteht man unter Surveillance einen systematischen, dynamischen Prozess zur Erhebung, Verwaltung, Analyse, Zusammenfassung und Berichterstattung von Daten über das Auftreten von Ereignissen (Krankheiten) in einer bestimmten Bevölkerung. Surveillance als Begriff suggeriert das frühzeitige Entdecken einer epidemischen Bedrohung. Der Prozess des aufmerksamen Abwartens, des sorgfältigen Zählens und die Erwartung einer Veränderung bei einem wichtigen Problem, das zu Maßnahmen berechtigt, machen das Wesen von Surveillance aus. Bis zur Mitte des letzten Jahrhunderts beschränkte sich der Begriff in der Public-Health-Praxis auf die Beobachtung von Kontaktpersonen von an ernsthaften, übertragbaren Krankheiten infizierten Personen, wie z. B. an Pocken Erkrankten, um frühzeitig Symptome zu entdecken, sodass sofortige Quarantänemaßnahmen verhängt werden konnten. Hierbei handelte es sich um eine Form der so genannten „Einzelfall- oder Individualsurveillance". Seit der Begriff Surveillance 1950 erstmals auf eine Krankheit und nicht auf Einzelpersonen angewandt wurde, hat er für die Kontrolle und Prävention von Krankheiten wesentlich an Bedeutung gewonnen.

❯ **Definition**
1963 definierte Langmuir Surveillance als „permanente Wachsamkeit im Hinblick auf Ausbreitung und Trends bei der Anzahl von Neuerkrankungen durch die systematische Erhebung, Verarbeitung und Evaluation von Berichten zur Morbidität und

Mortalität und anderer relevanter Daten" und die regelmäßige und zeitgerechte Verbreitung von Daten an „alle, die informiert sein müssen" (Langmuir 1963).

Diese Definition wurde 1968 auf der 21. Weltgesundheitskonferenz bekräftigt. Später wurde die Anwendung von Surveillancekonzepten auf vielfältige Aspekte der Gesundheitsdaten – auf Risikofaktoren, Behinderung und Gesundheitspraktiken – sowie auf Krankheiten ausgeweitet. Dies zeigt sich in der Definition „epidemiologischer Surveillance" der Centers for Disease Control and Prevention (CDC) aus dem Jahre 1986:

❗ **Epidemiologische Surveillance ist die laufende systematische Erhebung, Analyse und Interpretation von Gesundheitsdaten, die für die Planung, Durchführung und Evaluation der Public-Health-Praxis von grundlegender Bedeutung sind, und ist eng mit der zeitnahen Verbreitung dieser Daten an jene, die informiert sein müssen, verbunden.**

Das letzte Glied in der Kette ist die Anwendung dieser Daten auf Prävention und Kontrolle. Ein Surveillancesystem schließt funktionale Möglichkeiten zur Erhebung, Analyse und Verbreitung von Daten ein, verbunden mit Public-Health-Programmen. Als spezifische Anwendungsmöglichkeiten von epidemiologischer Surveillance sind zu nennen: quantitative Einschätzung des Ausmaßes eines Gesundheitsproblems, Beschreibung des natürlichen Krankheitsverlaufs, Entdeckung von Epidemien, Dokumentation der Aus- und Verbreitung eines gesundheitlichen Ereignisses, Erleichterung der Forschung im Epidemiologie- und Laborbereich, Generieren von Hypothesen, Evaluation von Kontroll- und Präventionsmaßnahmen, Überwachung von Veränderungen bei Infektionserregern, Überwachung von Quarantänemaßnahmen, Feststellung einer veränderten Gesundheitspraxis und -planung.

Epidemiologische Surveillance kann somit als kontinuierlicher und systematischer Prozess verstanden werden, der zum Ziel hat, ein Abbild von der Wirklichkeit zu liefern. Diese Informationen sollen als Basis für Schlussfolgerungen hinsichtlich Planung und Durchführung von Maßnahmen zur Bekämpfung des betrachteten epidemischen Problems an die verantwortlichen Personengruppen weitergegeben werden, um ihnen als Grundlage für Entscheidungsprozesse zu dienen.

❗ **Epidemiologische Surveillance sollte die Grundlage für eine evidenzbasierte Infektionskrankheitenprävention und -bekämpfung auf Bevölkerungsniveau bilden.**

5.2   Ziele

Mit Hilfe von epidemiologischer Surveillance können einzelne Fälle einer Infektionskrankheit festgestellt werden, sodass Maßnahmen zur Vermeidung einer epidemischen Ausbreitung ergriffen werden können (z. B. Maßnahmen, um die nach einem Tuberkulosefall, einer Meningokokken- oder Lebensmittelinfektion auftretende Ausbreitung zu begrenzen). Epidemiologische Surveillance registriert die Häufigkeit einer Infektionskrankheit. Änderungen in der Häufigkeit können auf einen Ausbruch hindeuten, der evtl. eine weitere Untersuchung sowie die Einführung bestimmter Kontrollmaßnahmen erfordert. Epidemiologische Surveillance kann Veränderungen im Auftreten von Erkrankungen und Risikofaktoren übertragbarer Krankheiten erfassen. Somit können Hinweise gegeben werden, ob Teile der Bevölkerung aufgrund von umwelt- oder verhaltensbezogenen Faktoren einem erhöhten Infektionsrisiko ausgesetzt sind. Hierdurch können gezielt für diese Personengruppen spezifische Maßnahmen ergriffen werden. Epidemiologische Surveillance ermöglicht die Beurteilung vorhandener Kontrollmaßnahmen, und bei Einführung neuer Kontrollmaßnahmen kann deren Effektivität durch eine kontinuierliche Überwachung gemessen werden (z. B. erlaubt die routinemäßige Überwachung von Infektionen, die durch Impfungen vermeidbar sind, eine Beurteilung der Effektivität von Impfprogrammen). Mit Hilfe epidemiologischer Surveillance können neue Infektionen mit Bedeutung für das öffentliche Gesundheitswesen entdeckt werden. Eine Beschreibung der Epidemiologie dieser Infektionen liefert Hypothesen über die Ätiologie und Risikofaktoren (z. B. HIV, vCJK). Im Bereich der Infektionsepidemiologie ist epidemiologische Surveillance entscheidend für das rechtzeitige Aufspüren von bedrohlichen Krankheitsausbrüchen und kann somit wesentlich zur Krankheitsverhütung großer Bevölkerungsteile beitragen. Spezielle Aufgaben hierbei sind:

1. frühes Entdecken von Veränderungen im Auftreten von Erkrankungen und von Risikofaktoren, um schnelle Untersuchungen und den Einsatz geeigneter Bekämpfungsmaßnahmen

zu ermöglichen (Ausbruchsuntersuchungen und Ausbruchsmanagement); hierbei steht vor allem eine zeitgerechte, schnelle Warnung im Vordergrund;

2. Messungen von Trends bei Erkrankungen, Krankheitserregern und Risikofaktoren, um Entscheidungshilfen für das Setzen von Prioritäten für Interventionen zu liefern und Präventions- und Bekämpfungsprogramme zu evaluieren;

3. das Auftreten und die zugrunde liegende Epidemiologie von Erkrankungen zu beschreiben und Hypothesen über die Ursache von Erkrankungen zu entwickeln, die dann in Studien getestet werden können (vor allem hilfreich bei seltenen oder neuen Erkrankungen wie z. B. Aids oder vCJK).

Aus inhaltlicher Sicht können im Bereich der epidemiologischen Surveillance die Aufgabengebiete

- beschreibende Epidemiologie von Gesundheitsproblemen,
- angewandte Forschung,
- Evaluation von Interventionen und
- Unterstützung von Entscheidungsprozessen

unterschieden werden.

Beschreibende Epidemiologie von Gesundheitsproblemen

Die Beobachtung der Trends von Erkrankungen ist die grundlegende Aufgabe der meisten Surveillancesysteme. Das Aufdecken von Erkrankungshäufungen kann den Bedarf für intensivierte Untersuchungen andeuten. Bei vermuteten Häufungen können Surveillancedaten ein Vergleichsmaß anhand historischer Daten liefern. Zusätzlich zu absoluten Zahlen von Erkrankungsfällen gewonnene Hintergrunddaten bezüglich demographischer Charakteristika und möglicher Risikofaktoren sind von großem Wert. Die beschreibende epidemiologische Auswertung ermöglicht eine Identifikation von Bevölkerungsgruppen mit erhöhtem Erkrankungsrisiko (z. B. soziale und regionale Faktoren). Beispielsweise zeigte die Analyse der Meldedaten zu Hepatitis-A-Fällen in den Niederlanden einen deutlich saisonalen Trend mit Häufungen im Herbst. Die betroffenen Bevölkerungsgruppen variierten regelmäßig im Jahresverlauf. Am Anfang einer neuen Erkrankungswelle waren vor allem junge Kinder von Gastarbeitern erkrankt. Im weiteren Verlauf erstreckte sie sich auf niederländische Erwachsene (Thermorshuisen

u. van de Laar 1998). Daten können auch bezogen auf Symptome einer Erkrankung wie z. B. Dauer, Schweregrad, Diagnostik, Behandlung und Ergebnis gesammelt werden. Diese Informationen bilden die Grundlage für den Einfluss dieser Erkrankung und ihrer Erkennung in Bevölkerungsgruppen, die verstärkt hiervon betroffen sind. Beispielsweise zeigte eine beschreibende epidemiologische Analyse der Surveillancedaten von Tetanusfällen in den USA zwischen 1989 und 1990, dass Todesfälle nur bei Personen auftraten, die älter als 40 Jahre waren und dass die Todesrate mit zunehmendem Alter anstieg. Diese Beobachtung machte deutlich, dass der Immunstatus der Erwachsenen und vor allem der älteren Bevölkerung verbessert werden sollte (Prevots et al. 1992).

Angewandte Forschung

Die Durchführung von Surveillanceprogrammen kann Trends darstellen, warnende Signale über veränderte Häufigkeiten von Erkrankungen anzeigen, Hinweise auf möglicherweise wichtige Informationen liefern und für weitergehende Untersuchungen erkrankte Individuen identifizieren. Zu weitergehenden epidemiologischen und labormedizinischen Untersuchungen und zur Generierung von entsprechenden Hypothesen kann beigetragen werden.

Evaluation von Interventionen

Ein weiterer Zielbereich von Surveillance umfasst die Evaluation von durchgeführten Präventionsprogrammen (Buehler 1998, Thacker u. Berkelmann 1988). Hier wird Surveillance als Instrument zur Überprüfung von Effektivität und Effizienz von Präventions-, Kontroll- oder Therapiemaßnahmen eingesetzt. Hierfür können Verläufe von Erkrankungsraten zur Beurteilung der Effektivität von Interventions- bzw. Behandlungsmaßnahmen beitragen. Beispielsweise weist der Verlauf der Aids-Fallmeldungen aus NRW auf den Effekt von antiretroviralen Kombinationstherapien bei HIV-positiven Personen hin. Die Daten deuten an, dass es durch diese Kombinationstherapie zu einem verzögerten Auftreten kommt oder das Krankheitsbild Aids möglicherweise ganz ausbleibt.

Unterstützung von Entscheidungsprozessen

Surveillance sollte ein integraler Bestandteil bei der Planung und Durchführung von präventiven und therapeutischen Maßnahmen sein. Dieses ist vor allem der Fall für Infektionskrankheiten, bei denen Übertragungswege und mögliche prophylaktische und ggf. therapeutische Maßnahmen bekannt sind. Hierbei löst das bekannt Werden von Fällen oder Clustern Interventionsschritte aus. Des Weiteren können Surveillanceinformationen Handlungen von Entscheidungsträgern dahingehend beeinflussen, dass Interventionen zielgerichtet am Bedarf von Risikogruppen ausgerichtet werden. Dieses ermöglicht den evidenzbasierten Einsatz von Präventionsmaßnahmen. Epidemiologische Surveillance kann somit die Voraussetzung für „evidence-based Public Health" darstellen.

5.3   Surveillanceformen

Hinsichtlich der Art der Datensammlung werden verschiedene Typen von epidemiologischer Surveillance unterschieden. Sie haben teilweise unterschiedliche Zielsetzungen oder sind unter unterschiedlichen Rahmenbedingungen entstanden und weisen somit systembedingte Vor- und Nachteile auf. Folgende Einteilungen werden verwendet:

❶ ▬ aktiv – passiv
  ▬ prospektiv – retrospektiv
  ▬ freiwillig – verpflichtend
  ▬ erschöpfend – sentinel

5.3.1   Aktive/passive Surveillance

Zunächst kann ein epidemiologisches Surveillancesystem bezüglich der Stellung der Erfassungsstelle zur Datensammlung charakterisiert werden. Die *aktive* Form der epidemiologischen Surveillance beinhaltet, dass die Daten von der Institution, die die Surveillance durchführt, selbst gesammelt werden. Hierbei werden regelmäßig Telefonate mit oder Besuche bei den Datenlieferanten (Kliniken, Ärzte, Labors) durchgeführt, um Angaben über Erkrankungen, Erreger, Risikofaktoren, Immunitätsstatus und weitere relevante Informationen zu Erkrankungsfällen zu ermitteln. Beispielsweise wird für die Gewinnung aktueller Daten zum Auftreten der Frühsommer-Meningoenzephalitis (FSME) in Süddeutschland eine aktive Form der epidemiologischen Surveillance durchgeführt. Krankenhäuser und niedergelassene Neurologen werden in regelmäßigen Abständen kontaktiert, um Informationen über mögliche Fälle zu gewinnen. Im Gegensatz hierzu werden bei der

passiven Form eines epidemiologischen Surveillancesystems lediglich die von im Gesundheitswesen Tätigen oder anderen autorisierten Personen gemeldeten Fälle in die Statistik aufgenommen. Die das epidemiologische Surveillancesystem koordinierende Instanz erwartet Meldungen von den Datenlieferanten, um diese dann auszuwerten. Ein klassisches Beispiel hierfür ist der Meldeweg meldepflichtiger Infektionskrankheiten nach dem Infektionsschutzgesetz (IfSG) (s. Kap. 13). Ein eher passives epidemiologisches Surveillancesystem benötigt einen geringeren personellen und damit auch finanziellen Aufwand im Vergleich zu einem aktiven System. Diese Form der Surveillance neigt jedoch dazu, dass die gewonnenen Daten häufig unvollständiger sind und möglicherweise mit einer größeren zeitlichen Verzögerung übermittelt werden. Das kann zu einer verspäteten oder fehlenden Beobachtung bzw. zum Verkennen eines Problems führen. Es ist zu vermuten, dass bei einer aktiven Form der Surveillance die Datenqualität mit Wahrscheinlichkeit besser ist, was für eine realistische Beurteilung der Anzahl aufgetretener Erkrankungsfälle wichtig ist.

5.3.2   Prospektive/retrospektive Surveillance

Epidemiologische Surveillance kann entweder prospektiv (zeitlich parallel) oder retrospektiv (zurückschauend) durchgeführt werden. Bei der prospektiv durchgeführten epidemiologischen Surveillance wird Datenmaterial zum Zeitpunkt des Ereignisses oder in engem zeitlichen Bezug zum Ereignis gesammelt. Diese Methode ermöglicht es Infektiologen, die Krankenakte zu überprüfen, die Erkrankung der Patienten einzuschätzen, und das Ereignis mit dem behandelnden Personal zu besprechen. Da die Daten zeitnah zum Ereignis erhoben werden, können zusätzliche Informationen verfügbar sein, die nicht Bestandteil der Krankenakte sind. Bei der retrospektiven epidemiologischen Surveillance werden die Daten der Krankenakte entnommen, z. B. nachdem der Patient aus dem Krankenhaus entlassen worden ist, weswegen die retrospektive epidemiologische Surveillance von der Vollständigkeit, Genauigkeit und Qualität der in der Krankenakte registrierten Daten abhängt. Es kommt hinzu, dass bei der retrospektiven Form der Erhebung im Gegensatz zur zeitlich parallel durchgeführten epidemiologischen Surveillance Probleme bei der Datenerhebung nicht schnell genug erkannt werden können.

5.3.3 Pflicht- und freiwillige Surveillance

Es kann zwischen verpflichtenden und freiwilligen Surveillancesystemen unterschieden werden. Bei verpflichtenden Surveillancesystemen müssen bestimmte Erkrankungen auf der Basis gesetzlicher Regelungen gemeldet werden. Passive und verpflichtende Surveillance ist das Prinzip der meisten staatlichen Meldesysteme für Infektionskrankheiten, wobei bestimmte Berufsgruppen gesetzlich dazu verpflichtet sind, eine Anzahl durch den Gesetzgeber festgelegter Erkrankungen an eine staatliche Behörde zu melden. Die verpflichtende Form erfordert jedoch auch Kontrollen, ob der Verpflichtung zur Beteiligung an der Datenlieferung durch die entsprechenden Personen nachgekommen wird. Dies findet in den meisten europäischen Ländern praktisch nicht statt. Hierdurch wird der gewünschte Effekt, der durch eine gesetzliche Regelung erwartet wird, häufig nicht erreicht. Derartige Kontrollen sind bei speziellen Surveillancenetzen, die aus freiwilligen Mitgliedern bestehen, nicht erforderlich. Diese Surveillancesysteme werden in aller Regel dann etabliert, wenn über die routinemäßige Surveillance hinausgehende Informationen benötigt werden, deren Meldung nicht durch rechtliche Bestimmungen gefordert ist. So können freiwillige Surveillanceformen ein staatliches, verpflichtendes Meldesystem für Infektionskrankheiten sinnvoll ergänzen. Die Qualität und die Vollständigkeit der gelieferten Daten hängt bei beiden Surveillanceformen von der Einsicht der Datenlieferanten über die Notwendigkeit und Nützlichkeit der gemeldeten Daten ab.

5.3.4 Erschöpfende und Sentinel-Surveillance

Weiterhin wird zwischen einer erschöpfenden Form eines epidemiologischen Surveillancesystems und sog. Sentinel-Surveillancesystemen unterschieden. Bei der erschöpfenden Form steht die gesamte Population unter Beobachtung, was mit einem erheblichen personellen und finanziellen Aufwand einhergeht. Da bei dieser Form von epidemiologischen Surveillancesystemen die gesamte Bevölkerung beobachtet wird, erhält man relativ repräsentative Daten der betrachteten Po-

pulation. Diese Frage der Repräsentativität muss bei einem Sentinel-Surveillancesystem, bei dem man sich auf die Beobachtung einer Stichprobe einer speziellen Population konzentriert, kritisch geprüft werden. Aus der Grundgesamtheit der Fälle werden an einer Anzahl von Messeinheiten (z. B. Arztpraxen, Krankenhäusern, Labors) Informationen über Erkrankungsfälle gesammelt und diese an einer zentralen Stelle aggregiert und analysiert. Dabei wird der Begriff „sentinel" für Gesundheitsereignisse, die als Frühwarnsystem dienen, für Kliniken, wo solche Ereignisse überwacht werden, oder für Netzwerke von Ärzten, die bestimmte Erkrankungsfälle zu melden bereit sind, verwendet. Damit stellen Sentinel-Surveillancesysteme den Versuch dar, Krankheitsinzidenzen ohne teure Untersuchungen abzuschätzen. Diese Form epidemiologischer Surveillancesysteme kann sinnvoll eingesetzt werden, wenn die beobachtete Erkrankung häufig genug vorkommt, damit in der Stichprobe eine ausreichende Zahl an Fällen entdeckt werden kann. Des Weiteren müssen die Messeinheiten eine repräsentative Stichprobe der Bevölkerung darstellen, da ansonsten eine systematische Fehleinschätzung („selection bias") die Aussagekraft der Ergebnisse limitiert.

5.4 Informationsquellen

Die 10 wichtigsten Datenquellen für ein epidemiologisches Surveillancesystem sind in Tabelle 5.1 aufgelistet:

Es ist zu empfehlen, sich bei der Infektionskrankheitensurveillance auf Infektionen zu konzentrieren, die

- verhindert werden können,
- häufig auftreten,
- zu einer signifikanten Morbidität führen,
- mit einer hohen Mortalität verbunden sind,
- kostspielig zu behandeln sind oder
- durch multiresistente Organismen verursacht werden.

Bei der Planung eines Surveillancesystems ist es wichtig, dafür zu sorgen, dass die geeignetste Datenquelle genutzt wird. Zum Beispiel ist es für die Überwachung von Keuchhusten, der nur selten im Labor diagnostiziert wird, wenig sinnvoll, sich ausschließlich auf Laborberichte zu verlassen. Hier sind Datenquellen, die klinische Symptome erfassen (z. B. Meldesysteme von niedergelassenen und klinisch tätigen Ärzten), zu verwenden. Zur

Tabelle 5.1. Die 10 wichtigsten Datenquellen für ein Surveillancesystem

Datenquelle	Beispiele
Erfassung der Mortalität	Todesursachenstatistik
Berichterstattung der Morbidität	Meldepflichtige Infektionskrankheiten, Krebsregister
Epidemische Berichterstattung	Ausbrüche, Epidemien
Laboruntersuchungen	Laborsurveillance
Einzelfalluntersuchungen	Individualfallsurveillance, z. B. Lassa-Fieber in Deutschland
Epidemische Felduntersuchungen	Ausbruchepidemiologie
Umfragen in der Bevölkerung	Surveys, z. B. Bundesgesundheitssurvey
Studien über Tierreservoire und Vektorverteilung	Veterinärepidemiologische Studien
Verwendung von Präparaten wie Seren, Impfstoffen, Antitoxinen und Medikamenten	Studien bei Blutspendern, Restblutuntersuchungen
Kenntnisse über Bevölkerung und Umwelt	

routinemäßigen Datenerhebung werden hauptsächlich folgende Systeme genutzt:

- gesetzliche Meldung von Infektionskrankheiten,
- meldepflichtige Nachweise von Krankheitserregern,
- Berichte aus Sentinelpraxen,
- Krankenhausdaten und
- Todesursachenstatistik.

Gesetzliche Meldung von Infektionskrankheiten

Jeder Arzt, der eine der gesetzlich meldepflichtigen Diagnosen bei einem seiner Patienten vermutet, diagnostiziert oder als Todesursache feststellt, muss das zuständige Gesundheitsamt informieren. Folgender Meldeweg ist etabliert: Sowohl klinisch tätige und niedergelassene Ärzte als auch medizinisch-mikrobiologische Laboratorien melden individuelle Erkrankungsfälle an die Gesundheitsämter in den Landkreisen und kreisfreien Städten. Dort werden die Meldungen bearbeitet und einmal wöchentlich an eine für das entsprechende Bundesland zuständige Landesstelle für die Überwachung von Infektionskrankheiten weitergeleitet. Hier werden die Daten im Wochenrhythmus verarbeitet, analysiert und zum Robert-Koch-Institut weitergeleitet. Für viele dieser Krankheiten werden durch das Gesundheitsamt Falluntersuchungen durchgeführt. Gesetzliche Meldungen sind ein wichtiger Weg zur Überwachung von Trends bei übertragbaren Krankheiten, deren Diagnose selten durch Labortests bestätigt wird.

Meldepflichtige Nachweise von Krankheitserregern

Mikroorganismen, die für das öffentliche Gesundheitswesen von Bedeutung sind, sind laut §7 des Infektionsschutzgesetzes meldepflichtig. Die Mehrzahl der Erreger sind laut §7(1) namentlich an das Gesundheitsamt zu melden. Der Nachweis weiterer 6 Erreger (*Treponema pallidum*, HIV, *Echinococcus sp.*, *Plasmodium sp.*, Rötelnvirus, *Toxoplasma gondii*) erfolgt in nichtnamentlicher Form an das Robert-Koch-Institut. Obwohl die Daten generell von guter Qualität sind, sind sie auf Infektionen beschränkt, die mit geeigneten Mitteln im Labor getestet werden können. Über Infektionen, die klinisch einfach und eindeutig zu diagnostizieren sind, gibt es selten Laborberichte. Trends können teilweise schwer zu interpretieren sein, da das Datenmaterial auf geänderte Testverfahren oder Laborberichte empfindlich reagiert.

Berichte aus Sentinel-Praxen

In mehreren europäischen Ländern bestehen Sentinel-Systeme auf der Basis von Arztpraxen. Beispielsweise gibt es in England und Wales Meldeverfahren, die von einer begrenzten Anzahl praktischer Ärzte auf freiwilliger Basis klinische Daten über einen Erstbesuch von Patienten erheben. Diese Daten können auf eine bestimmte Bevölkerung bezogen werden, sodass Quoten für eine Reihe häufiger, nicht meldepflichtiger Krankheiten, deren Diagnosen meistens nicht durch ein Labor bestätigt werden und die gewöhnlich nicht zu einer stationären Behandlung führen, berechnet werden können. Die Daten werden regelmäßig veröffentlicht. An diesem Verfahren nehmen ca. 70 Allgemeinarztpraxen teil. In diesen Praxen werden bevölkerungsbezogene Daten über 600.000 Einwohner gewonnen (Hawker et al. 2001). Für die Überwachung von selteneren Krankheiten ist dieser Bevölkerungsanteil zu klein und evtl. für das Land als Ganzes nicht repräsentativ. Jedoch ist das Meldeverfahren besonders hilfreich für die Überwachung saisonaler Trends bei Infektionen mit einer hohen Prävalenz, wie z. B. bei Erkrankungen wie Influenza oder Masern.

Krankenhausdaten

Hier werden von lokalen und regionalen Informationssystemen Daten über Infektionskrankheiten zur Verfügung gestellt, die zu einer Krankenhauseinlieferung der betroffenen Patienten führen. Dies ist eine nützliche Datenquelle über ernsthaftere Krankheiten, die wahrscheinlich zu einer stationären Behandlung führen, z. B. Meningitis. Die Daten stehen oftmals für eine routinemäßige Überwachung nicht zeitnah zur Verfügung.

Todesursachenstatistik

Mortalitätsdaten zu übertragbaren Krankheiten sind von begrenztem Nutzen, da übertragbare Krankheiten selten direkt zum Tode führen. Ausnahmen sind z. B. Todesfälle durch Grippe, Aids und Tuberkulose. Weiterhin werden nicht sämtliche durch Infektionen hervorgerufene Todesfälle als solche verzeichnet, und die Daten sind evtl. für mögliche epidemiologische Surveillancefunktionen nicht ausreichend zeitnah.

> ❗ **Bei allen Datenquellen ist jedoch zu berücksichtigen, dass sie nur einen Teil der auftretenden Ereignisse erfasssen (Unterberichterfassung, „underreporting") und somit das wirkliche Auftreten von Infektionen und Infektionskrankheiten in der Bevölkerung nur eingeschränkt wiedergeben.**

Dieser Sachverhalt wird als das Eisberg-Prinzip der Infektionskrankheitensurveillance beschrie-

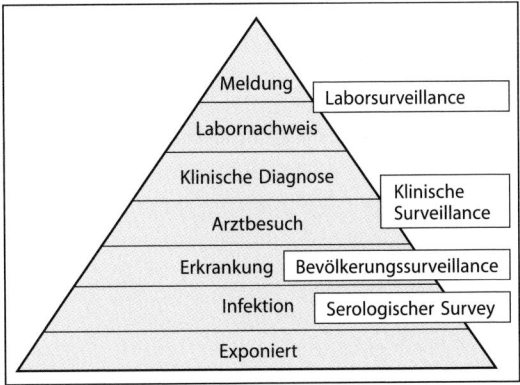

Abb. 5.1. Das Eisberg-Prinzip der Infektionskrankheitensurveillance

ben (Abb. 5.1). Die Dynamik des Infektionsgeschehens in der Bevölkerung umfasst verschiedene Ebenen, die durch unterschiedliche Surveillancestrategien beobachtet werden können.

Das gesetzliche Meldesystem von Infektionskrankheiten bezieht sich ausschließlich auf die Spitze des Eisbergs. Ein laborgestütztes Surveillancesystem kann sehr spezifisch sein, da neben einer klinischen Diagnose auch der Labornachweis des die Erkrankung verursachenden Erregers vorliegt. Jedoch führt nicht jede klinische Diagnose zur Veranlassung einer Laboruntersuchung. Das Spektrum der Patienten, die durch ein klinisches Surveillancesystem erfasst werden, ist somit größer. Ein entsprechendes System ist sensitiver bei einer geringeren Spezifität. Die in einem klinischen Surveillancesystem erfassten Erkrankungen können nur einen Schätzwert für das Vorkommen der Erkrankung in der Bevölkerung darstellen, da bei vielen Erkrankungen nicht jeder Erkrankte in Kontakt mit einem Arzt kommt. Der Anteil derer, die klinisch nicht erfasst werden, nimmt mit der Schwere der Erkrankung ab. Zur Beobachtung der Erkrankungszahlen kann ein Bevölkerungssurveillancesystem etabliert werden. Da nicht jede Person, die infiziert wird, auch erkrankt und noch viel mehr Personen exponiert werden, ist das Ausmaß derer, die in Kontakt mit Krankheitserregern kommen, um ein vielfaches höher als aus den Daten der meisten Surveillancesysteme abzulesen ist. Um ein Maß für die Prävalenz und Inzidenz von Infektionen sowie den Anteil der empfänglichen Bevölkerung zu erhalten, kann der Einsatz von serologischen Surveys hilfreich sein.

5.5   Entwicklung eines epidemiologischen Surveillancekreislaufs

Die Entwicklung eines epidemiologischen Surveillancesystems impliziert eine Reihe von nacheinander ablaufenden Schritten. Schritte bei der Planung eines epidemiologischen Surveillancesystems sind:

 = Aufstellen von Zielen,
- Entwicklung von Falldefinitionen,
- Festlegung des Mechanismus zur Datenerhebung,
- Entwicklung von Instrumenten zur Datenerhebung, -analyse und Interpretation,
- Übermittlung von Informationen als Feedback.

Aufstellung von Zielen

Um ein effektives Surveillancesystem entwickeln zu können, müssen die Anforderungen an ein entsprechendes System frühzeitig definiert werden. Um erfolgreich zu sein, braucht ein Surveillancesystem klar und spezifisch definierte Ziele. Diese sollten einfach und angemessen formuliert sein.

Entwicklung von Falldefinitionen

Zunächst müssen das zu beobachtende Ereignis und die zu untersuchende Bevölkerung definiert werden. In einem nächsten Schritt sollten schriftliche Definitionen entwickelt werden, die präzise, knapp und eindeutig sind. Diese Definitionen müssen konsequent angewendet werden. Die Falldefinition ist für jedes epidemiologische Surveillancesystem von grundlegender Bedeutung, da sie die offizielle Antwort auf die Frage ist, welche Erscheinungsformen einer Krankheit überwacht werden. Sie ist ein dichotomes Ja/nein-Kriterium, um zu bestimmen, wer gezählt wird. Sie gewährleistet, dass über einen bestimmten Zeitraum und bestimmte geographische Bereiche hinweg der gleiche Maßstab angewandt wird. Die Falldefinition muss weit genug gefasst (sensitiv) sein, um Ereignisse und Personen einzuschließen, auf die sich das Interesse richten sollte, jedoch so eng formuliert (spezifisch) sein, um eine unnötige Ablenkung der Aufmerksamkeit zu vermeiden. Zusätzlich muss die Falldefinition für all jene brauchbar sein, von denen das System zur Fallberichterstattung abhängt. Für die nach dem Infektionsschutzgesetz meldepflichtigen Erkrankungen erstellt das Robert-Koch-Institut bundeseinheitliche Falldefinitionen.

Festlegung des Mechanismus zur Datenerhebung

Da Sinn und Zweck epidemiologischer Surveillancesysteme darin bestehen, Trends und mögliche Probleme im Verlauf der Zeit zu erkennen, sollten nur die Informationen gesammelt werden, die zur korrekten Analyse und Interpretation der Daten benötigt werden. Deuten diese Daten auf eine mögliche epidemische Häufung hin, kann eine Studie entworfen und ausgeführt werden, die das Ereignis auf wissenschaftlicher Basis untersucht.

Entwicklung von Instrumenten zur Datenerhebung, Datenanalyse und Interpretation

Die Qualität erhobener Daten hängt davon ab, dass bei der Diagnose und in Labortests so wenig Fehler wie möglich begangen werden. Die quantitativen Werkzeuge für die Datenanalyse sind einfach: Zeitreihenanalysen, Raten sowie erwartete und beobachtete Häufigkeiten. Die Fälle können nach Zeit, Ort, Schwere und Ergebnis in Kategorien eingeteilt werden. Ausgangswerte der Häufigkeit von Ereignissen werden benötigt, um Unterschiede in den erwarteten und beobachteten Raten zu berechnen. Die Daten sollten nicht detaillierter als erforderlich erhoben werden und je nach Häufigkeit der Erhebung, d. h. wöchentlich oder monatlich, analysiert werden. Krankheitsbilder und Trends können nur bei sinnvoller Organisation der Daten identifiziert werden. In kleineren Einheiten reichen als Datenbank einfache Listen mit Spalten, wie sie in der Buchführung verwendet werden, jedoch sind für größere Einheiten andere Mittel in Form von speziell programmierten Computerdatenbanken eine bessere Lösung. Zusätzlich zur Aufdeckung von Epidemien, Überwachung von langfristigen Trends, Verfolgung von saisonalen Krankheitsbildern oder Projektion von zukünftigen zu erwartenden Krankheitsfällen kann eine genaue Analyse der Surveillancedaten Einsicht in die Ätiologie, Übertragungswege, mit der Krankheit verbundene Risikofaktoren und Möglichkeiten zur Präventionskontrolle liefern.

Übermittlung von Informationen als Feedback

Rückkopplung spielt eine zentrale Rolle für das Gelingen eines Surveillancesystems. Diejenigen, die mit der Datensammlung und -meldung betraut sind, müssen wissen, dass ihre Arbeit wichtig ist und Verwendung findet. Das ist eine Voraussetzung dafür, dass durchgehend eine bestimmte

Qualität zu gewährleisten ist: „Zusammenarbeit ist keine Einbahnstraße". Es sollte nicht vergessen werden, dass zusammen mit anderen Informationen epidemiologische Surveillancedaten und -informationen für Planungs- und Verwaltungskräfte höchst nützlich sind. Das Ziel veröffentlichter Berichte sollten einfache und leicht zu interpretierende Analysen sein. Einfache Berichte, die das Zielpublikum innerhalb kurzer Zeit verstehen kann (die Zeit, die bei einer dichtgedrängten Ausschusssitzung einem Bericht normalerweise beigemessen wird) sind am effektivsten. Empfehlenswert ist dabei die Verwendung von optischen Darstellungen wie Graphiken und Diagrammen, da somit wichtige Trends weitaus besser erfasst werden können als durch einen Text. Darüber hinaus können Personen, die mit der speziellen Thematik nicht vertraut sind, bei reiner Datenauflistung die Bedeutung eines Problems evtl. nicht vollständig erfassen. Daher ist es sinnvoll, Bewertungen und Rückschlüsse in den Bericht aufzunehmen. Folgende Schritte können unternommen werden, um die Verbreitung von Informationen zu kontrollieren:

1. Festlegen der mitzuteilenden Botschaft („Was soll gesagt werden?"),
2. Definition des Publikums („Wem soll sie mitgeteilt werden?"),
3. Auswahl des Kommunikationskanals („Durch welches Kommunikationsmedium?"),
4. Vermarktung der Botschaft („Wie soll die Botschaft formuliert werden? Was ist neu? Wer ist betroffen? Welche Methode funktioniert am besten?") und
5. Beurteilung der Wirkung („Welche Wirkung hatte die Botschaft?").

Normalerweise werden diese Informationen als eine Form von Feedback regelmäßig anhand eines Bulletins oder Newsletters auf kommunaler, regionaler, landesweiter oder nationaler Ebene bekannt gemacht und verbreitet.

5.6 Umsetzung von Daten zu Informationen

Um epidemiologische Surveillancedaten zu nutzen, bedarf es einer systematischen, elektronischen Verarbeitung, Auswertung und Umsetzung in Informationen, die dann an die, die es wissen sollten (z. B. Gesundheitsämter, Bezirksregierungen, Ministerium, Ärzte, Öffentlichkeit), verbreitet

werden. Bei der Auswertung und Umsetzung der Daten ist einer der ersten Schritte eine beschreibende Analyse der Daten. Die Orientierung der Daten nach *Zeit*, *Ort* und *Person* (deskriptive Epidemiologie) ermöglicht eine übersichtliche Gestaltung der Daten und ein besseres Verständnis, sowie eine verständlichere Verbreitung der Informationen.

❶ **Epidemiologische Surveillancedaten sollten zeitnah analysiert werden, da Surveillance nicht nur dem Zweck dient, Infektionen zu zählen und zu verzeichnen, sondern Probleme schnell festzustellen und praktische Änderungen zur Verringerung des Infektionsrisikos vorzunehmen. Werden epidemiologische Surveillancedaten nicht analysiert und genutzt, dann wird bei dem gesamten Vorgang der Datenerhebung nur Zeit, Geld und Arbeit verschwendet.**

Zeit

Bei der Zeitreihenanalyse unterscheidet man zwischen Langzeittrends, zyklischen Trends, saisonalen Trends und dem Auftreten von Clustern, Ausbrüchen bzw. Epidemien. Saisonale Unterschiede in der Häufigkeit des Auftretens sind bei vielen Infektionskrankheiten zu beobachten. Bei der Analyse von Erkrankungsdaten der einzelnen unterschiedlichen Erkrankungen ist das Wissen über eine mögliche Saisonalität der zu untersuchenden Erkrankung von großer Bedeutung. In einem Meldesystem wird gewöhnlich nur die Anzahl der Ereignisse (z. B. Erkrankungen oder nachgewiesene Erreger) berichtet, die im Laufe eines festgelegten Zeitraums auftreten (d. h. der Zähler). Um jedoch die Daten über längere, verschiedene Zeiträume vergleichen zu können, muss die Neuerkrankungsrate des untersuchten Ereignisses berechnet werden, wofür sowohl ein Zähler als auch ein Nenner – die Risikobevölkerung während des gleichen Zeitraumes – erforderlich sind. Erst hiermit kann die tatsächliche Neuerkrankungsrate eines Ereignisses in einer definierten Bevölkerung bestimmt werden. Der Nenner entspricht der Zahl der Personen, die potenziell gefährdet sind.

Ort

Die räumliche Analyse epidemiologischer Daten impliziert häufig die Suche nach Clustern. Cluster können als Häufungen von Ereignissen in Raum und/oder Zeit definiert werden. Bei der Suche nach Clustern kommt Methoden einer explorativen Datenanalyse ein besonderer Stellenwert zu.

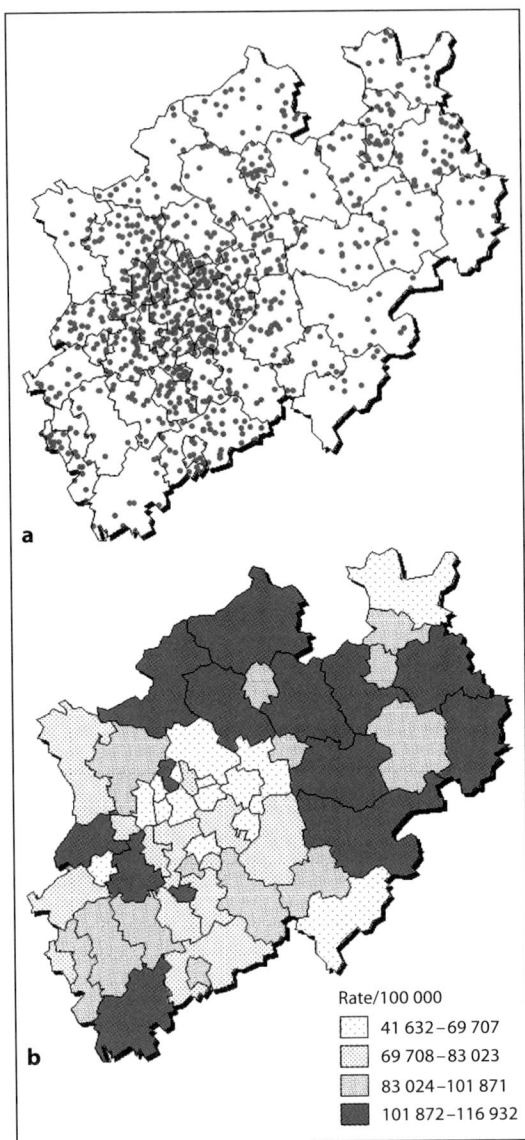

Rate/100 000

⠂⠂⠂	41 632–69 707
▦	69 708–83 023
▨	83 024–101 871
■	101 872–116 932

Abb. 5.2a,b. Häufigkeitsdarstellung von gemeldeten Salmonellose-Fällen in Nordrhein-Westfalen, a als Punktdichtekarte („Dot-density-Karte"), 48.-51. Kalenderwoche des Jahres 2000; b als Choroplethenkarte mit Erkrankungsraten pro 100.000 Einwohner für das Jahr 2000.

Die Visualisierung in Form einer Karte kann als Ausgangspunkt einer explorativen räumlichen Datenanalyse angesehen werden. Beispielsweise lässt sich häufig die Inzidenz von Infektionskrankheiten übersichtlicher und leichter verständlich als Karte präsentieren als dies in einer tabellarischen Darstellung möglich ist. Die zwei am häufigsten verwendeten Vorgehensweisen hierbei sind die

sog. „Dot-density-Karten", d. h. Karten, bei denen einzelne Punkte in der Häufigkeit des Auftretens von Fällen repräsentiert sind, und Choroplethenkarten, d. h. räumliche Karten mit einer Einfärbung des Areals anhand von Erkrankungsraten (Abb. 5.2).

Ein rein explorativer Ansatz ist für die Identifikation von Clustern allerdings nicht ausreichend. Die Identifikation von Clustern mittels einer Karte kann lediglich in eingeschränkter Weise und auf Basis subjektiver Wahrnehmungen erfolgen. Daher sind für spezielle Fragestellungen zur räumlichen Analyse objektive Verfahren mit reproduzierbaren Ergebnissen erforderlich. Generell lassen sich bei diesen Verfahren globale und lokale Tests unterscheiden. Globale Verfahren liefern einen Wert für das gesamte Untersuchungsgebiet. Mit lokalen Verfahren ist eine Identifikation der Lokalität der Cluster möglich. Für entsprechende Verfahren ist die Verwendung geographischer Informationssysteme (GIS) indiziert (s. Kap. 9).

Person

Die Analyse epidemiologischer Surveillancedaten nach Personengruppen ermöglicht die Identifikation von betroffenen Risikogruppen in der Gesamtbevölkerung. Dafür ist eine Betrachtung nach unterschiedlichen Faktoren sinnvoll. Häufig verwendete Variablen sind Alter, Geschlecht, Beruf, sexuelle Orientierung, Herkunftsland oder Reiseland. Weitere, spezieller an Risikofaktoren orientierte Variablen können für die Identifikation von betroffenen Risikopersonen hilfreich sein, vorausgesetzt, dass sie systematisch als Teil der Surveillance erhoben werden. Typisch für die Erhebung entsprechender Zusatzinformationen ist, dass die Daten häufig nicht vollständig zur Verfügung stehen. Dieses muss bei der Interpretation der Ergebnisse berücksichtigt werden. Hierbei ist Vorsicht geboten, weil eine Reihe von möglichen Fällen berücksichtigt werden muss. Zunächst muss an mögliche periodische Schwankungen gedacht werden, welche häufig, aber nicht immer, jahreszeitlich variieren. Zyklen von mehreren Jahren sind für verschiedene Erkrankungen bekannt. Des Weiteren sollten Daten über eine Häufung von Fällen immer einer kritischen Betrachtung unterzogen werden, und es sollte überprüft werden, ob es sich bei der Häufung um eine echte Häufung handelt oder ob dies durch mögliche andere Faktoren verursacht wird. Hierbei kann beispielsweise ein verändertes Meldeverhalten – ein neuer Arzt meldet alle Fälle, die zuvor nicht gemeldet wurden – oder die Einführung eines neuen Diagnoseverfahrens eine Rolle spielen. Die zunehmenden Zahlen diagnostizierter Erreger müssen nicht unbedingt eine Epidemie widerspiegeln. Ein Beispiel hierfür ist der Anstieg an Labormeldungen von positiven Nachweisen von genitalen Chlamydieninfektionen in Schweden in den 80er Jahren. Bis 1986 wurde ein ständiger Anstieg gemeldeter genitaler Chlamydieninfektionen beobachtet. Dieser verlief parallel mit dem Anstieg durchgeführter Tests und deutete weniger auf eine Häufung an Fällen in diesem Zeitraum hin als vielmehr auf eine sich verbreitende Verfügbarkeit von Diagnoseverfahren.

Der deskriptiven Analyse von Surveillancedaten kann sich eine mehr analytisch orientierte Nutzung anschließen. Bei der Nutzung der Daten sollten drei unterschiedliche Informationsniveaus angestrebt werden. Diese unterscheiden sich bezüglich der Übersichtlichkeit und des vom Empfänger aufzuwendenden Zeitbedarfs um sich zu informieren. Für eine regelmäßige, schnelle Übersicht, bei der sich der Betrachter in Sekundenschnelle über den derzeitigen Stand des Infektionsgeschehens bei wichtigen, meldepflichtigen Erkrankungen informieren kann, bietet sich die Form des *Infektionskrankheiten-Barometers* (s. u.) an. Zur Darstellung detaillierterer Informationen können Inzidenztabellen und räumlich-geographische Graphiken dienen, die zeitnah aktualisiert werden und daher möglichst in elektronischer Form verbreitet werden sollten. Als drittes Niveau zur Verbreitung von Zusatzinformationen mit ausführlichen Betrachtungen und Interpretationen zu weiterreichenden Ereignissen können Berichte und Artikel dienen, die bei Bedarf veröffentlicht werden.

Im Zusammenhang mit der Entwicklung eines europäischen Netzwerkes zur Überwachung von Infektionskrankheiten (Weinberg et al. 1997) und im Rahmen aktueller Veränderungen des Meldesystems in Deutschland stellt sich die Frage nach möglichen Formen eines Netzwerkes für den Datentransport und die Informationskommunikation (Reintjes 1998). Aktuelle Beispiele sollen dieses illustrieren.

Beispiel

Infektionskrankheiten-Barometer

Frühzeitiges Entdecken von veränderten Trends bei Erkrankungen und Risikofaktoren sind essentiell, um ein schnelles Untersuchen sowie den Einsatz geeigneter Bekämpfungsmaßnahmen zu er-

möglichen. Der Schwerpunkt liegt hierbei auf einer zeitgerechten, schnellen Warnung. Die methodische Umsetzung eines Frühwarnsystems für Infektionskrankheiten soll anhand des folgenden Beispiels aus Nordrhein-Westfalen vorgestellt werden. Hier liefern Ärzte und Laboratorien seit Jahren Meldungen und damit Daten über meldepflichtige Erkrankungs- und Todesfälle an die Gesundheitsämter. Diese Daten werden für das gesamte Bundesland zusammengeführt und regelmäßig (wöchentlich) mit Erwartungswerten verglichen. Die Erwartungswerte werden in diesem Prozess regelmäßig anhand der Daten von vergleichbaren Zeiteinheiten aus den zurückliegenden 5 Jahren berechnet. Aktuelle Fallzahlen ergeben sich aus den Meldungen der letzten 4 Wochen. Hierfür finden 15 entsprechende Zeitintervalle, die mit dem betrachteten aktuellen Zeitraum in Bezug stehen, Berücksichtigung (Tabelle 5.2).

Auf diese Weise werden saisonale Trends berücksichtigt. Erwartungswerte werden berechnet als:

$$X_{avg} = \sum \frac{X_i}{n}$$

wobei X_i die Werte X_1 bis X_{15} einnimmt. Das Ausmaß des Z-Wertes für diese Periode

$$Z = \frac{X - X_{avg}}{SD_{(x)}}$$

gibt Hinweise über den Stand des Infektionsgeschehens.

Die Ergebnisse der Analyse werden graphisch in Form des Infektionskrankheiten-Barometers dargestellt. Eine den Erwartungswert unterschreitende Zahl von Meldungen zeigt eine negative Abweichung vom Erwartungswert an (Abb. 5.3: Salmonellosen, Hepatitis A und B). Ein erhöhter Wert führt zu einem Ausschlag nach rechts, der, falls es sich um eine signifikante Erhöhung handelt, farblich durch ein rotes Warnsignal angedeutet ist (Abb. 5.3: Virus-Meningoenzephalitiden). In einem solchen Fall ist die Abweichung vom erwarteten Trend so groß, dass sie statistisch nicht mehr auf eine Zufallshäufung zurückzuführen ist. Es handelt sich vermutlich um einen Ausbruch bzw. eine Epidemie. Dieses Signal sollte verifiziert werden und ggf. zu Untersuchungen des Ausbruchs führen. Für eine entsprechende Überprüfung sind Informationen zu zeitlichen und räumlichen Verteilungen hilfreich.

Beispiel: Infektionskrankheiten-Surveillance-Informations-System (ISIS)

Ein Überwachungssystem für Infektionskrankheiten, das in vielerlei Hinsicht vorbildlich ist, ist das niederländische *Infektionskrankheiten-Surveillance-Informations-System* (ISIS). Dieses erweist sich in der Praxis als ein Instrument zur schnellen Identifizierung von Ausbrüchen und ermöglicht einen vollständigeren und aktuelleren Einblick in die Problematik von Infektionskrankheiten (Sprenger et al. 1997). Somit kombiniert ISIS auf sinnvolle Weise die gesetzlich vorgeschriebene Meldepflicht bestimmter Infektionskrankheiten mit freiwilliger epidemiologischer Surveillance von Erkrankungen und Erregern. Gleichzeitig werden dabei neben den Gesundheitsämtern auch die medizinisch-mikrobiologischen Laboratorien in den Gesamtprozess der epidemiologischen Surveillance integriert. Unterstützt durch einheitliche Falldefinitionen, standardisierte Meldeformulare und moderne Kommunikations- und Informationstechnologie können so zeitnahe und relevante Informationen generiert werden. ISIS stellt täglich aktualisierte Informationen über Infektionserkrankungen und -erreger in Form von übersichtlichen Tabellen und Graphiken über das Internet (http://www.isis.rivm.nl) nicht nur für Behörden und politische Entscheidungsträger, sondern auch für die medizinische Öffentlichkeit und die Bevölkerung zur Verfügung.

Ein Infektionskrankheiten-Barometer gibt einen Überblick über den aktuellen Stand des Vorkommens von gemeldeten Infektionskrankheiten. Für jede im Barometer erfasste Erkrankung werden tabellarische Darstellungen der Meldezahlen aus den

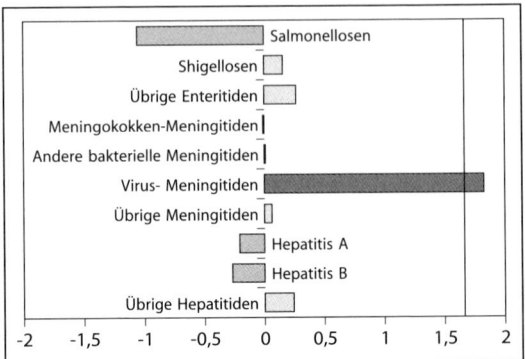

Abb. 5.3. Infektionskrankheiten-Barometer für Nordrhein-Westfalen, März 2000. (Aus Reintjes 2001)

letzten Wochen im Vergleich zum Vorjahr verwendet. Weiterhin werden die jeweiligen Erwartungswerte für den beobachteten Zeitraum und entsprechende aktuelle Grenzwerte angegeben. Zur weiteren Beschreibung der Fälle wird eine graphische Darstellung der Alters- und Geschlechterverteilung für die letzten 4 Wochen sowie für die letzten 5 Jahre vorgenommen. Bei Erkrankungen, deren Auftreten Besonderheiten aufweist, werden zusätzliche Informationen über das Internet angeboten. Eine solche Erkrankung ist der Keuchhusten (niederländisch: Kinkhoest). Hierbei kam es Ende der 90er Jahre in den Niederlanden zu einer starken Häufung gemeldeter Erkrankungen und Labordiagnosen. Das Wissen über ein entsprechendes Vorkommen lässt Fragen zur Epidemiologie der Erkrankung entstehen. Diese werden anhand von Darstellungen weiterreichender Untersuchungen behandelt. Beispielsweise wird der zeitliche Verlauf des Auftretens von Fällen und deren räumliche Verteilung dargestellt. Abb. 5.4 zeigt neben der Alters-

Tabelle 5.2. Beschreibung der 15 Messeinheiten zur Errechnung des Erwartungswertes unter Berücksichtigung sekulärer Trends. (Nach Reintjes et al. 2001)

Jahr		Wochen	
2002		X= 20; 21; 22; 23	
2001	$X1$=16; 17; 18; 19	$X2$= 20; 21; 22; 23	$X3$=24; 25; 26; 27
2000	$X4$=16; 17; 18; 19	$X5$= 20; 21; 22; 23	$X6$=24; 25; 26; 27
1999	$X7$=16; 17; 18; 19	$X8$= 20; 21; 22; 23	$X9$=24; 25; 26; 27
1998	$X10$=16; 17; 18; 19	$X11$= 20; 21; 22; 23	$X12$=24; 25; 26; 27
1997	$X13$=16; 17; 18; 19	$X14$= 20; 21; 22; 23	$X15$=24; 25; 26; 27

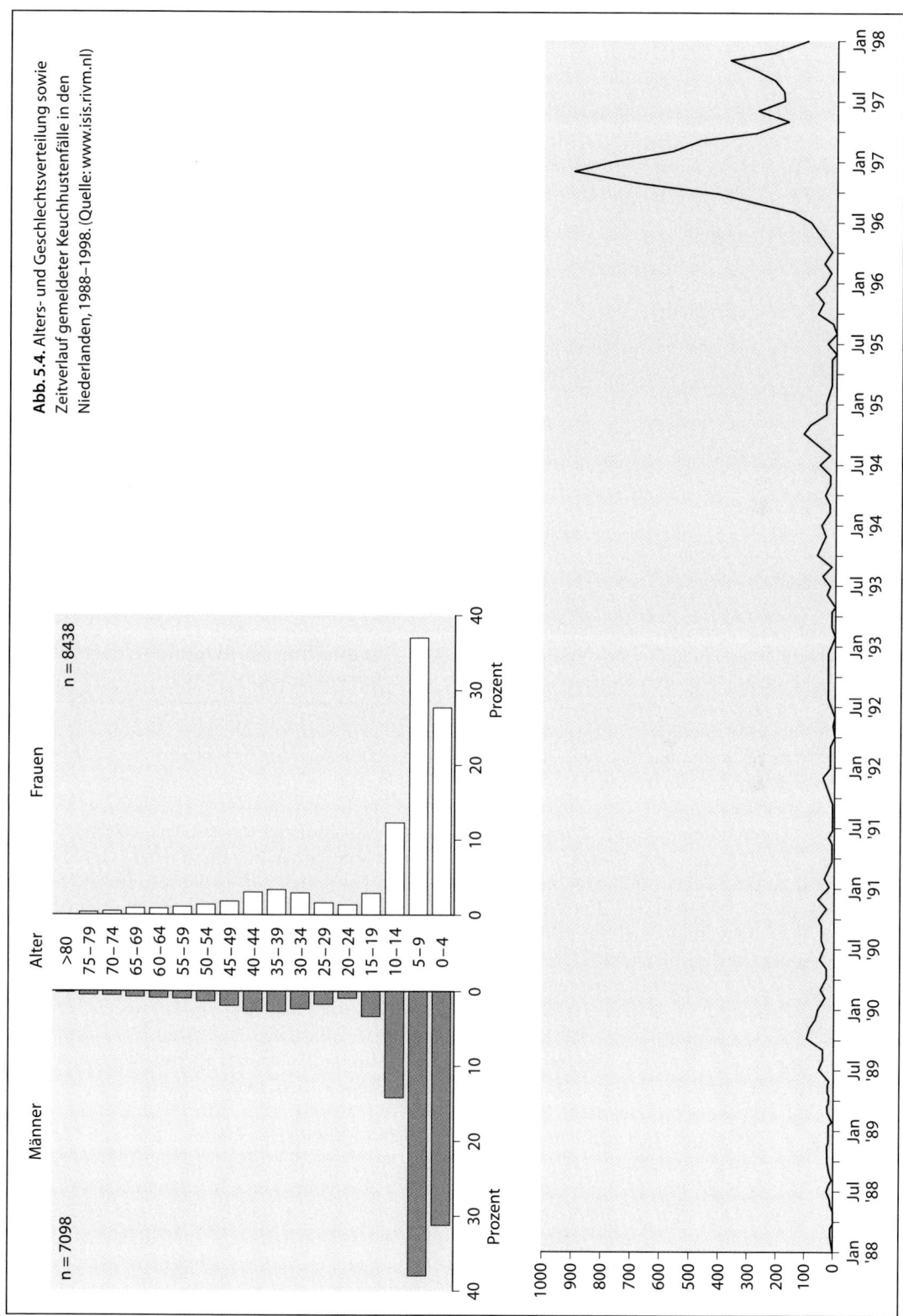

Abb. 5.4. Alters- und Geschlechtsverteilung sowie Zeitverlauf gemeldeter Keuchhustenfälle in den Niederlanden, 1988–1998. (Quelle: www.isis.rivm.nl)

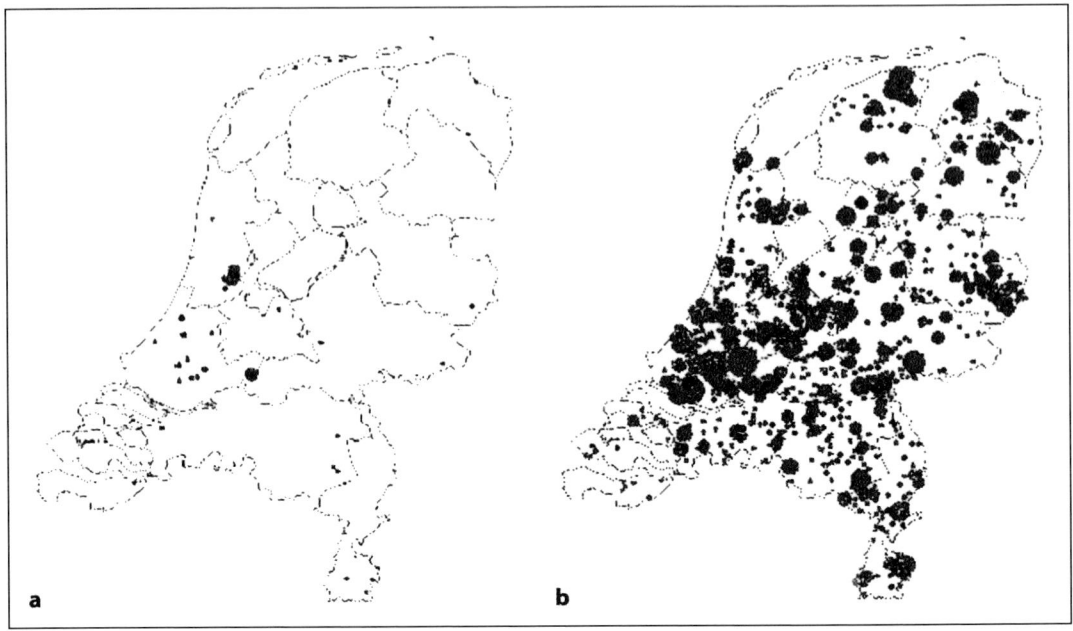

Abb. 5.5a,b. Räumliche Darstellung der Keuchhustenepidemie in den Niederlanden, **a** Anfang und **b** Ende des Jahres 1996. (Quelle: www.isis.rivm.nl)

und Geschlechterverteilung den Zeitverlauf gemeldeter Keuchhustenfälle in den Niederlanden zwischen 1988 und 1998. Eine epidemische Häufung ab dem Sommer 1996 ist deutlich zu erkennen.

Die räumliche Verteilung des Auftretens von Erkrankungsfällen wird in aller Regel in statischen Karten als Momentaufnahme dargestellt. Dieses gibt in den meisten Fällen eine gute Übersicht. Bei Epidemien kann jedoch eine Kombination von zeitlichen und räumlichen Informationen hilfreich sein, um das Auftreten und den Verlauf der Epidemie bzw. die Ausbreitung der Erkrankung darzustellen. Für die Keuchhustenepidemie wurde in den Niederlanden eine zeitlich animierte Karte gewählt. Hierbei wird in zeitlicher Abfolge das Auftreten von Erkrankungsfällen als Punkte in der Karte angegeben. Die Punkte repräsentieren die Anzahl der Erkrankungen. Diese Art der Darstellung verläuft in Form eines sich wiederholenden Filmes. Dieser Zusammenhang kann in Abb. 5.5 nur statisch dargestellt werden.

Durch dieses insgesamt leicht verständliche Feedback können einerseits die Datenlieferanten zur weiteren Beteiligung am epidemiologischen Surveillancesystem motiviert werden, und andererseits kann auch die Bevölkerung für die Problematik von Infektionskrankheiten stärker sensibilisiert werden.

5.7 Evaluation epidemiologischer Surveillancesysteme

Das Vorkommen von Infektionskrankheiten und die damit verbundenen Probleme verändern sich im Laufe der Zeit. Bei epidemiologischen Surveillancesystemen, die über einen Zeitraum von vielen Jahren existieren, ist festzustellen, ob deren Ziele erreicht werden. Daher sollte jedes Surveillancesystem, basierend auf expliziten Kriterien von Nützlichkeit, Kosten und Qualität, in regelmäßigen Abständen evaluiert werden. Eine Evaluation bietet die Gelegenheit, das System objektiv zu betrachten und sowohl das Leistungsvermögen des gesamten Systems wie auch das von Teilkomponenten zu beurteilen. Die Prioritäten für überwachte Ereignisse sollten ebenso Gegenstand der Beurteilung sein wie eine Abschätzung der Qualität von produzierten Informationen. Es sollen Bereiche identifiziert werden, in denen Qualität und Relevanz der gesammelten Informationen verbessert werden können. Letztendlich soll somit eine Optimierung der Verteilung von Ressourcen für die Überwachung von Infektionskrankheiten erreicht werden. Der wirtschaftlichen Analyse von Surveillancesystemen wurde bisher wenig systematische Aufmerksamkeit beigemessen. Von den amerikanischen Centers for Disease Control and

Prevention wird eine systematische Methode zur Evaluation von Surveillancesystemen auf einer Kosten-Nutzen-Basis sowie folgenden Qualitätsattributen vorgeschlagen: Sensitivität, Spezifität, positiver Vorhersagewert, Repräsentativität, richtig gewählter Zeitpunkt, Einfachheit, Flexibilität und Akzeptanz (CDC 1988). Außer den Problemen von Underreporting (Untererfassung wegen mangelnder Sensitivität) und diagnostischer Missklassifikation ist vor allem bei der internationalen Surveillance die möglicherweise mangelnde Vergleichbarkeit der Daten infolge nicht standardisierter Falldefinitionen und Meldeverfahren zu beachten.

Jedes epidemiologische Surveillancesystem sollte in regelmäßigen Abständen einer Evaluation unterzogen werden. Hierbei ist festzustellen, ob mit dem System Daten gewonnen werden, die zu nutzbaren Informationen führen, und ob das System seine Aufgaben im Public-Health-Bereich erfüllt. Für die Beurteilung der Public-Health-Relevanz einer Erkrankung können objektiv messbare Kriterien herangezogen werden. Beispiele hierfür sind Informationen wie die Gesamtzahl gemeldeter Fälle, die Inzidenz und Prävalenz von Erkrankungen, Maße für die Schwere der Erkrankung, z. B. Letalität, Mortalität, verlorene Lebensjahre („life-years-lost"), Produktivitätsausfall oder medizinische Kosten.

Zunächst sollte das Surveillancesystem beschrieben werden, wobei sich die Beschreibung auf die folgenden Komponenten stützt:
1. Beschreibung der Zielsetzung des Systems;
2. Beschreibung der überwachten Erkrankungsereignisse anhand von Falldefinitionen;
3. Erläuterung der Komponenten und der Funktion des Systems;
4. Zeichnung eines Flussdiagramms des Systems.

Um zu beurteilen, ob das System seine Funktion erfüllt, ist eine deutlich definierte Zielsetzung erforderlich. Zunächst ist zu klären, ob eine Zielsetzung besteht und dokumentiert ist. Wenn das der Fall ist, ist zu beurteilen, inwieweit diese Zielsetzung spezifisch, messbar, relevant, handlungsorientiert und erreichbar ist. Charakteristika, die Aufschluss über die Qualität von Surveillancesystemen geben, sind dazu geeignet, bei deren Bewertung und Konzeptualisierung eingesetzt zu werden. Allerdings ist dabei zu beachten, dass einige Merkmale von Surveillancesystemen in Konkurrenz zueinander stehen.

❶ Erst das optimale Gleichgewicht zwischen den einzelnen Merkmalen verleiht einem für ein bestimmtes Problem entwickelten System den gewünschten Nutzen (Buehler 1998).

Dabei beschreibt die Sensitivität den Grad, mit dem ein Surveillancesystem das interessierende Ereignis in der Zielpopulation identifiziert. In Abhängigkeit vom Surveillanceziel kann der Wert dieses Merkmals variieren. Während bei einer routinemäßigen Surveillance eine niedrigere, über die Zeit konstante Sensitivität bei gleichzeitiger repräsentativer Erfassung der Gesundheitsereignisse noch akzeptiert werden kann, ist für die Entdeckung von Epidemien eine hohe Sensitivität erforderlich. Eine zeitnahe Registrierung, die sich auf den Daten- und Informationsfluss von der Sammlung bis zur Verbreitung bezieht, ist dagegen abhängig von der Dringlichkeit des Problems und von den vorhandenen Interventionsmöglichkeiten. Ein epidemiologisches Surveillancesystem muss ausreichend repräsentativ sein, da nur dann die identifizierten Gesundheitsereignisse auf die Gesamtbevölkerung übertragen und die Ressourcen optimal eingesetzt werden können. Ein gutes Überwachungssystem sollte nur die Fälle erfassen, die auch wirkliche Fälle sind, bzw. nur Trendveränderungen messen, die auch wirkliche Ereignisse in der Population widerspiegeln. Diese Eigenschaften können in Form von positiven prädiktiven Werten beschrieben werden. Ebenso ist es notwendig, dass die deskriptiven Angaben der Datenlieferanten genau und vollständig sind. Praktisch bedeutet dies, dass Meldeformulare komplett ausgefüllt werden und dass die gelieferten Daten ausreichend reliabel sind.

Neben diesen quantitativen Eigenschaften sollte ein Surveillancesystem auch einige qualitative Merkmale erfüllen. Die Flexibilität des Systems drückt dabei die Fähigkeit eines Überwachungssystems aus, leicht auf Probleme und sich verändernde Standards in Diagnostik und Therapie angepasst werden zu können. Außerdem sollte ein Surveillancesystem so einfach wie möglich aufgebaut und für die daran beteiligten Personen unkompliziert zu verwenden sein. Das bedeutet beispielsweise, dass die Meldebögen leicht auszufüllen sind, die Software benutzerfreundlich ist und der Datenumfang auf ein notwendiges Minimum begrenzt bleibt. Schließlich sollte ein Surveillancesystem auch eine hohe Akzeptanz aufweisen. Diese lässt sich u. a. anhand der Zufriedenheit der Beteiligten ermitteln (Buehler 1998). Wenn niemand die

Daten für die praktische Tätigkeit nutzt, liegt es nahe, dass der Informationsfluss des Systems nicht funktioniert. In letzter Konsequenz stellt sich dann die Frage, ob eine weitere Datenerhebung einzustellen ist, die bereits zuvor erhobenen Daten zu analysieren sind und dann eine neue Strategie für das Programm entworfen werden sollte.

5.8 Praktische Übung: Von Daten zu Informationen

Ziel

Am Ende der Übung sollen die Teilnehmer in der Lage sein:
1. Eine passende graphische Darstellung vorhandener Meldedaten auszuwählen und zu verwenden,
2. Zeitverläufe zu beschreiben und
3. Erklärungen für zeitliche und räumliche Variationen zu diskutieren.

Aufgabe

Daten zu drei unterschiedlichen Erkrankungen sollen betrachtet und analysiert werden (Erkrankung A, B und C). Entsprechendes Datenmaterial steht auf der CD-ROM zur Verfügung. Das Datenmaterial beinhaltet Meldedaten, Bevölkerungszahlen und Daten zum Altersaufbau für Deutschland, sowie Inzidenzraten pro Bundesland. Die zur Verfügung stehenden Daten sollen genutzt werden, um das Auftreten der entsprechenden Erkrankung epidemiologisch zu beschreiben. Die folgenden graphischen Darstellungen können hierfür hilfreich sein:
1. Zeitverlauf der Meldungen pro Jahr für den gesamten Beobachtungszeitraum in absoluten und relativen Zahlen;
2. Darstellungen jahreszeitlicher Schwankungen anhand der Wochendaten;
3. Altersverteilung der Erkrankungsfälle;
4. Inzidenzraten pro Bundesland.

Am Ende der Übung sollen die Ergebnisse beschrieben werden. Die beobachtete Erkrankung soll identifiziert und der zeitliche Verlauf der Meldungen diskutiert werden.

❯ Fazit

Die epidemiologische Surveillance hat Frühwarnfunktion und dient als Mittel für die Beratung von Fachleuten und Entscheidungsträgern. Ein epidemiologischer Surveillanceprozess hat fortlaufend zu erfolgen, und die Effekte der durchgeführten Maßnahmen sollten evaluiert werden. Hierdurch kann ein effektives Surveillancesystem Informationen für ein aktives praktisches Vorgehen liefern und als wachsames Auge der öffentlichen Gesundheitsdienste fungieren.

Literatur

Buehler J W (1998) Surveillance. In: Rothman KJ, Greenland S (eds) Modern epidemiology, 2nd edn. Lippincott-Raven, Philadelphia, pp 435–457

Centers for Disease Control and Prevention (1988) Guidelines for evaluating surveillance systems. MMWR 37/S-5: 1–18

Hawker J, Begg N, Blair I, Reintjes R, Weinberg J (2001) Communicable Disease Control Handbook. Blackwell-Science, Oxford

Langmuir AD (1963) The surveillance of communicable diseases of national importance. New Engl J Med 268: 182–192

Prevots R, Sutter RW, Strebel PM. et al. (1992) Tetanus surveillance – United States, 1989–1990. MMWR 41: 1–10

Reintjes R (1998) Konzept für den Aufbau eines automatisierten Infektionskrankheiten Meldesystems (AIM) in Nordrhein-Westfalen. lögd-Bericht, Mai 1998

Reintjes R (2001) Datenauswertung und -aufbereitung auf Länderebene. Möglichkeiten anhand des Infektionsschutzgesetzes. In: Grunow-Lutter V, Plümer K D (Hrsg) Initiativen kommunaler Gesundheitspolitik. Akademie für öffentliches Gesundheitswesen, Bd 18, S 91–98

Reintjes R, Baumeister H G, Coulombier D (2001) Infectious disease surveillance in North Rhine-Westphalia: first steps in the development of an early warning system. Int J Hygiene Environ Health 103/3: 195–199

Sprenger M, Reintjes R, Schrijnemakers P et al. (1997) Das Infektionskrankheiten Surveillance Informationssystem (ISIS): ein Vorreiter für Europa. Chemother J 6 (Suppl 15): 17

Termorshuizen F, Laar MJ van de (1998) The epidemiology of hepatitis A in the Netherlands, 1957–1998. Ned Tijdschr Geneeskd 142/43: 2364–8

Thacker SB, Berkelmann RL (1988) Public health surveillance in the United States. Epidemiol Rev 10: 164–190

Weinberg J, Nohynek H, Giesecke J (1997) Development of a European electronic network on communicable diseases: the IDA-HSSCD programme. Eurosurveillance 2/7: 51–53

Ausbruchsuntersuchungen

RALF REINTJES und THOMAS GREIN

Bei einer Häufung von Erkrankungen, bezogen auf Zeit, Ort und die zu betrachtende Bevölkerung, kann es sich um einen Ausbruch handeln. Der Überwachung des aktuellen Vorkommens von Infektionskrankheiten, der epidemiologischen Surveillance, schließt sich bei auffälligen Befunden der Bedarf nach Aufklärung des Ausbruchs an. Hierbei handelt es sich um eine systematische Suche nach Infektionsquellen und -wegen. Das Ziel ist es, einen stattfindenden Ausbruch zu stoppen und eine Basis zur Vermeidung künftiger Fälle und Ausbrüche zu schaffen, indem die Faktoren, die diesen Ausbruch verursacht haben, festgestellt werden. Darüber hinaus wird durch eine erfolgreiche Untersuchung das Wissen über Ursachen und Risikofaktoren von Krankheiten verbessert. Das auf diesem Weg gewonnene Wissen kann allgemeine Rückschlüsse ermöglichen und neue Trends aufspüren, die den Weg zu neuen Präventionsmaßnahmen aufzeigen. Die Untersuchung von Ausbrüchen ist ein wichtiger Bestandteil der Public-Health-Praxis.

Mit dem Begriff Ausbruch verbindet man eine Anzahl von Fällen, die deutlich höher liegt als die Anzahl, die in einem bestimmten Gebiet über einen gegebenen Zeitraum erwartet wird. Charakteristisch für einen Ausbruch ist, dass das Problem in aller Regel unerwartet auftritt, einen direkten Einsatz von Maßnahmen erfordern kann und dass das Ausmaß der Untersuchung unter anderem durch Interventionsbedarf limitiert ist. Daher muss das Ziel einer Ausbruchsuntersuchung *die Maximierung der wissenschaftlichen Qualität der Untersuchung angesichts von Einschränkungen und gegensätzlichen Interessen* sein. Beim Auftreten eines Ausbruchs sollte zunächst eine beschreibende Untersuchung stattfinden. Diese verfolgt das Ziel, die Situation nach Zeit, Ort, Person und Umfang zu beurteilen. Auf der Grundlage der Ergebnisse dieser Beschreibung kann entschieden werden, ob Bedarf für eine analytisch-epidemiologische Suche nach Infektionsquelle und Verbreitungswegen besteht. Für eine entsprechende Studie sollte man auf methodisch sinnvolle und praktisch durchführbare Studiendesigns (z. B. Fall-Kontroll- oder retrospektive Kohortenstudie) zurückgreifen. Bei der Untersuchung eines Ausbruchs werden gleichzeitig epidemiologische, mikrobiologische, toxikologische und klinische Methoden angewandt, um über die Ursache des Ausbruchs Hypothesen aufzustellen und diese zu testen. Im Folgenden sollen methodische Aspekte Schritt für Schritt besprochen und anhand von praktischen Beispielen erläutert werden. Die Untersuchung sollte aus einer logischen Abfolge von Untersuchungsschritten bestehen. Diese Schritte sind in Form eines Flussdiagramms (Abb. 6.1) dargestellt. In der Praxis kann sich ihre Reihenfolge ändern, oder mehrere Schritte können gleichzeitig durchgeführt werden.

6.1 Ausbruchsverdacht

Der Verdacht auf einen Ausbruch kann entstehen, wenn Daten mehrerer Fälle miteinander verglichen und gemeinsame Merkmale festgestellt werden, wie z. B. das Auftreten mehrerer Fälle zum gleichen Zeitpunkt oder am gleichen Ort mit den gleichen Symptomen. Um zu überprüfen, ob ein Ausbruch tatsächlich vorliegt, muss die Diagnose der vermutlichen Fälle gesichert und ihre Zahl mit der Zahl der üblicherweise zu erwartenden Fälle verglichen werden. Mögliche Faktoren, die einen Ausbruch vortäuschen können – verändertes Meldeverhalten, Einführung neuer diagnostischer Tests, gesteigerte Aufmerksamkeit auf eine Erkrankung – müssen dabei ausgeschlossen werden (s. auch Kap. 5). Oft ist es hilfreich, einige Fälle auf-

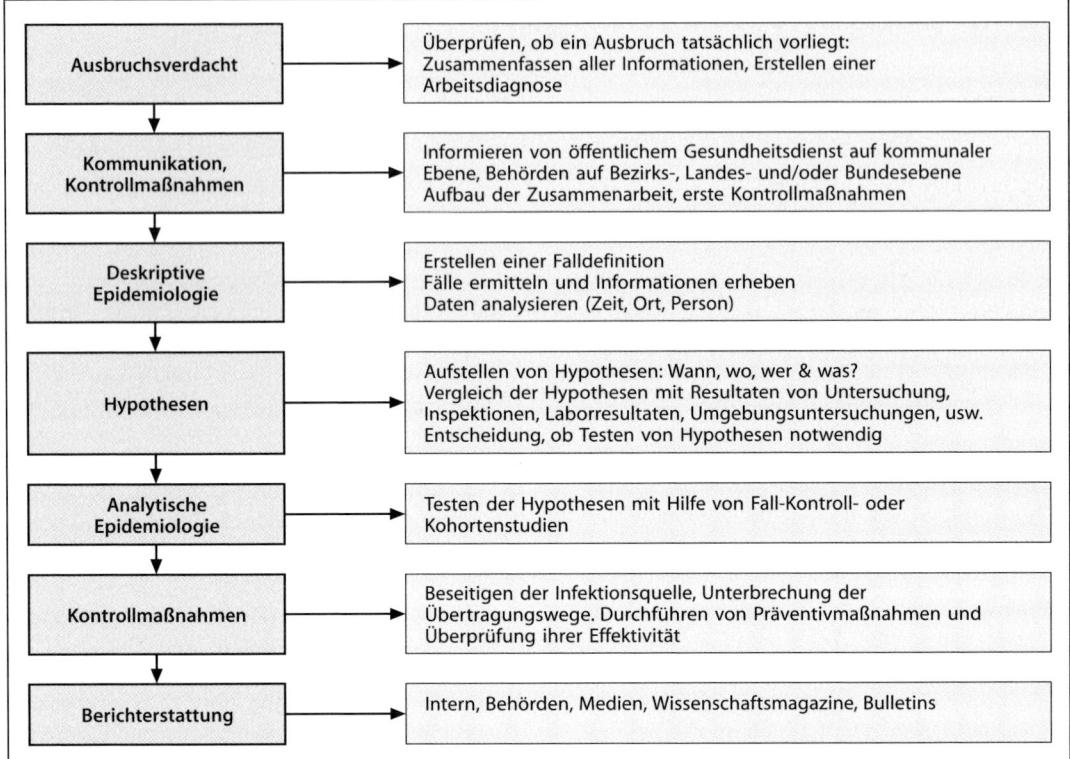

Abb. 6.1. Flussdiagramm für das Ausbruchsmanagement

zusuchen und zu befragen. Das erlaubt ein besseres Verständnis des klinischen Bildes und ermöglicht es, zusätzliche Informationen über die betroffenen Personen zu gewinnen.

6.2   Kommunikation und Kontrollmaßnahmen

Besteht Verdacht auf einen Ausbruch, sollten die zuständigen Behörden sofort informiert werden. Allgemeine Kontroll- und Präventionsmaßnahmen können bereits in diesem Stadium des Ausbruchs implementiert werden. Beispielsweise können verdächtige Nahrungsmittel aus dem Handel genommen werden, erkrankte Personen, die gewerblich mit der Herstellung oder Verarbeitung von Lebensmitteln beschäftigt sind, können ein Tätigkeitsverbot erhalten, oder die Bevölkerung kann über risikobehaftete Produkte informiert werden. Offensichtlich notwendige Kontrollmaßnahmen dürfen nicht verzögert werden, weil eine Untersuchung noch nicht abgeschlossen ist.

6.3   Deskriptive Epidemiologie

Deskriptive Epidemiologie stellt den Ausbruch anhand der drei Standardparameter *Zeit, Ort* und *Person* dar und ermöglicht das Aufstellen von spezifischen Hypothesen über Infektionsquelle und Übertragungswege. Die aufeinander folgenden Komponenten werden im Folgenden dargestellt:

Falldefinition

Sowohl für eine Beschreibung des Ausbruchs als auch für eine sich evtl. anschließende analytische Untersuchung ist das Erstellen einer Falldefinition essentiell. Im Gegensatz zu einer klinischen Falldefinition beinhaltet eine epidemiologische Falldefinition neben klinischen und ggf. labormedizinischen Kriterien auch orientierende Variablen bezogen auf Zeit, Ort und Person.

Beispiel

Bei der Untersuchung eines landesweiten Ausbruches von Trichinose in Nordrhein-Westfalen wurde die folgende Falldefinition verwendet: Einwohner von NRW mit einer positiven Serologie (IgM- und/oder IgG-Antikörper) für Trichinella, diagnostiziert zwischen dem 1. September 1998 und dem 1. Januar 1999.

Fälle ermitteln und Informationen sammeln

Gewöhnlich sind den Untersuchern nur ein Teil der Fälle bekannt, die sich während eines Ausbruchs ereignen. Diese Diskrepanz hat u. a. folgende Gründe:

- Nicht alle erkrankten Personen gehen zum Arzt; für viele ist das auch nicht nötig.
- Ärzte schicken nicht immer eine Probe zur mikrobiologischen Analyse ein.
- Labors gelingt es nicht immer, den Kausalerreger in der Probe zu bestimmen.
- Nicht alle positiven Befunde werden dem Gesundheitsamt gemeldet.
- Patienten vermeiden es bewusst, erfasst zu werden.

Zusätzlich zu den bereits bekannten Fällen sollte daher immer auch nach Fällen gesucht werden, auf die die Ermittler nicht direkt aufmerksam gemacht worden sind. Nur dann kann der Umfang und die Verteilung des Ausbruchs eingeschätzt und die Ausbruchspopulation bestimmt werden. Eine aktive Fallsuche kann durchgeführt werden, indem

- Fälle danach befragt werden, ob sie andere Personen kennen, die mit ähnlichen Symptomen erkrankten;
- Ärzte, Mitarbeiter klinisch-mikrobiologischer Laboratorien und Krankenhausstationen danach befragt werden, ob sie weitere Patienten mit der für den Ausbruch typischen Erkrankung oder Diagnose kennen;
- Mitglieder der Ausbruchspopulation angesprochen werden, z. B. anhand von Gäste- oder Teilnehmerlisten von Feiern, Reisen, Sportveranstaltungen usw.;
- öffentliche Ankündigungen in der örtlichen Presse, im Lokalradio, in sonstigen Massenmedien, durch Firmenmitteilungen, elektronische Netzwerke erfolgen.

Wenn Fälle identifiziert worden sind, sollten sie systematisch befragt werden. Hierfür können standardisierte Fragebögen verwendet werden. Die Personen können entweder durch einen Interviewer befragt werden (in persönlichem Gespräch oder per Telefon) oder erhalten einen selbst auszufüllenden Fragebogen. Unabhängig von der zu untersuchenden Erkrankung sollten die folgenden Informationen zu jedem Fall erhoben werden:

- *identifizierende Angaben* – Name und Adresse;
- *demographische Informationen* – Alter, Geschlecht, ethnische Herkunft, Wohnadresse usw.;
- *klinische Informationen* zur Überprüfung, ob die Falldefinition erfüllt wurde;
- *Angaben zu Risikofaktoren,* um Infektionsquelle und Übertragungswege zu identifizieren. Fragen zu diesen Angaben müssen bei jeder Ausbruchsuntersuchung auf die spezielle Problematik angepasst werden.

Daten analysieren

Ziel der deskriptiven Epidemiologie ist es, Antworten auf die folgenden Fragen zu finden:

- Welche Gemeinsamkeiten haben die Patienten?
- Gibt es eine Häufung nach Geschlecht, Altersgruppen, Beruf oder sonstigen demographischen, geographischen und zeitlichen Variablen?

Um die Beantwortung dieser Fragen zu erleichtern, ist es oft hilfreich, die erhobenen Daten in Form von Tabellen, Diagrammen und Karten aufzuzeichnen und Erkrankungsraten zu berechnen.

Epidemiekurve

Um den zeitlichen Verlauf des Ausbruchs graphisch beschreiben zu können, wird eine Epidemiekurve erstellt, d. h. ein Histogramm, bei dem der Krankheitsbeginn der Fälle auf einer Zeitskala markiert wird. Eine Epidemiekurve ermöglicht einen Überblick über den zeitlichen Verlauf der Ereignisse und gibt Hinweise auf Übertragungswege und den möglichen Expositions- und Inkubationszeitraum der untersuchten Erkrankung. Erkrankungsfälle, deren zeitliches Auftreten von dem anderer Fälle deutlich abweicht („outliers") können wichtige Hinweise auf die Infektionsquelle geben. Die Form der Epidemiekurve kann auch die Entscheidung erleichtern, ob ein kontinuierlicher oder ein zeitlich begrenzter Infektionsherd vorliegt. Drei Beispiele für typische Epidemiekurven werden in Abb. 6.2 vorgestellt.

Örtliche Verteilung

Die Beschreibung des Ausbruchs nach räumlichen Kriterien liefert Informationen über die geogra-

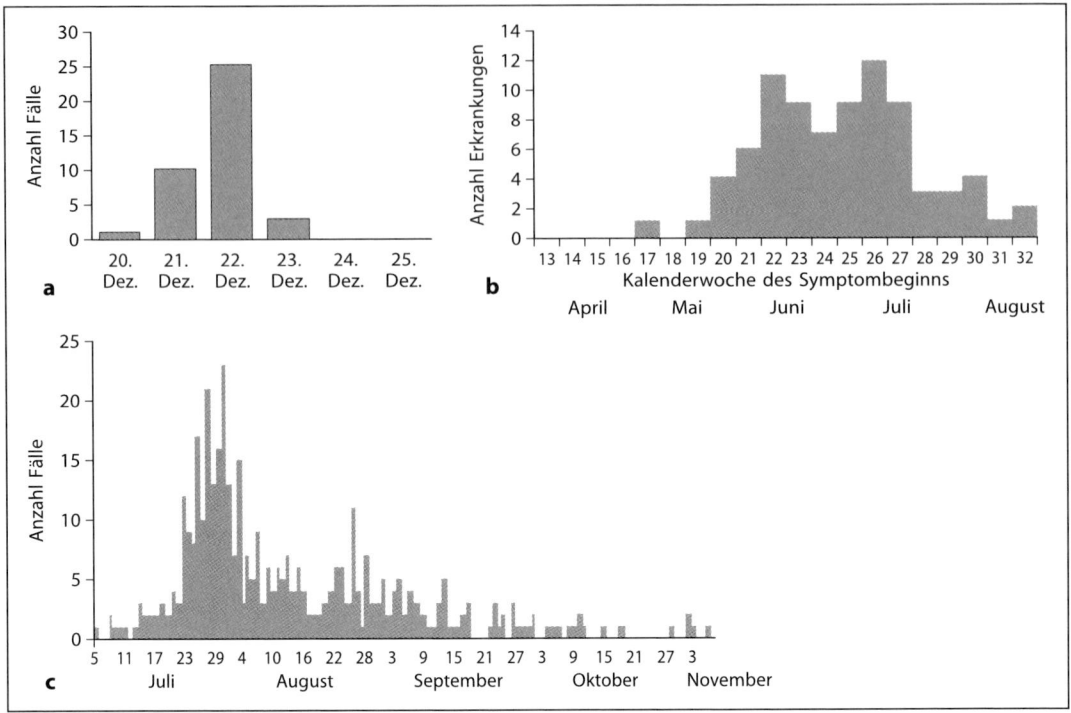

Abb. 6.2a–c. Drei Beispiele verschiedener Epidemiekurven. a Punktueller Infektionsherd; der Ausbruch wird durch einen Herd verursacht, der nur über einen kurzen Zeitraum aktiv ist, z. B. eine einzige Mahlzeit oder ein Lebensmittel, das nur für eine kurze Zeit erhältlich war. Hierbei handelt es sich um Angestellte eines Betriebes, die nach gemeinsamem Weihnachtsessen an einer viralen Gastroenteritis erkrankten. b Eine über längere Zeit bestehende Infektionsquelle; Fälle treten so lange auf, bis der Infektionsherd beseitigt oder der Übertragungsweg unterbrochen ist. Das Beispiel zeigt einen Q-Fieber-Ausbruch. c Übertragung von Person zu Person; die Epidemiekurve zeigt im klassischen Fall (selten) ein typisches Auftreten von Fällen mit einem zeitlich wellenförmigen Verlauf wie im Beispiel eines Ausbruchs von viraler Meningitis.

phische Verteilung der Fälle, das Ausmaß des Ausbruchs und u. U. auch die zugrundeliegende Quelle. Geographische Informationen werden am effektivsten in Form von Karten wiedergegeben. Die zwei bei Ausbruchsuntersuchungen am häufigsten verwendeten Kartenformen sind Punkt- und Choroplethenkarten (zur weiteren Erläuterung s. Kap. 9).

Betroffene Personen

Die Beschreibung des Ausbruchs anhand demographischer Daten hat zum Ziel, Gemeinsamkeiten der Fälle aufzudecken. Alter, Geschlecht, Zugehörigkeit zu einer bestimmten ethnischen Gruppe, Beruf und weitere Charakteristika können zur Beschreibung der betroffenen Population verwendet werden. Eine Häufung von Fällen in einer bestimmten Bevölkerungsgruppe deutet hierbei auf eine Risikobevölkerung hin (z. B. gehäuftes Auf-

treten von Fällen unter Arbeitern in einem bestimmten Teil einer Fabrik oder unter Besuchern eines örtlichen Restaurants). Auch wenn scheinbar nur eine bestimmte Bevölkerungsgruppe betroffen ist, sollten immer auch die anderen Bevölkerungsgruppen mit betrachtet werden. Dies ist um so wichtiger, als bestimmte Gruppen eine größere Wahrscheinlichkeit haben als andere, als erkrankt entdeckt und berichtet zu werden. Zur Identifikation von Erkrankungsrisiken von Personengruppen verwendet man die Erkrankungsrate („attack rate"). Dieses Maß dient dem Vergleich der Erkrankungsrisiken von Bevölkerungsgruppen mit verschiedenen Eigenschaften und Expositionen.

$$\text{Erkrankungsrate} = \frac{\text{Anzahl der Fälle in Risiko-Population}}{\text{Gesamtzahl der Population unter Risiko} \times \text{Beobachtungszeitraum}}$$

Tabelle 6.1. Hirnhautentzündung

Altersgruppe [Jahre]	Anzahl der Fälle	Gesamt	Erkrankungsrate [%]
<5	331	5303	6.2
5–14	261	12351	2.1
≥15	192	12091	1.6
Gesamt	784	29745	2.6

Beispiel

Bei einem Ausbruch von Hirnhautentzündung wurden 784 Fälle festgestellt. Anhand der Erkrankungsrate wurde eine überdurchschnittliche Beteiligung von Kindern unter 5 Jahren beobachtet. Dies gab Hinweise auf die Pathogenese (viral) und mögliche Infektionsquellen und Übertragungswege (s. Tabelle 6.1).

Die Erkrankungsrate kann eine zentrale Rolle bei der Formulierung von Hypothesen spielen.

Aufstellen von Hypothesen

Mit der systematischen Beschreibung des Ausbruches werden die Charakteristika des Geschehens deutlich. Zusammen mit den Ergebnissen von Laboruntersuchungen, vor Ort durchgeführten Inspektionen, klinischen Untersuchungen u. a. sind die Untersucher oft in der Lage, qualifizierte Hypothesen über Infektionsursache und mögliche Erregerquellen, Übertragungswege und spezifische Expositionen aufzustellen.

6.4 Analytische Epidemiologie

Falls alle vorliegenden Informationen die erstellten Hypothesen deutlich unterstützen, kann ein formelles Testen dieser Hypothesen u. U. unterlassen werden. Sollten jedoch wichtige Fragen unbeantwortet bleiben, werden weitere Untersuchungen benötigt. Beispielsweise ist es anhand der deskriptiven Epidemiologie häufig möglich, Erregerquellen und Übertragungswege zu erklären, jedoch bleiben spezielle Expositionen, die zu Erkrankungen führten, unentdeckt. In solchen Situationen können analytisch-epidemiologische Studien zum weiteren Testen der Hypothesen verwendet werden.

Charakteristisch für analytisch-epidemiologische Studien ist die Verwendung einer Vergleichsgruppe, die es erlaubt, eine mögliche Assoziation zwischen spezifischen Expositionen und der untersuchten Erkrankung zu quantifizieren. In Ausbruchsuntersuchungen werden analytische Studien hauptsächlich verwendet, um den Infektionsherd unabhängig von Labormethoden festzustellen. Die zwei am häufigsten verwendeten Studiendesigns sind Fall-Kontroll-Studien und retrospektive Kohortenstudien, wobei die gegebenen Umstände oft darüber entscheiden, welches Studiendesign verwendet wird. Eine umfassende Erläuterung methodischer Aspekte epidemiologischer Studien erfolgt in Kap. 4.

6.4.1 Retrospektive Kohortenstudie

Beschränkt sich ein Ausbruch auf eine begrenzte, geschlossene Bevölkerung (z. B. Teilnehmer einer Feier, eine Reisegruppe oder Patienten einer Krankenstation), ist die retrospektive Kohortenstudie das bevorzugte Studiendesign. Bei dieser Studie wird die gesamte Gruppe eingeteilt in Personen, die einem potenziellen Risikofaktor ausgesetzt waren (exponiert) und Personen, die diesem Risikofaktor nicht ausgesetzt waren (nicht exponiert). Danach wird die Erkrankungsrate für beide Gruppen berechnet und miteinander verglichen.

Beispiel

Alle 170 Personen, die an einem Hochzeitsessen teilnahmen (= Kohorte), werden danach befragt, welche Speisen und Getränke sie konsumierten und ob sie nach dem Essen erkrankten. Nach Anwendung der Falldefinition werden die Erkrankungsraten für spezifische Speisen (z. B. Speise A) und Getränke berechnet und miteinander verglichen (Tabelle 6.2).

Von den insgesamt 68 Personen, die Speise A gegessen haben, wurden 48 krank (Erkrankungsrate 48/68=71 %). Die Erkrankungsrate derer, die

Tabelle 6.2. Kohortenstudie

Exposition	Krank	Nicht krank	Gesamt	Erkrankungsrate [%]
Hat Speise A gegessen	48	20	68	71
Hat Speise A nicht gegessen	2	100	102	2
Gesamt	50	120	170	29

Speise A nicht gegessen hatten, war 2/102 oder 2 %. Speise A ist ein möglicher Risikofaktor für die Erkrankung, da

- die Erkrankungsrate unter den Personen, die Speise A aßen, hoch ist (71 %);
- die Erkrankungsrate unter den Personen, die Speise A nicht aßen, niedrig ist (2 %) und somit der Unterschied („risk difference") zwischen den beiden Erkrankungsraten groß ist (69 %);
- die Mehrzahl der Erkrankungsfälle (48/50 oder 96 %) Speise A aßen.

Zusätzlich kann das Verhältnis der beiden Erkrankungsraten zueinander, das relative Risiko (RR), wie folgt berechnet werden:

$$\frac{\text{Erkrankungsrate derjenigen, die Speise A aßen}}{\text{Erkrankungsrate derjenigen, die Speise A nicht aßen}} = \frac{71\%}{2\%} = 35,5$$

Ein relatives Risiko von 35,5 bedeutet, dass Personen, die Speise A gegessen hatten, einer 35,5-fach größeren Wahrscheinlichkeit ausgesetzt waren zu erkranken, als diejenigen, die die Speise nicht verzehrten. Statistische Signifikanztests können zur Berechnung der Wahrscheinlichkeit, dass diese Assoziation ausschließlich durch Zufall zustande kam, verwendet werden (s. auch Kap. 4).

6.4.2 Fall-Kontroll-Studie

Bei vielen Ausbrüchen ist die Ursprungspopulation nicht gut definiert oder es handelt sich um eine Population, die so groß ist, dass nicht alle befragt werden können. Unter diesen Umständen sind Kohortenstudien nicht durchführbar und das bevorzugte Studiendesign ist die Fall-Kontroll-Studie.

In einer Fall-Kontroll-Studie wird die Verteilung der Expositionen in der Gruppe der Fälle mit einer Gruppe gesunder Personen (Kontrollen) verglichen. Der für die Befragung der Kontrollpersonen verwendete Fragebogen ist identisch mit dem, mit dem die Fallpersonen befragt werden.

Beispiel

In unserem Beispiel eines Ausbruchs nach einem Hochzeitsessen haben 96 Prozent aller Fälle die Speise A gegessen, verglichen mit nur 17 % der Kontrollpersonen (Tabelle 6.3). Dieses deutet darauf hin, dass das Konsumieren der Speise A mit der Erkrankung assoziiert ist. Im Gegensatz zu Kohortenstudien, kann man in Fall-Kontroll-Studien keine Erkrankungsraten (und daher auch keine echten relativen Risiken) berechnen, da die Gesamtzahl der Personen, die dem Risikofaktor ausgesetzt waren, nicht bekannt ist. Anstelle dessen kann in Fall-Kontroll-Studien ein anderes Maß für Assoziationen, die Odds-Ratio (OR), berechnet werden. Die Odds-Ratio berechnet sich, wie in Kap. 4 dargestellt wurde, aus der Chance, dass ein Ereignis eintritt, im Verhältnis dazu, dass es nicht eintritt. In unserem Beispiel vergleicht man die Chance eines Exponierten zu erkranken (48/20) im Vergleich zu einem Nichtexponierten (2/100). Für eine ausführlichere Beschreibung der Methodik wird auf Kap. 4 verwiesen.

$$\text{Odds Ratio} = \frac{48 \times 100}{20 \times 2} = 120$$

Bei seltenen Ereignissen (d. h. wenn weniger als 5 % der Population betroffen sind) ist die Odds-Ratio ein gutes Maß für das relative Risiko. Eine Odds-Ratio von 120 bedeutet eine sehr starke Assoziation zwischen dem Ereignis, ein Fall zu sein und die Speise A konsumiert zu haben. Ähnlich wie bei Kohortenstudien kann die statistische Wahrscheinlichkeit, dass die beobachtete Assoziation ausschließlich durch Zufall bedingt ist, berechnet werden.

Tabelle 6.3. Fall-Kontroll-Studie

Exposition	Fälle	Kontrollen	Gesamt
Hat Speise A gegessen	48	20	68
Hat Speise A nicht gegessen	2	100	102
Gesamt	50	120	170
Anteil Exponierter	*96 %*	*17 %*	*40 %*

6.4.2 Statistische Verbindung – Kausalzusammenhang

Der statistische Zusammenhang, der in einer analytisch-epidemiologischen Studie festgestellt wird, ist nicht immer ein Kausalzusammenhang. Der Zusammenhang kann sich zufällig ergeben, aufgrund eines systematischen Fehlers in der Planung, Durchführung oder Analyse oder aufgrund einer Verwechslung mit der tatsächlichen Ursache, die z. B. nicht im Fragebogen abgefragt wird (Confounder). Die Wahrscheinlichkeit, dass es sich tatsächlich um einen Kausalzusammenhang handelt, erhöht sich, wenn

1. der Zusammenhang biologisch plausibel ist,
2. die Ergebnisse denen anderer Untersuchungen entsprechen,
3. das Risiko als groß eingeschätzt wird, oder
4. es einen Bezug zwischen Dosis und Wirkung gibt (das Risiko erhöht sich mit der konsumierten Menge der in Verdacht geratenen Infektionsursache) (s. auch Hill 1965).

6.5 Kontrollmaßnahmen und Berichterstattung

Das Hauptziel einer jeden Ausbruchsuntersuchung muss es sein, einen gegenwärtigen Ausbruch zu stoppen und zukünftige Ausbrüche zu vermeiden. Um einen Ausbruch zu stoppen, muss die Infektionsquelle beseitigt oder die Übertragungswege müssen unterbrochen werden. Um zukünftige Ausbrüche zu vermeiden, müssen die Bedingungen, die den Krankheitsausbruch ermöglicht haben, durch geeignete Langzeitmaßnahmen und Strukturänderungen eliminiert werden. Die Untersuchung ist nicht eher abgeschlossen, bis Präventivmaßnahmen ergriffen worden sind und man sicher ist, dass diese effektiv sind.

Generell können Maßnahmen eingesetzt werden, um die Infektionsquelle zu beseitigen (z. B. Rückruf von Produkten, Schließung einer Produktionsstätte, Reinigung oder Desinfektion) oder den Übertragungsweg zu unterbrechen (z. B. durch Impfung oder Verbesserung der Hygiene, Informations- und Erziehungskampagnen, Änderung von Vorschriften oder Richtlinien).

Die Untersuchungsergebnisse sollten in einem detaillierten Abschlussbericht allen beteiligten Behörden mitgeteilt werden. Oft ist es hilfreich, einen Zwischenbericht unmittelbar nach Abschluss der Untersuchungen vorzulegen, um noch ausstehende Informationen (z. B. Laborresultate) für den Abschlussbericht abwarten zu können. Studienteilnehmer sollten direkt über den Ausgang der Untersuchung informiert werden, während die Öffentlichkeit durch die Massenmedien informiert werden kann. Der wissenschaftliche Inhalt der Untersuchung sollte Fachleuten durch Wissenschaftsmagazine und Bulletins zugänglich gemacht werden, damit alle von den Erfahrungen und Einsichten profitieren können.

6.6 Praktische Übung: Ausbruchsuntersuchung

Auf der CD-ROM (s. Dublin.doc) befindet sich ein Beispiel einer Ausbruchsuntersuchung. Dieses Beispiel ermöglicht es, anhand der Fragestellung und unter Verwendung der Originaldaten die in diesem Kapitel vorgestellte Methodik praktisch anzuwenden.

Fazit

Beim Auftreten von epidemischen Häufungen und Ausbrüchen ist ein systematisches, gezieltes Vorgehen essentiell, um Entscheidungsprozesse mit Evidenzen unterstützen zu können. Der Einsatz deskriptiver und ggf. auch analytischer Epidemiologie kann dabei eine zentrale Rolle spielen.

Literatur

Hill AB (1965) The environment and disease: Association or causation? Proceedings of the Royal Society of Medicine, pp 295–300

Mathematische Modelle in der Infektionsepidemiologie

Martin Eichner und Mirjam Kretzschmar

In diesem Kapitel wird am Beispiel des sog. SIR-Modells dargestellt, wie man einfache mathematische Modelle zur Übertragungsdynamik von Infektionskrankheiten erstellt und interpretiert. Ein zentraler Begriff ist die Basisreproduktionszahl. Mit dieser Zahl kann man abschätzen, ob eine neu eingeschleppte Infektion zu einer Epidemie führt, ob sich eine Infektionskrankheit in einer Population endemisch halten kann, und welcher Anteil geimpft werden muss, um weitere Infektionen zu verhindern. Eine Erweiterung des SIR-Modells auf Populationen, welche sich aus Gruppen unterschiedlichen Kontaktverhaltens zusammensetzen, erlaubt das Studium komplexer Übertragungsstrukturen und die Bewertung differenzierter Impfstrategien.

7.1 Einleitung

Die im 19. Jahrhundert gemachte Entdeckung, dass Mikroorganismen die Verursacher von Infektionskrankheiten sind, legte die Grundlage für eine quantitative Beschreibung der Krankheitsausbreitung. Es wurde nämlich deutlich, dass zur Übertragung der Krankheit ein Kontakt zwischen einer schon infizierten und einer noch nicht infizierten Person notwendig ist und dass somit die Kontaktrate zwischen dem infizierten und dem suszeptiblen Teil der Bevölkerung von entscheidender Bedeutung ist. Es war jedoch nicht von vornherein klar, warum bei einer Epidemie nicht *alle* suszeptiblen Personen infiziert werden. Die beobachteten Epidemiewellen, bei denen jeweils nur ein Teil der Bevölkerung von der Krankheit betroffen wurde, versuchte man durch eine Veränderung der Virulenz der Mikroorganismen während der Epidemie zu erklären. Im Jahr 1906 stellte Hamer dies in Frage:

This examination shows the absurdity of assuming that an epidemic comes to an end because all the susceptibles have been attacked; or, again, of expecting to find explanation of the decline in loss of virulence of the organism or of its infecting power. ... the diminished density of the susceptible has to be taken into account, it must have an effect in slowing the rate at which the attacks proceed. The measles curve ... sufficiently indicates that an epidemic may come to an end despite the existence of large numbers of susceptible persons in the population, merely on a „mechanical theory of numbers and density", and that the assumption of loss of virulence or infecting power on the part of the organism is quite unnecessary (Hamer 1906).

Hamer entwickelte die ersten Ansätze zu einer auf Anzahlen und Dichten basierenden mathematischen Übertragungstheorie. Zwei Jahrzehnte später arbeiteten Kermack und McKendrick diese Theorie in einer Reihe von Arbeiten aus, die inzwischen als die Grundlage der mathematischen Modellbildung in der Infektionsepidemiologie gelten. Aufgrund ihrer mathematischen Formulierung der Fragestellung konnten Kermack und McKendrick zeigen, dass eine Epidemie tatsächlich zum Erlöschen kommt, bevor alle suszeptiblen Personen befallen sind. Sie konnten diese Aussage noch präzisieren, indem sie eine Bedingung dafür angaben, dass es in einer Population zu einem erneuten Krankheitsausbruch kommen kann: Es gelang ihnen, einen Schwellenwert zu bestimmen, der sowohl von der Dichte der suszeptiblen Individuen in einer Population als auch von biologischen Eigenschaften der betrachteten Infektionskrankheit (wie z. B. der Dauer der infektiösen Periode) abhängt. Wird dieser Schwellenwert durch eine Zunahme von suszeptiblen Individuen überschritten, dann ist ein erneuter Ausbruch der Krankheit möglich (Kermack u. McKendrick 1991).

Die Vorteile, die eine mathematische Betrachtungsweise für Infektionsepidemiologen hat, lassen sich am Beispiel der Basisreproduktionszahl R_0 verdeutlichen: Zum einen kann man mit dem Konzept der Basisreproduktionszahl erklären, warum eine Epidemie zu Ende ist, bevor alle Individuen infiziert sind. Zum anderen kann man damit quantitativ abschätzen, unter welchen Bedingungen es zu einer neuen Epidemie kommen kann und wie dies von den speziellen Eigenschaften der betrachteten Krankheit abhängt. Dieses Wissen kann dann in eine Aussage darüber umgesetzt werden, wie eine Präventionsmaßnahme (z. B. eine Impfkampagne) aussehen muss, um die Infektionskrankheit zu eliminieren. Dies werden wir im weiteren Verlauf dieses Kapitels noch genauer erläutern.

Die Ausbreitung von Infektionskrankheiten ist ein komplexer Vorgang, der sowohl durch menschliches Sozialverhalten als auch durch die biologischen Eigenschaften des Pathogens und der Immunreaktion des Menschen gesteuert wird. Eine erste Aufgabe bei der Formulierung eines Modells besteht darin, die Faktoren zu identifizieren, welche die Ausbreitungsdynamik wesentlich bestimmen. Welche Faktoren das genau sind, und wie komplex das betrachtete Modell letztlich ist, hängt wesentlich von den Fragen ab, die mit Hilfe des Modells untersucht werden sollen.

7.2   Beschreibung des SIR-Modells

Eines der einfachsten und grundlegendsten infektionsepidemiologischen Modelle ist das so genannte SIR-Modell. Dabei steht S für suszeptibel (für eine Infektion empfänglich), I für infektiös und R für resistent (vor Ansteckung geschützt). Trotz seiner einfachen Struktur gewährt das SIR-Modell wichtige Einblicke in die Dynamik der Infektionsübertragung und erlaubt die Berechnung wichtiger Kenngrößen.

Das SIR-Modell beschreibt die grundlegenden Prozesse von Krankheitsübertragung und Genesung mit Erwerb einer lebenslangen Immunität, und kann so als eine vereinfachte Beschreibung einer „typischen" viralen Infektion gelten.

Nehmen wir an, dass jedes neugeborene Kind suszeptibel ist (S). Kommt es im Laufe seines Lebens mit einer infizierten Person in hinreichend engen Kontakt, so infiziert es sich, wird sofort selbst infektiös (I) und beginnt, andere anzustecken. Nach einer gewissen Zeit kuriert es seine Infektion und erwirbt eine lebenslange Immunität (R), die jede weitere Infektion verhindert. Jedes Individuum der Population befindet sich also zu jedem Zeitpunkt in einem der Zustände S, I, oder R. Das Modell beschreibt nun, wie lange sich eine Person im Mittel in den verschiedenen Zuständen befindet, d. h. mit welcher Geschwindigkeit (=Rate) der Übergang von einem Zustand in einen anderen stattfindet (Abb. 7.1). Mit der Rate ν werden neue Individuen geboren, mit der Rate γ genesen infizierte Individuen und werden immun, und mit der Rate μ sterben Individuen. Alle diese Raten werden einfachheitshalber als konstant angenommen. Eine Ausnahme bildet die Infektionsrate λ, denn diese hängt nicht nur von der Übertragungswahrscheinlichkeit pro Kontakt ab, sondern auch von der Dichte der Infektiösen (d. h. der Prävalenz).

Die Infektionsrate λ, oder die Wahrscheinlichkeit pro Zeiteinheit, dass eine suszeptible Person infiziert wird (engl. „force of infection"), hängt ab von der Rate β, mit der Kontakte, bei denen die Krankheit übertragen wird, zwischen suszeptiblen und infektiösen Individuen stattfinden. Diese Rate lässt sich zerlegen in ein Produkt aus der Rate κ, mit der Kontakte stattfinden, und der Wahrscheinlichkeit q, dass bei so einem Kontakt tatsächlich eine Infektionsübertragung stattfindet. Der Kontaktprozess wird im Modell analog dem Massenwirkungsgesetz bei chemischen Reaktionen beschrieben. Mit anderen Worten, wir nehmen an, dass Kontakte wahllos und zufällig stattfinden. Dies bedeutet, dass in einer Population der Größe N eine suszeptible Person mit der Wahrscheinlichkeit I/N mit einer infizierten Person zusammentrifft. Dies führt zu dem Ausdruck $\lambda S = (\beta I/N)S$, der angibt, wie viele Personen pro Zeiteinheit infiziert werden.

Die mathematische Formulierung des Modells beruht auf Differenzialgleichungen, die angeben, wie sich die Dichten/Anzahlen von bestimmten Variablen im Laufe der Zeit verändern.

In mathematischer Schreibweise sieht das so aus:

$$dS/dt = \nu N - \beta SI/N - \mu S$$
$$dI/dt = \beta SI/N - \gamma I - \mu I$$
$$dR/dt = \gamma I - \mu R$$

Dabei geben S, I und R an, wie viele Personen suszeptibel, infektiös oder immun sind. Die Gesamtpopulation besteht aus $N = S + I + R$ Personen. Alle Terme der linken Seite haben die gleiche Struktur $d.../dt$. Die erste Gleichung beispielsweise beginnt mit dS/dt; das ist die mathematische Schreibweise

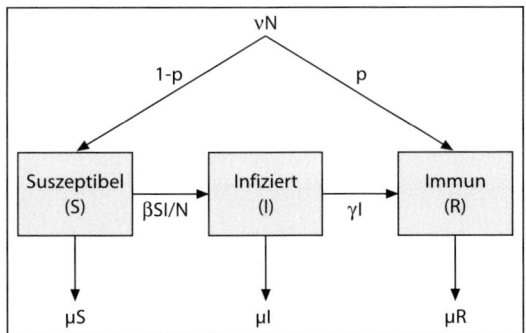

Abb. 7.1. Flussdiagramm des SIR-Modells

für „die Anzahl suszeptibler Personen S verändert sich, während die Zeit t voranschreitet". Wie schnell sie sich verändert, steht dann rechts vom Gleichheitszeichen. Pro Zeiteinheit kommen zu den bereits bestehenden Suszeptiblen vN Neugeborene hinzu (v ist die Geburtenrate pro Kopf). Suszeptible, die während einer Zeiteinheit infiziert werden, müssen von der bestehenden Anzahl abgezogen und zu den Infektiösen hinzugefügt werden. Das sind aufgrund der oben genannten Annahmen $\beta SI/N$. Schließlich verlässt die Zahl μS die suszeptible Population aufgrund von Mortalität (mit der Pro-Kopf-Sterberate μ).

Bevor wir darangehen, die Eigenschaften des SIR-Modells zu untersuchen, wollen wir das Modell dahingehend erweitern, dass Neugeborene durch Impfung immunisiert werden können. Mit der Annahme, dass ein Anteil p aller Neugeborenen unmittelbar nach der Geburt geimpft wird und eine lebenslange Immunität erwirbt, erhält das SIR-Modell die folgende Gestalt:

$$dS/dt=(1-p)vN-\beta SI/N-\mu S \qquad (1.1)$$
$$dI/dt=\beta SI/N-\gamma I-\mu I \qquad (1.2)$$
$$dR/dt=pvN+\gamma I-\mu R \qquad (1.3)$$

Statt alle vN Neugeborenen zur Gruppe der Suszeptiblen hinzuzufügen, wird jetzt ein Anteil p bei Geburt immunisiert und kommt ohne Umweg in die Gruppe R der Immunen.

7.3　Eigenschaften des SIR-Modells

7.3.1　Epidemie ohne demographischen Prozess

Anfangsphase einer Epidemie

Epidemien spielen sich oft in einem so kurzen Zeitraum ab, dass Geburten und Todesfälle während der Epidemie nur eine sehr untergeordnete Rolle spielen. Diese Situation lässt sich im Modell näherungsweise beschreiben, indem man Geburts- und Todesraten gleich 0 setzt, also $v=\mu=0$. Wir können nun die Frage stellen, was passiert, wenn ein Infektionserreger von außen in eine vollständig suszeptible Population eindringt. Unter welchen Umständen kommt es zu einer Epidemie und welcher Anteil der Population wird von der Epidemie betroffen?

Aus der Gleichung (1.2) für die Veränderung der Anzahl infizierter Individuen im Laufe der Zeit können wir ersehen, dass diese Anzahl am Beginn der Epidemie nur dann wächst, wenn $\beta SI/N-\gamma I>0$ ist. Wenn wir davon ausgehen, dass fast die gesamte Population suszeptibel ist, haben wir $S\approx N$. Da wir außerdem wissen, dass $I>0$ ist, muss $\beta-\gamma>0$ sein, wenn die Anzahl der Infizierten zunehmen soll. Dies ist gleichbedeutend mit $\beta/\gamma>1$.

Der Ausdruck β/γ lässt sich folgendermaßen interpretieren. Die Rate β gibt an, wie viele neue Infektionen ein erster infektiöser Fall pro Zeiteinheit verursacht. Hierbei ist von entscheidender Bedeutung, dass in dieser Anfangsphase jeder Kontakt mit einer suszeptiblen Person stattfindet, einfach weil der Anteil der Infizierten noch vernachlässigbar klein ist. Die Dauer der infektiösen Periode ist $1/\gamma$, denn mit der Rate γ verlässt das infizierte Individuum den infektiösen Zustand und wird immun. Der Ausdruck β/γ gibt also an, wie viele neue Infektionen der erste Indexfall während seiner gesamten infektiösen Periode verursacht. Damit haben wir für unsere vereinfachte Situation die sog. Basisreproduktionszahl R_0 hergeleitet: $R_0=\beta/\gamma$. Wir haben auch gesehen, dass nur dann eine Epidemie stattfinden kann, wenn $R_0>1$ ist. Wenn dagegen $R_0<1$ ist, kann die Zahl der Infizierten auch in einer vollständig suszeptiblen Population nicht zunehmen, und damit ist eine Epidemie nicht möglich. Tabelle 7.1 zeigt für einige Infektionskrankheiten Schätzwerte von R_0.

Tabelle 7.1. Schätzwerte für die Basisreproduktionszahl R_0 für verschiedene Infektionskrankheiten. (Nach Anderson u. May 1991)

Infektionskrankheit	Mittleres Alter bei Erstinfektion [Jahre]	R_0	Kritische Durchimpfung p_{crit} [%]
Masern	5	15,6	94
Keuchhusten	4,5	17,5	94
Mumps	7,0	11,5	91
Röteln	10,2	7,2	86
Diphtherie	10,4	6,1	84

❶ Die Basisreproduktionszahl R_0 gibt an, wie viele neue Infektionen ein Indexfall in einer vollständig suszeptiblen Population während der gesamten Dauer der infektiösen Periode verursacht. Ist $R_0>1$, kann eine Epidemie stattfinden; ist $R_0<1$, kann sich die Infektion nicht weiter verbreiten.

Weiterer Verlauf der Epidemie

Einige Zeit nach Beginn der Epidemie ist der Anteil Suszeptibler an der Population so weit gesunken, dass ein Infektiöser immer häufiger auf andere Infektiöse oder auf Immune trifft und somit keine neuen Infektionen verursachen kann. Die Inzidenz sinkt, und die Epidemie kommt letztlich zum Stillstand. Es ist bemerkenswert, dass bis zum Ende der Epidemie einige Suszeptible von der Infektion verschont bleiben.

Wir können aufgrund der Differenzialgleichung für I wieder einige Schlussfolgerungen ziehen. Die rechte Seite der Gleichung 1.2, die angibt, wie schnell die Anzahl der Infizierten wächst, ist $\beta SI/N-\gamma I=(\beta S/N-\gamma)I$. Die Anzahl der Infizierten nimmt also zu, solange $\beta S/N>\gamma$ ist oder solange $\beta S/(\gamma N)=R_0S/N>1$ ist. Das Produkt aus Basisreproduktionszahl und dem Anteil der noch Suszeptiblen an der Population gibt also an, wie schnell die Epidemie wächst. Das Wachstum kommt zum Stillstand, wenn die Anzahl der Suszeptiblen auf N/R_0 gesunken ist. Von diesem Zeitpunkt an nimmt die Anzahl der Infizierten und damit die Inzidenz ab. Es lässt sich auch berechnen, welcher Anteil der Population nach Ablauf der Epidemie noch suszeptibel ist (Dieckmann u. Heesterbeck 2000).

7.3.2 Numerische Lösung

Differenzialgleichungsmodelle wie das SIR-Modell kann man mit einem Computer numerisch lösen, indem man

1. Startwerte für S, I und R vorgibt,
2. Werte für die epidemiologischen und demographischen Parameter p, β, γ, ν, und μ wählt und
3. für viele (sehr kleine) Zeitschritte ausrechnet, wie stark sich die Zustandsgrößen S, I und R im jeweiligen Zeitschritt verändern.

Dazu wertet man für gegebene Werte von S, I und R die rechten Seiten der Modellgleichungen aus und verändert entsprechend die Werte von S, I und R. Dieses Auswerten der rechten Seiten und das Anpassen der Zustandsgrößen wiederholt man in jedem Zeitschritt. Neben diesem sog. Euler-Verfahren mit festem Zeitschritt bieten Computerprogramme verschiedene Varianten des Runge-Kutta-Verfahrens an, bei denen man mit variablem Zeitschritt arbeiten und zudem eine höhere numerische Genauigkeit erreichen kann. Auf der beiliegenden CD-ROM befindet sich ein Programm, mit dem deterministische Epidemien simuliert und verfolgt werden können. Dies wird auch in Kap. 16 näher erläutert (s. Abb. 7.2a).

7.3.3 Infektionsausbreitung mit Geburt und Tod

Betrachtet man den Verlauf von Epidemien über einen längeren Zeitraum, so kann man die demographischen Veränderungen der Population nicht mehr vernachlässigen. Der Nachschub an suszeptiblen Personen durch Geburten und der Verlust an Immunen durch Todesfälle verändern die Anteile der Population in den verschiedenen Zuständen; wenn der Anteil der Suszeptiblen wieder genügend angewachsen ist, muss man deshalb mit erneuten Epidemien rechnen. Im Modell bedeutet dies, dass wir jetzt den Fall betrachten, dass $\nu>o$ und $\mu>o$ sind. Zunächst nehmen wir an, dass nicht geimpft wird, dass also $p=o$ ist.

7.3.4 Einschleppung von neuen Infektionen

Wenn ein Krankheitserreger in eine völlig suszeptible Population hineinkommt, kann er sich nur vermehren, wenn die Zahl der Infizierten anfangs zunimmt. Es gelten hier die gleichen Argumente wie oben, und die Formel für die Basisreproduktionszahl ändert sich auch nur geringfügig. Der einzige Unterschied ist nun, dass ein infektiöses Individuum schon vor seiner Genesung durch Tod aus der Population ausscheiden kann. Dadurch reduziert sich die mittlere Dauer der infektiösen Periode auf $1/(\gamma+\mu)$. Die Basisreproduktionszahl R_o ist nun gleich $\beta/(\gamma+\mu)$, und wie man anhand von Gleichung 1.2 erkennen kann, nimmt die Zahl der Infizierten anfangs (d. h. für $S\approx N$) zu, falls $R_o>1$ ist.

7.3.5 Endemisches Gleichgewicht

Nach einer Epidemie regeneriert sich die Gruppe der Suszeptiblen langsam wieder, bis jene kritische Zahl überschritten ist, bei der die wenigen verbliebenen Infektiösen wieder oft genug mit Suszeptiblen zusammenzutreffen, um ihre Anzahl zu vermehren. Eine neue Epidemiewelle kann sich aufbauen, die ihrerseits die Zahl der Suszeptiblen wieder unter diese kritische Schwelle reduziert. Abb. 7.2b zeigt eine solche Folge von Epidemien, die immer schwächer werden, bis die Infektiösenzahl schließlich nur noch geringfügig um einen Gleichgewichtszustand herum schwankt. Im endemischen Gleichgewicht werden täglich gleich viele Menschen infiziert wie Infektiöse ihre Infektion verlieren; im Mittel erzeugt jeder Infektiöse gerade eine neue Infektion.

    Um auszurechnen, welche Werte S, I und R im endemischen Gleichgewicht annehmen, muss man nicht erst eine aufwändige Computersimulation durchführen. Die Lösung dieses Problems ist verblüffend einfach. Wir brauchen uns dazu nur an die Bedeutung von dS/dt zu erinnern: Die Anzahl

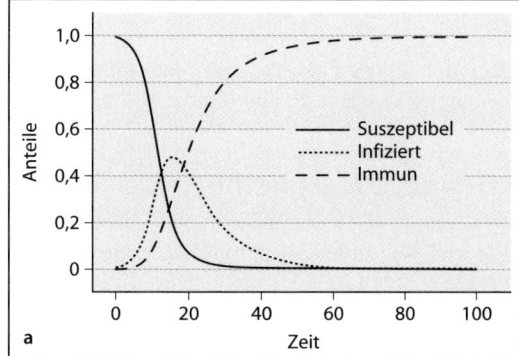

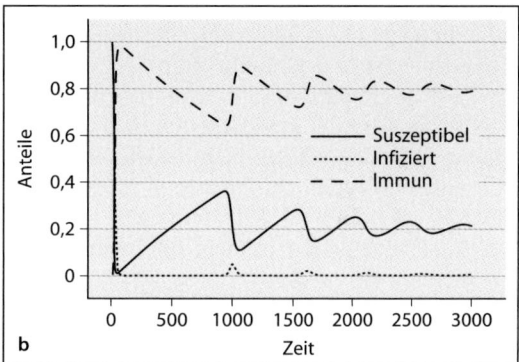

Abb. 7.2a,b. Numerisch berechnete Lösung des SIR-Modells a in einer Population ohne Geburten und Todesfälle ($\mu=0$) und b in einer Population mit Geburten und Todesfällen ($\mu=0,0005$). Die restlichen Parameter sind $\beta=0,5$ und $\gamma=0,1$. Als Anfangswerte wurden gewählt: $S=0,99$; $I=0,01$ und $R=0,0$. Für a hat man dann $R_0=5$ und für b $R_0=4,98$

suszeptibler Personen verändert sich, während die Zeit t voranschreitet. Da sich die Werte von S, I und R im endemischen Gleichgewicht nicht verändern, können wir anstelle des komplizierten Ausdrucks „$d.../dt=...$" ebensogut „$o=...$" schreiben. In der zweiten Zeile steht dann beispielsweise $o=\beta S^*I^*/N-\gamma I^*-\mu I^*$. Die Sternchen sollen angeben, dass es sich bei S^* und I^* um die Gleichgewichtslösung handelt. Division durch I^* ergibt $o=\beta S^*/N-\gamma-\mu$. Diese Gleichung kann man nach dem suszeptiblen Anteil S^*/N auflösen. Wir erhalten den suszeptiblen Anteil im endemischen Gleichgewicht $S^*/N=(\gamma+\mu)/\beta=1/R_o$.

7.3.6 Kritische Durchimpfung p_{crit} und Elimination

Nun wollen wir den Einfluss von Impfung auf den Verlauf der Infektionsausbreitung betrachten, also die Situation, dass ein Anteil p der Population bei

Geburt geimpft wird und damit von vornherein immun ist. Wie wir eben gezeigt haben, hängt der Anteil der suszeptiblen Personen im endemischen Gleichgewicht erstaunlicherweise gar nicht von der Durchimpfung p ab (jedenfalls nicht, solange die Infektion trotz Impfung noch endemisch in der Population vorkommt, d. h. solange die Prävalenz im endemischen Gleichgewicht noch grösser als 0 ist). Wenn die Durchimpfung auch den suszeptiblen Anteil im Gleichgewicht nicht beeinflusst, so hat sie durchaus einen Einfluss auf den infektiösen Anteil. Viele Neugeborene werden ja ohne den Umweg einer Infektion immun. Der Anteil Infektiöser im endemischen Gleichgewicht errechnet sich (wie oben beschrieben) als $I^*/N=(R_0-R_0p-1)\mu/\beta$. Je größer die Durchimpfung p wird, desto geringer wird der infektiöse Anteil, bis die Infektion schließlich völlig verschwindet. Dies ist der Fall, sobald die Durchimpfung p größer oder gleich $p_{crit}=1-1/R_0$ wird. Man muss also gar nicht 100 % der Population impfen, um einen infektionsfreien Zustand zu erzeugen. Diese Tatsache wird mit dem Begriff „herd immunity" bezeichnet. Die kritische Durchimpfung hängt nur von der Basisreproduktionszahl R_0 ab (Abb. 7.3). Ist der geimpfte Anteil der Neugeborenen größer als $1-1/R_0$, so fällt der suszeptible Anteil nach einiger Zeit unter die kritische Größe $1/R_0$, bei der jeder Infektiöse im Mittel gerade noch eine Person ansteckt, so dass von einer Infektionsgeneration zur nächsten immer weniger Infektiöse auftreten und die Infektion letztlich ausstirbt. Der durch eine Impfung $p>p_{crit}$ erreichte infektionsfreie Zustand, den man auch als Elimination bezeichnet, ist ein stabiler Zustand: Neu eingeschleppte Infektionen können sich in einer Population mit einem so geringen Anteil an Suszeptiblen nicht mehr etablieren.[*]

❶ Bei einem Durchimpfungsgrad, der größer ist als ein kritischer Anteil p_{crit}, kann sich die Infektionskrankheit nicht dauerhaft in der Population halten, sondern wird eliminiert. Der kriti-

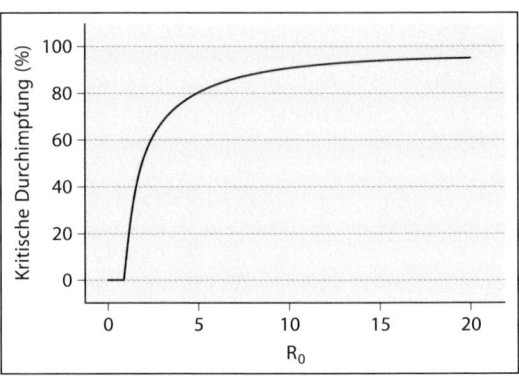

Abb. 7.3. Kritische Durchimpfung als Funktion von R_0. Liegt die Durchimpfung in einer Population unterhalb der angegebenen Kurve, so bleibt die Infektion endemisch, liegt sie oberhalb, kann man Elimination erreichen

sche Anteil p_{crit} wird durch die Basisreproduktionszahl bestimmt und ist immer kleiner als 1, d. h. es muss nicht die gesamte Population immunisiert werden, um eine Elimination der Infektionskrankheit zu erreichen.

7.4 Unerwünschte Auswirkungen von Impfungen

7.4.1 Altersverteilung und mittleres Infektionsalter

Für das endemische Gleichgewicht kann man mit dem SIR-Modell auch die erwartete Altersverteilung der Fälle ausrechnen. Nach Modellannahme werden alle Individuen suszeptibel geboren und mit einer Rate $\beta I^*/N$ infiziert. Das Einsetzen der Gleichgewichtslösung für I^* ergibt $\beta I^*/N=\mu(R_0-R_0p-1)$. Damit ist im Alter a ein Anteil $S^*(a)=exp(-\mu(R_0-pR_0-1)a)$ suszeptibel, woraus sich das mittlere Infektionsalter zu $1/(\mu(R_0-R_0p-1))$ errechnet. Je größer R_0 ist, desto größer ist die Wahrscheinlichkeit, dass ein Individuum schon früh im Leben der Infektion ausgesetzt ist, und desto geringer ist das durchschnittliche Infektionsalter. Impfungen dagegen verzögern die Ausbreitung der Infektion und erhöhen das mittlere Infektionsalter (Abb. 7.4). Die harmlos erscheinende Erhöhung des mittleren Infektionsalters kann dazu führen, dass Impfungen zu unerwarteten Effekten führen, ja sogar dazu, dass sich der erwünschte Effekt der Impfung ins Gegenteil kehrt.

---

[*] Mittels des auf CD-ROM vorliegenden Programms für die Simulation des deterministischen SIR-Modells lassen sich auch für Situationen mit Geburten, Tod und Impfung Simulationsstudien durchführen. Sie können dabei untersuchen, wie sich die Wahl verschiedener epidemiologischer und demographischer Parameterwerte auf das endemische Gleichgewicht und auf die Dynamik der Infektionsübertragung auswirkt.

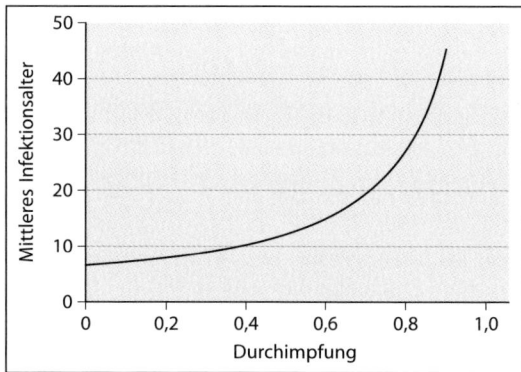

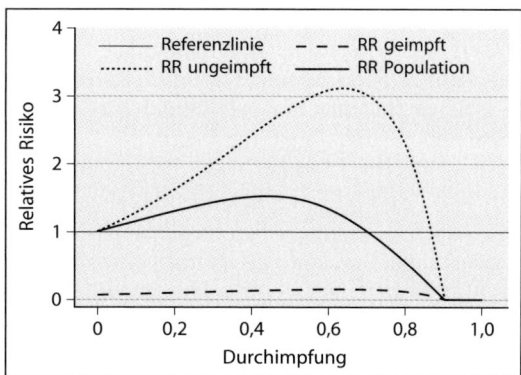

Abb. 7.4. Mittleres Alter bei einer Rötelninfektion in Abhängigkeit von der Rötelndurchimpfung in der Bevölkerung. Es wurde hier eine Impfeffizienz von 95 % angenommen, d. h. bei 5 % der Geimpften bleibt die Impfung wirkungslos. Für Durchimpfungen von über 90 % kann kein mittleres Infektionsalter berechnet werden, da eine dauerhafte Infektionsübertragung nicht mehr möglich ist ($R_0=7$; $\mu=1/45$ Jahre)

Abb. 7.5. Relatives Risiko (RR) dafür, dass eine Frau im Laufe ihres Lebens während einer Schwangerschaft mit Röteln infiziert wird. Zur Berechnung des relativen Risikos wurde der Wert vor Einführung von Impfungen auf 1,0 gesetzt (Referenzlinie bei 1,0). ($R_0=7$; $\mu=1/45$ Jahre)

7.4.2 Altersabhängigkeit von schweren Krankheitsverläufen

Während Eltern sich wohl meist für die Impfung ihres Kindes entscheiden, um dem Kind die Erkrankung zu ersparen, sind Gesundheitsämter und deren Entscheidungsträger in stärkerem Maße daran interessiert, die Häufigkeit selten auftretender, schwerer Krankheitsverläufe (oder gar Todesfälle) zu reduzieren. So tritt z. B. bei Masern manchmal eine Enzephalitis auf, und ein nicht zu vernachlässigender Anteil der Erkrankten stirbt sogar an Masern. Bei einer Mumpsinfektion kann es zu einer Orchitis oder zu einer Meningitis kommen. Auch Polioinfektionen verlaufen meist so harmlos, dass Infizierte die Infektion nicht einmal bemerken: Nur etwa eines von 100–400 infizierten Kindern entwickelt die gefürchtete Kinderlähmung (Eichner u. Dietz 1996). Die Wahrscheinlichkeiten für das Auftreten der hier genannten Komplikationen hängen alle vom Alter ab und – mit Ausnahme der Masernletalität, die nicht nur bei Älteren, sondern auch bei Neugeborenen erhöht ist –, wachsen all diese Wahrscheinlichkeiten mit dem Alter an.

❶ **Impfungen schützen die Geimpften vor Infektion und Erkrankung, erhöhen aber zugleich das mittlere Infektionsalter in der Population. Dies kann dazu führen, dass mehr Personen in einem Alter infiziert werden, in dem sie einem höheren Risiko von Komplikationen ausgesetzt sind.**

Beispiel

Als Beispiel für ein altersabhängiges Infektionsrisiko soll hier die Embryonenschädigung behandelt werden, die auftreten kann, wenn eine werdende Mutter in einem bestimmten Abschnitt ihrer Schwangerschaft mit Röteln infiziert wird (Edmunds et al. 2000). Abb. 7.4 zeigt, wie mit zunehmender Durchimpfung aus einer Kinderkrankheit eine Erkrankung von Erwachsenen wird. Durch die Erhöhung des Infektionsalters steigt für ungeimpfte Frauen das Risiko einer Infektion während der Schwangerschaft mit wachsender Durchimpfung immer weiter an (für die Wahrscheinlichkeit, dass eine Frau eines bestimmten Alters schwanger ist, wurde hier vereinfachend die Dichte einer Normalverteilung mit einem Mittelwert von 26 Jahren und einer Standardabweichung von 3 Jahren angenommen). Bei etwa 60 % Durchimpfung erreicht dieses Risiko ein Maximum, das dem 3-fachen des Ausgangswertes entspricht (Abb. 7.5). Erst für Durchimpfungen p, die in der Nähe von p_{crit} liegen, überwiegt der schützende Effekt der „herd immunity", und das relative Risiko fällt unter den Ausgangswert ohne Impfung. Bei Durchimpfungen bis 70 % erhöht sich sogar das mittlere Risiko in der Bevölkerung, d. h. es treten mehr Fälle auf als ohne Impfung. Wir haben hier außerdem angenommen, dass die Impfung nur in 95 % der Fälle erfolgreich ist, sodass auch für geimpfte Frauen ein Restrisiko bleibt, das ebenfalls mit der allgemeinen Durchimpfung ansteigt.

Im Gegensatz zum SIR-Modell werden Rötelnimpfungen in Deutschland natürlich nicht nur bei Neugeborenen durchgeführt, sondern auch bei jugendlichen Mädchen und gelegentlich auch bei erwachsenen Frauen. Auch die Praxis der Impfung wird sehr unterschiedlich gehandhabt. Einige Eltern und Ärzte befürworten, nur Mädchen gegen Röteln zu impfen und Buben ungeimpft zu lassen. Wieder andere wollen erst einmal abwarten, ob das Kind nicht ohnehin eine Infektion durchmacht und – wenn nötig – erst später eine Impfung durchführen lassen. Wenn nur Mädchen geimpft werden oder wenn vorwiegend in einem späteren Alter geimpft wird, können mehr Infektionen stattfinden und dadurch erhöht sich die Wahrscheinlichkeit, auf natürlichem Weg eine schützende Immunität zu erwerben. Andererseits erhöht sich aber für die wenigen suszeptibel gebliebenen erwachsenen Frauen auch die Wahrscheinlichkeit, während einer Schwangerschaft infiziert zu werden.

7.5   Heterogene Populationen

Bisher sind wir davon ausgegangen, dass die betrachtete Population aus Personen besteht, die sich bezüglich der Krankheitsausbreitung nicht voneinander unterscheiden. Mit anderen Worten, wir haben angenommen, dass die Krankheit bei allen Infizierten gleich verläuft, und – was das Wichtigste ist –, dass jedes Individuum jedes andere mit der gleichen Wahrscheinlichkeit anstecken kann. Für manche Fragestellungen sind diese Annahmen akzeptabel, in vielen Fällen spielt aber die Heterogenität einer Population eine wichtige Rolle in der Krankheitsausbreitung, und manche Fragestellungen stehen speziell mit der Struktur der Population in Beziehung. Zum Beispiel ist bei epidemiologischen Fragestellungen oft die Altersstruktur einer Population von entscheidender Bedeutung. Präventionsmaßnahmen wie z. B. Impfprogramme sind oft auf bestimmte Altersgruppen ausgerichtet.

Sobald man in der Population Heterogenität zulässt, muss man die Frage stellen, ob diese einen Einfluss darauf hat, wie der Infektionsprozess in der Population verläuft. Betrachtet man beispielsweise eine Population mit Altersstruktur, so stellt sich die Frage, ob alle Personen unabhängig von ihrem Alter Kontakte miteinander haben, oder ob die Rate, mit der Kontakte in der eigenen Altersgruppe stattfinden, sich von der Kontaktrate mit

anderen Altersgruppen unterscheidet. In der Regel ist letzteres der Fall, und das bedeutet eine enorme Komplikation in der Modellbildung. Abgesehen davon, dass oft wenig empirische Daten über die Kontakthäufigkeit zwischen verschiedenen Bevölkerungsgruppen vorliegen, entstehen auch Fragen hinsichtlich der Modellbildung und der Berechnung von Kenngrößen wie beispielsweise R_0. Wie viele Sekundärinfektionen verursacht ein erster Indexfall? Das hängt davon ab, in welcher Bevölkerungsgruppe sich der Indexfall befindet, und wie er seine Kontakte auf die anderen Gruppen verteilt. Um dies näher zu beleuchten, wollen wir ein einfaches Beispiel untersuchen.

7.5.1   Kontakte in einer Population mit zwei Gruppen

Stellen wir uns die folgende Situation vor: Eine Population besteht aus zwei Gruppen, die sich sowohl bezüglich ihrer Kontaktfreudigkeit als auch bezüglich ihrer Anfälligkeit für die Infektion oder der mittleren Dauer der infektiösen Periode unterscheiden. Die beiden Gruppen können auch verschieden groß sein. In jeder der beiden Gruppen breitet sich die Infektion mit einer anderen Geschwindigkeit aus und somit sind Inzidenz und Prävalenz verschieden. Welchen Einfluss üben die beiden Gruppen aufeinander aus, und wie lässt sich die Situation für die Gesamtpopulation beschreiben? Man könnte hier konkret an die Aus-

---

* Dazu nehmen wir an, dass N_i die Anzahl Individuen in Gruppe i ist, und dass κ_i die Anzahl Kontakte pro Zeiteinheit ist, die eine Person aus Gruppe i ($i=1,2$) hat. Weiter bezeichnen wir mit m_{ij} den Anteil aller Kontakte, die Personen aus Gruppe i mit Personen aus Gruppe j haben. Die Gesamtzahl aller Kontakte von Gruppe i ist $N_i\kappa_i$, also ist die Gesamtzahl aller Kontakte mit Gruppe j gegeben durch $N_i\kappa_i m_{ij}$. Nun nehmen wir noch an, dass jeder Kontakt einer Person aus Gruppe i mit jemandem aus Gruppe j auch ein Kontakt einer Person aus Gruppe j mit jemandem aus i entspricht, dass also eine Symmetrie in der Anzahl der Kontakte herrscht. Das hört sich im ersten Moment selbstverständlich an, aber wenn wir uns daran erinnern, dass wir immer über Kontakte sprechen, bei denen möglicherweise die Infektion übertragen wird, sehen wir, dass es durchaus auch Situationen geben kann, in denen Infektionsübertragung nur in einer Richtung möglich ist. Die Symmetrieannahme ergibt nun die folgende Gleichung $N_i\kappa_i m_{ij}=N_j\kappa_j m_{ji}$. Weiterhin ergibt sich aus der Tatsache, dass ja nur zwei Gruppen zur Verfügung stehen, zwischen denen Kontakte stattfinden, dass $m_{i2}=1-m_{i1}$ ist (für $i=1,2$).

breitung einer sexuell übertragenen Krankheit (Gonorrhö) denken. Wie sich in vielen Studien gezeigt hat, sind Populationen, was das Sexualverhalten angeht, sehr heterogen: Es gibt kleine Gruppen von Personen mit häufig wechselnden Sexualpartnern, während ein großer Teil der Bevölkerung nur wenige Partner im Laufe der Zeit hat. Kann man nun sagen, dass die kleine, sexuell sehr aktive Gruppe dafür sorgt, dass die Krankheit zirkulieren kann? Welchen Effekt können verschiedene Präventionsmaßnahmen in einer solchen Situation haben?

Zunächst müssen wir uns überlegen, wie die Kontakte innerhalb und zwischen den beiden Gruppen beschrieben werden können. In der folgenden Tabelle ist angegeben, wie sich die Verteilung der Kontakte in der Population aus den Kontaktraten und Gruppengrößen berechnen lässt:*

	Gruppe 1	Gruppe 2
Gruppe 1	m_{11}	$1-m_{11}$
Gruppe 2	$\dfrac{N_1\kappa_1(1-m_{11})}{N_2\kappa_2}$	$1-\dfrac{N_1\kappa_1(1-m_{11})}{N_2\kappa_2}$

Anstatt der Schreibweise in einer Tabelle können wir eine Matrix definieren, welche die Verteilung der Kontakte in der Population beschreibt, die so genannte „Mixing-Matrix". Diese Matrix fasst einfach die Werte m_{ij} zusammen in der Schreibweise:

$$M = \begin{pmatrix} m_{11} & m_{12} \\ m_{21} & m_{22} \end{pmatrix} = \begin{pmatrix} m_{11} & 1-m_{11} \\ \dfrac{N_1\kappa_1(1-m_{11})}{N_2\kappa_2} & 1-\dfrac{N_1\kappa_1(1-m_{11})}{N_2\kappa_2} \end{pmatrix}$$

Das bedeutet, dass die Matrix M durch den ersten Eintrag, also den Anteil aller Kontakte, die Mitglieder von Gruppe 1 miteinander haben, festgelegt ist (bei gegebenen Gruppengrößen und Kontaktraten). Ist beispielsweise $m_{11}=1$, haben also die Personen in Gruppe 1 nur mit Mitgliedern der eigenen Gruppe Kontakt, so bleibt den Mitgliedern von Gruppe 2 nichts anderes übrig, als sich ebenfalls auf Kontakte innerhalb der eigenen Gruppe zu beschränken. Die Matrix M sorgt also dafür, dass die Beschreibung der Anzahl von Kontakten konsistent ist, sodass ein Kontakt von i mit j auch einen Kontakt von j mit i bedeutet.

In der Literatur findet man die Begriffe „assortative mixing" und „disassortative mixing" (Anderson u. May 1991). Assortatives oder „Gleich-mit-gleich-Mixing" bezieht sich auf eine Situation, in der ein Großteil aller Kontakte innerhalb der ei-

genen Bevölkerungsgruppe stattfindet und demzufolge die Diagonalelemente von M groß sind. Beim disassortativen Mixing überwiegen die Kontakte mit der anderen Gruppe und die Diagonalelemente sind klein. Ein extremes Beispiel für den zweiten Fall ist die Verteilung von sexuellen Kontakten zwischen Männern und Frauen in einer überwiegend heterosexuellen Population.

7.5.2 SIR-Modell für zwei Gruppen

Mit unserer Vorarbeit können wir nun das SIR-Modell auf die Situation erweitern, dass es zwei Populationsgruppen gibt, die mehr oder weniger Kontakte miteinander haben. Wir müssen nun zwischen Suszeptiblen S_i und Infektiösen I_i der beiden Gruppen unterscheiden. Die Rate, mit der ein Suszeptibler aus Gruppe S_i infiziert wird, ist nun gegeben durch:

$$\lambda_i = q\kappa_i\left(m_{i1}\frac{I_1}{N_1} + m_{i2}\frac{I_2}{N_2}\right)$$

wobei die unterschiedlichen Prävalenzen I_1 und I_2 in den beiden Gruppen eingehen, und q die Wahrscheinlichkeit bezeichnet, dass bei einem Kontakt die Infektion übertragen wird. Die Differenzialgleichungen für S_i und I_i lauten nun:

$$\frac{dS_i}{dt} = \nu N_i - q\kappa_i\left(m_{i1}\frac{I_1}{N_1} + m_{i2}\frac{I_2}{N_2}\right)S_i - \mu S_i$$

$$\frac{dI_i}{dt} = q\kappa_i\left(m_{i1}\frac{I_1}{N_1} + m_{i2}\frac{I_2}{N_2}\right)S_i - \mu I_i - \gamma_i I_i$$

Die Gleichungen für die R_i sind wenig verändert und werden deshalb hier nicht aufgeführt.

7.5.3 Basisreproduktionszahl R_0 für zwei Gruppen

Genauso wie im oben behandelten einfachen SIR-Modell kann man sich nun fragen, wie viele Sekundärinfektionen ein infiziertes Individuum verursacht, das in eine vollständig suszeptible Population hineinkommt. Dabei entsteht sofort die Frage, in welcher der beiden Gruppen sich der Indexfall befindet, da dies die weitere Ausbreitung wesentlich beeinflusst.

In einem ersten Schritt können wir berechnen, wie viele neue Infektionen ein Indexfall aus Gruppe i in Gruppe j während seiner gesamten infektiösen Periode verursacht. Das Resultat ist $q\kappa_i$ $m_{ij}/(\gamma_i+\mu)$ (für $i,j=1,2$). Damit haben wir nun 4 verschiedene Reproduktionszahlen, je nachdem in welcher Populationsgruppe sich Indexfall und Sekundärfälle befinden. Kann man hieraus einen sinnvollen Mittelwert für die Gesamtpopulation herleiten? Die Antwort ist ja, wenn wir auch auf die mathematischen Einzelheiten hier nicht eingehen wollen (Diekmann u. Heesterbeek 2000). Mit k_{ij} $=q\kappa_i\,m_{ij}/(\gamma_i+\mu)$ bekommen wir eine Matrix K (die sog. „next generation matrix"), deren Einträge die Reproduktionszahlen für die verschiedenen Populationsgruppen sind:

$$K = \begin{pmatrix} k_{11} & k_{12} \\ k_{21} & k_{22} \end{pmatrix}$$

Die Reproduktionszahl R_0 für die Gesamtpopulation wird berechnet als der größte Eigenwert der Matrix K:

$$R_0 = \frac{1}{2}\left(k_{11}+k_{22}\right)+\frac{1}{2}\sqrt{\left(k_{11}+k_{22}\right)^2-4\left(k_{11}k_{22}-k_{12}k_{21}\right)}$$

7.5.4   Konzept der „core group"

Wir wollen nun das gewonnene Handwerkszeug benutzen, um die Bedeutung von kleinen, aber was die Kontaktrate angeht, sehr aktiven Gruppen für die Infektionsausbreitung zu untersuchen. Dazu betrachten wir eine Population, die aus einer großen Gruppe von 1000 Individuen besteht, die eine mittlere Kontaktrate von 2 Kontakten pro Woche haben (Gruppe 1) und einer kleinen Kerngruppe (engl. „core group") von 100 Individuen, die im Mittel 10 Kontakte pro Woche haben (Gruppe 2). In der Population zirkuliert eine Infektion, die bei einem Kontakt mit einer Wahrscheinlichkeit von 15 % übertragen wird. Die Dauer der infektiösen Periode beträgt 2 Wochen. Nehmen wir an, dass 90 % aller Kontakte von Personen in Gruppe 1 mit anderen Mitgliedern derselben Gruppe stattfinden, d. h. $m_{11}=0,9$. Daraus lässt sich die Mixing Matrix M berechnen als:

$$M = \begin{pmatrix} m_{11} & m_{12} \\ m_{21} & m_{22} \end{pmatrix} = \begin{pmatrix} 0,9 & 0,1 \\ 0,2 & 0,8 \end{pmatrix}$$

Das heißt, dass 80 % aller Kontakte von Gruppe 2 innerhalb der eigenen Gruppe stattfinden, und 20 % mit Mitgliedern von Gruppe 1. Die Matrix K ist dann gegeben durch:

$$K = \begin{pmatrix} k_{11} & k_{12} \\ k_{21} & k_{22} \end{pmatrix} = \begin{pmatrix} 0,54 & 0,06 \\ 0,6 & 2,4 \end{pmatrix}$$

Das heißt, dass ein infizierter Indexfall in Gruppe 1 durchschnittlich 0,54 neue Fälle in der eigenen Gruppe und 0,06 neue Fälle in Gruppe 2 verursacht, insgesamt also weniger als einen neuen Fall. Eine infizierte Person in Gruppe 2 dagegen verursacht im Durchschnitt 2,4 neue Fälle in der eigenen Gruppe und 0,6 in Gruppe 1, also deutlich mehr als einen neuen Fall. Das gewichtete Mittel, das die Basisreproduktionszahl für die Gesamtpopulation darstellt, ergibt sich nun als $R_0=2,42$, es wird also wesentlich von der Infektionsübertragung in der Kerngruppe bestimmt.

Es lässt sich nun eindrucksvoll zeigen, dass Präventionsmaßnahmen wesentlich effektiver sind, wenn sie auf die hochaktive Kerngruppe konzentriert werden. So kann eine Verminderung der Dauer der infektiösen Periode in der Kerngruppe auf ein Viertel (das entspricht einer Erhöhung von γ_2 um den Faktor 4) – beispielsweise durch Screening und Behandlung von Infizierten – die Reproduktionszahl auf einen Wert kleiner als 1 drücken. Eine entsprechende Maßnahme, die sich auf Gruppe 1 beschränkt, hat dagegen wenig Effekt auf die Reproduktionszahl und damit auf die Inzidenz und Prävalenz in der Gesamtpopulation. Dies zeigt, dass man bei der Planung von Interventionen gegen Infektionskrankheiten nicht nur die Auswirkungen für die unmittelbar Betroffenen in Betracht ziehen sollte, sondern auch die indirekten Auswirkungen durch die Verhinderung von weiteren Sekundärinfektionen. Bei Letzterem kann eine gezielte Ausrichtung des Programms auf diejenigen Gruppen der Bevölkerung, die für die höchsten Übertragungsraten sorgen, die Effektivität sehr erhöhen.

7.6   Stochastische Behandlung des SIR-Modells

Während man durch ein deterministisches Vorgehen, wie oben beschrieben, mit einfachen mathematischen Mitteln aufschlussreiche Kenngrößen und kritische Werte (z. B. die kritische Durchimpfung) berechnen kann, kommt man bei der Betrachtung kleiner Populationen nicht umhin, zufällige Ereignisse zu berücksichtigen. So treten beispielsweise in kleineren und mittelgroßen Städten immer wieder Masernepidemien auf, zwischen den Epidemien ist die Infektion dort aber verschwunden. Solche Effekte können mit deterministischen Modellen grundsätzlich nicht nachvollzogen werden, da diese von unendlich großen Populationen ausgehen, in denen der Anteil Infektiöser nie wirklich auf Null absinkt, sondern nur auf „extrem niedrige" Werte. Auch bei der Einschleppung einer neuen Infektion ist es nicht damit getan, dass man beispielsweise weiß, dass ein Infektiöser „im Mittel 2,7 hinreichend enge Kontakte" hat. Sollte der initiale Infektiöse zufällig 5 oder noch mehr Sekundärinfektionen erzeugen, so wird er in einer vorwiegend suszeptiblen Bevölkerung relativ sicher eine Epidemie auslösen, während dies nicht unbedingt der Fall sein wird, wenn er zufällig nur sehr wenige Kontakte oder gar keinen Kontakt mit Suszeptiblen hat.

7.6.1 Stochastisches SIR-Modell

Um das SIR-Modell stochastisch, d. h. mit zufälligen Ereignissen, zu formulieren, arbeitet man – im Gegensatz zum deterministischen Modell – nur mit ganzzahligen Werten für S, I und R. Bei einer Geburt wird die Anzahl der Suszeptiblen um 1 erhöht, bei einer Infektion wird die Anzahl der Suszeptiblen um 1 vermindert und dafür die Anzahl der Infektiösen um 1 erhöht. Die Übergangsraten (μS, $\beta SI/N$, γI etc.) bestimmen nun, mit welcher Wahrscheinlichkeit diese Ereignisse in einem kleinen Zeitintervall eintreten (Bailey 1975). Im Kap. 16 wird dies anhand eines auf der beiliegenden CD-ROM verfügbaren Programms näher erläutert.

Im Gegensatz zum deterministischen Modell, wo Anfangsbedingungen und Parameterwerte den Verlauf einer Epidemie eindeutig festlegen, sind im stochastischen Modell mit der gleichen Ausgangssituation viele verschiedene Verläufe einer Epidemie möglich. So kann es vorkommen, dass in einer suszeptiblen Population trotz eines R_0 Wertes über 1 keine Epidemie ausbricht, falls der Indexfall zufällig keine oder wenig Sekundärinfektionen verursacht. Natürlich kommen die verschiedenen möglichen Verläufe einer Epidemie mit unterschiedlicher Wahrscheinlichkeit vor. Im Mittel verläuft eine Epidemie im stochastischen Modell ähnlich wie im deterministischen Modell. Ziel der Analyse eines stochastischen Modells ist es, Informationen darüber zu gewinnen, mit welcher Häufigkeit bestimmte Epidemieverläufe auftreten.

Zu einer stochastischen Simulation des SIR-Modells mit dem Computer muss man zunächst wieder die Ausgangssituation beschreiben, indem man Startwerte für S, I und R angibt, sowie Werte für die epidemiologischen und demographischen Konstanten p, β, γ und μ. In jedem Zeitschritt wird dann durch einen Zufallsgenerator bestimmt, welche Ereignisse (Geburt, Tod, Infektion oder Infektionsverlust) in diesem Zeitschritt stattfinden. Entsprechend dieser Ereignisse verändert sich die Anzahl in S, I und R, und man hat die Ausgangssituation und die neuen Übergangswahrscheinlichkeiten für den nächsten Zeitschritt. Bei jedem auf diese Weise durchgeführten Simulationslauf bekommt man i. Allg. ein anderes Ergebnis. Man führt darum viele Simulationsläufe mit den gleichen Parameterwerten durch und sammelt die Information, um sie statistisch auszuwerten. Diese Methode nennt man „Monte-Carlo-Simulation".

7.6.2 Einschleppung von neuen Infektionen

Im stochastischen Modell führt nicht jede Einschleppung einer Infektion in eine infektionsfreie Bevölkerung zwangsläufig zu einer Epidemie – selbst dann nicht, wenn die Basisreproduktionszahl R_0 größer als 1 ist und wenn die gesamte Population suszeptibel ist. Da sowohl die Dauer der infektiösen Periode als auch die Anzahl der Kontakte mit anderen Personen zufällig verteilt sind, kann ein Infektiöser seine Infektiosität verlieren, bevor es zum ersten Kontakt kommt. Selbst wenn der anfängliche Infektiöse ein, zwei oder drei andere Personen infiziert, kann die Ausbreitung zum Erliegen kommen, wenn diese Personen ihre Infektion nicht rechtzeitig weitergeben. Abb. 7.6 zeigt die Wahrscheinlichkeit, dass die Einschleppung einer Infektion in eine Bevölkerung von 100 Einwohnern zu einer bestimmten Anzahl von Infektionen während des gesamten Verlaufs der Epidemie führt. Dabei wurde angenommen, dass alle 100 Personen suszeptibel sind und dass die Basisreproduktionszahl $R_0 = 3$ ist. Bei einem erstaunlich hohen Anteil von Einschleppungen bleibt es beim anfänglichen Fall, oder es kommt nur zu wenigen Sekundärinfektionen. Wenn der Ausbruch der Infektion mehr als 5 Personen erfasst hat, ist die Epidemie praktisch nicht mehr aufzuhalten und breitet sich auf den Großteil der suszeptiblen Population aus, sodass Ausbrüche mit 5 bis 75 Infizierten in der beschriebenen Population von 100 suszeptiblen Personen praktisch nie vorkommen.

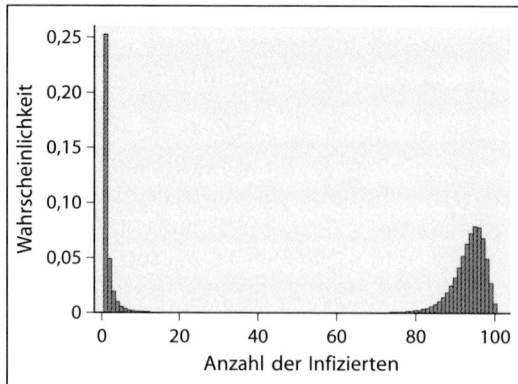

Abb. 7.6. Wahrscheinlichkeitsverteilung für die Anzahl der infizierten Personen während des gesamten Verlaufs einer Epidemie in einem stochastischen SIR-Modell für eine Population von 100 Personen und $R_0=3$. Zu Beginn ist eine Person infektiös und 99 sind suszeptibel. Geburten und Todesfälle werden nicht berücksichtigt, d. h. $\nu=\mu=0$

7.6.3   Endemischer Zustand und Extinktion

Ist die Population hinreichend groß und erneuert sich durch Geburten- und Todesfälle, so können auch in einem stochastischen Modell endemische Zustände auftreten. Abb. 7.7a zeigt den Verlauf eines solchen endemischen Zustandes in einer stochastischen Simulation. Im Gegensatz zum deterministischen Modell unterliegt die Anzahl Infektiöser zufälligen Schwankungen, die in kleinen Populationen leicht zum Erlöschen der Infektion führen können. Wie im deterministischen Modell sinkt die mittlere Anzahl Infektiöser auch im stochastischen Modell, wenn Impfungen durchgeführt werden, sodass die Infektion auch dann durch zufällige Schwankungen aussterben kann, wenn die Durchimpfung unterhalb des kritischen Wertes p_{crit} liegt. Nach einer solchen Extinktion baut sich durch Geburten ein Pool an Suszeptiblen auf, dessen Größe unter Umständen weit über der kritischen Grenze N/R_0 liegt, sodass eine spätere Einschleppung der Infektion trotz Impfung eine beachtliche Epidemie erzeugen kann (Abb. 7.7b).

7.7   Anwendung von mathematischen Modellen

Da mathematische Modelle stets auf eine ganz konkrete Fragestellung zugeschnitten sein müssen, findet sich in der Literatur eine Vielzahl ver-

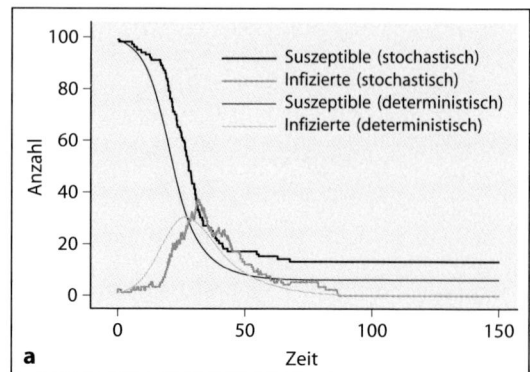

a

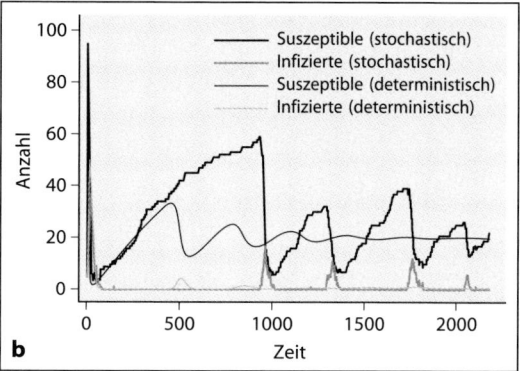

b

Abb. 7.7a,b. Verlauf einer Epidemie im stochastischen SIR-Modell für eine Population von 100 Personen. In a sieht man den Fall ohne Geburten und Todesfälle und ohne Einschleppung von neuen Fällen von außen. In b sieht man eine Situation mit Geburten und Todesfällen und mit Einschleppung von neuen Fällen gemäß einer vorgegebenen Rate. Die benutzten Parameterwerte sind: $\beta=0{,}5$ und $\gamma=0{,}1$. Für a hat man $\mu=0$ und eine Einschleppungsrate $\rho=0$, für b ist $\mu=0{,}001$ und $\rho=0{,}005$. Begonnen wurde in a mit einem Infektiösen und 99 Suszeptiblen, in b mit 5 Infektiösen und 95 Suszeptiblen

schiedener Modellvarianten für die unterschiedlichen modellierten biologischen Systeme und die spezifischen Fragen, denen die jeweiligen Autoren nachgehen (Anderson u. May 1991, Diekmann u. Heesterbeck 2000, Mollison 1995). So erfährt z. B. die Art und Weise, wie eine Infektion weitergegeben wird, oft eine besondere Berücksichtigung im mathematischen Modell: Aerogen übertragene Infektionen verlangen andere Modellstrukturen als beispielsweise sexuell übertragene Erkrankungen oder Infektionen, die durch blutsaugende Insekten übertragen werden (z. B. Malaria). Aber auch die Bandbreite der Fragestellungen, für die mathematische Modelle erstellt wurden, ist immens. Häufig verwendet man mathematische Modelle zur Planung, zur Evaluation und zum Vergleich verschiedener Präventionsmaßnahmen.

Ein neueres Beispiel für die Anwendung eines mathematischen Modells zur Entwicklung von Impfstrategien ist die Impfkampagne von 1994 in England und Wales. Aufgrund von Berechnungen hatte sich gezeigt, dass der Anteil der Suszeptiblen auf einen Wert angestiegen war, der einen größeren Ausbruch von Masern immer wahrscheinlicher machte (Gay et al. 1995, Gay et al. 1997). Um dies zu verhindern, wurden im November 1994 92 % aller 5- bis 16-jährigen Kinder gegen Masern geimpft. Natürlich ist es schwer festzustellen, ob diese Maßnahme wirklich eine erneute Epidemie verhindert hat, jedoch zeigen Seroprävalenzstudien, dass diese Impfmaßnahmen die Seroprofile der Bevölkerung deutlich verändert haben (s. auch Kap. 8). Es ist zu erwarten, dass quantitative Methoden bei der Planung und Evaluation von Präventionstrategien in Zukunft noch an Bedeutung gewinnen und dass mathematische Modelle dazu einen wichtigen Beitrag leisten werden.

● Fazit

Ausgehend von einem einfachen Infektionsübertragungsmodell, das eine homogen durchmischte Bevölkerung voraussetzt, in der suszeptible und infektiöse Personen zufällig aufeinandertreffen, haben wir hergeleitet, unter welchen Bedingungen Epidemien entstehen können und wann Infektionen in einer Population endemisch werden können.

1. Von grundsätzlicher Bedeutung ist hierbei die so genannte Basisreproduktionszahl R_0. Sie bezeichnet die mittlere Anzahl potenziell infektiöser Kontakte, die ein Indexfall während der Dauer seiner infektiösen Periode hat.

2. Ist $R_0 > 1$, so kann sich eine Infektion in einer Population halten, und neu eingeschleppte Infektionen können zu einer Epidemie führen, vorausgesetzt, dass der Anteil der Suszeptiblen grösser als $1/R_0$ ist. Wenn dagegen $R_0 < 1$ ist, können sich Infektionen nicht ausbreiten.

3. Befindet sich eine Population im endemischen Gleichgewicht, so ist, unabhängig von der Durchimpfung, ein Anteil $1/R_0$ suszeptibel.

4. Um eine Infektionskrankheit zu eliminieren, muss in der Regel nicht die ganze Population geimpft werden. Es genügt, so viele Neugeborene zu impfen, dass ein Anteil kleiner als $1/R_0$ suszeptibel bleibt, d. h. bei einem perfekten Impfstoff ist die kritische Durchimpfung gerade $p_{crit} = 1 - 1/R_0$.

5. Auch geringere Durchimpfungen können zur Folge haben, dass die Infektion in kleineren Populationen durch stochastische Effekte ausstirbt; bei einer späteren Neueinschleppung kann dann allerdings eine umfangreiche Epidemie entstehen.

6. Geringe Durchimpfungen erhöhen außerdem das mittlere Infektionsalter, was zu einem erhöhten Risiko für ungeimpfte Personen führt, wenn die Wahrscheinlichkeit schwerer Krankheitsverläufe mit dem Alter zunimmt.

7. Besteht die Population aus verschiedenen Gruppen, die sich in ihrem Kontaktverhalten unterscheiden, kann das endemische Vorkommen einer Infektionskrankheit durch eine kleine Gruppe mit hohen Kontaktraten bedingt sein. In diesem Fall ist eine Intervention, die sich auf diese Gruppe konzentriert, besonders effektiv.

Literatur

Anderson RM, May RM (1991) Infectious diseases in humans. Oxford University Press, Oxford

Bailey NTJ (1975) The mathematical theory of infectious diseases and its applications. Griffin, London

Diekmann O, Heesterbeek JAP (2000) Mathematical epidemiology of infectious diseases. Wiley, Chichester

Edmunds WJ, Heijden OG van de, Eerola M, Gay NJ (2000) Modelling rubella in Europe. Epidemiol Infect 125: 617–34

Eichner M, Dietz K (1996) Eradication of poliomyelitis: when can one be sure that polio virus transmission has been terminated? Am J Epidemiol 143: 816–22

Gay NJ, Hesketh LM, Morgan-Capner P, Miller E (1995) Interpretation of serological surveillance data for measles using mathematical models: implications for vaccine strategy. Epidemiol Infect 115: 139–56

Gay NJ, Ramsay M, Cohen B, Hesketh LM et al. (1997) The epidemiology of measles in England and Wales since the 1994 vaccination campaign. Commun Dis Rep CDR Rev 2: R17–21

Hamer WH (1906) Epidemic disease in England – the evidence of variability and persistency of type. Lancet 1: 733–739

Kermack WO, McKendrick AG (1991) Contributions to the mathematical theory of epidemics – I., II. and III. Bull Math Biol 53: 33–118 (Reprinted from Proceedings of the Royal Society, Vol 115A (1927): 700–721; Vol 138A (1932): 55–83; and Vol 141A (1933): 94–122)

Mollison D (ed) (1995) Epidemic models: their structure and relation to data. Publications of the Newton Institute 5. Cambridge University Press, Cambridge

Grundlagen und Praxis von Impfungen

Richard Pebody und Mirjam Kretzschmar

Nach einem kurzen geschichtlichen Rückblick behandeln wir in diesem Kapitel die epidemiologischen Grundlagen der Impfstoffentwicklung. Zunächst wird erläutert, welche Faktoren vor der Zulassung eines Impfstoffs für ein nationales Impfprogramm ausgewertet werden müssen, wie z. B. die Krankheitslast und die Effektivität und Sicherheit des Impfstoffs. Die Entscheidungen, die getroffen werden müssen, um eine Impfstrategie festzulegen, werden umrissen. Schließlich werden die Größen diskutiert, die nach Einführung eines Impfprogramms überwacht werden müssen, um die Effekte der Impfungen auf die Gesundheit der Bevölkerung beurteilen zu können. Diese sind u. a. der Deckungsgrad des Impfprogramms („coverage"), die Inzidenz von Neuinfektionen, das Vorkommen von unerwünschten Nebenwirkungen und die Effektivität der Impfung.

8.1   Geschichtlicher Hintergrund

Bis zum Anfang des vorigen Jahrhunderts waren Infektionen eine der Hauptursachen von Krankheit und Tod. Die Verbesserung von Hygiene und Lebensumständen im 19. und 20. Jahrhundert führte dann zu einer starken Abnahme der Inzidenz von Infektionskrankheiten in den entwickelten Ländern. Die Entwicklung und Verbreitung von neuen Impfstoffen gegen eine Reihe von häufig vorkommenden Infektionskrankheiten war ein anderer wichtiger Faktor, der wesentlich zu dieser Verminderung beigetragen hat. Impfungen gegen Infektionskrankheiten haben bis in die Gegenwart eine nicht zu unterschätzende Auswirkung auf den Gesundheitszustand der menschlichen Bevölkerung.

Die Pocken (Variola) sind eine schon seit Jahrhunderten bekannte Virusinfektion. Die Verbreitung der Pocken erreichte in den Städten Europas im 18. Jahrhundert der Pest vergleichbare Ausmaße. Pockeninfektionen waren sehr gefürchtet und kosteten 5 regierenden Monarchen das Leben. Gegen Ende des 18. Jahrhunderts entwickelte Jenner den ersten Impfstoff gegen Pocken, der „Vaccinia" genannt wurde (der Ursprung des englischen Wortes „vaccine"). Im Jahr 1956 fasste die WHO den Beschluss, die Pocken weltweit auszurotten. Nach einer massiven Impfkampagne und großen gesundheitspolitischen Anstrengungen erklärte die WHO im Jahr 1982 – 200 Jahre nach Jenners Entwicklung des Impfstoffs – offiziell die weltweite Ausrottung von Pocken als gelungen. Mit der Entwicklung von Impfstoffen gegen eine Reihe von Infektionskrankheiten, die vor allem im Kindesalter auftreten, gelang es im 20. Jahrhundert, deren Inzidenz in der westlichen Welt dramatisch zu vermindern (Tabelle 8.1).

Was sind die Ziele einer Impfung? Zum einen soll die Impfung ein Individuum oder eine Population zuverlässig und ohne Nebenwirkungen vor einer bestimmten Infektion schützen. Vereinfacht bedeutet dies, dass die Immunabwehr des Menschen verstärkt wird, entweder indem die Produktion von Antikörpern angeregt wird oder indem eine zelluläre Immunität hervorgerufen wird. Manche Antikörper sind in der Lage, Toxine zu neutralisieren, andere können das Eindringen von Bakterien in eine Zelle verhindern, wieder andere töten Bakterien durch Komplementfixation, wie beispielsweise der Diphtherieimpfstoff. Nach solchen Impfungen können bei geimpften Personen Antikörpertiter im Serum gemessen werden. Diese dienen als serologisches Korrelat für die Stärke des aufgebauten Schutzes gegen die Infektion. Ein Beispiel für eine Impfung, die eine zelluläre Immunantwort zur Folge hat, ist BCG, die eine B- und eine T-Zell-Antwort hervorruft oder Makrophagen aktiviert.

Tabelle 8.1. Die Auswirkung des nationalen Impfprogramms in den USA auf die Fallzahlen für verschiedene Infektionskrankheiten

Infektionskrankheit	Vor Einführung der Impfung[a]	Beobachtungsjahr[a]	1998[b]	Veränderung [%]
Diptherie	206.939	1921	1	–99,99
Masern	894.134	1941	89	–99,99
Mumps	152.209	1968	606	–99,6
Keuchhusten	265.269	1934	6279	–97,63
Polio	21.269	1952	0	–100
Röteln	57.686	1969	345	–99,4
Konnatale Röteln	20.000+	1964–5	6	–99,98
Tetanus	1560+	1948	34	–97,82
Invasive Hib	20.000+	1984	51	–99,75
Gesamt	*1.639.066*		*7411*	*–99,55*
Impfnebenwirkungen	0		5522	

[a]Maximale Zahl der Fälle in der Zeit vor Einführung der Impfung und Jahr in dem diese Zahl beobachtet wurde.
[b]Aus Summary of notifiable diseases 1998.
+Schätzwert, da keine Meldepflicht vor Einführung der Impfung.

Impfungen schützen sowohl direkt durch eine Verminderung des Infektionsrisikos der geimpften Personen als auch indirekt durch die Verminderung des Infektionsrisikos für die nicht geimpften Personen der Population; Letzteres bezeichnet man auch als Bevölkerungsimmunität („herd immunity"). Dieser indirekte Schutz hat ein Ansteigen des mittleren Infektionsalters zur Folge sowie eine Verlängerung der Zeit zwischen aufeinanderfolgenden epidemischen Wellen. Außerdem kann man nach Einführung eines Impfprogramms die sog. „Flitterwochenzeit" („honeymoon period") beobachten. Dies ist eine lange Periode von niedriger Inzidenz, gefolgt von einer Zunahme von Neuinfektionen aufgrund einer Ansammlung von neuen Suszeptiblen im Laufe der Zeit (diese indirekten Effekte von Impfungen werden auch im Rahmen eines mathematischen Modells im Kap. 7 näher erläutert).

vität und Sicherheit neuer Impfstoffe zu gewährleisten, werden eine Reihe von klinischen Studien durchgeführt, die sog. Phase-1-bis-Phase-3-Studien. Diese Studien müssen strengen ethischen Anforderungen genügen, wie sie in der Erklärung von Helsinki festgelegt sind (World Medical Association 2000). Nach dem erfolgreichen Abschluss dieser Studien wird ein Antrag auf Zulassung des Impfstoffs bei der entsprechenden Zulassungsbehörde eingereicht, ein Vorgang, der auf nationaler Ebene stattfindet. Nach der Aufnahme eines Impfstoffs in ein nationales Impfprogramm finden dann Phase-4-Studien statt, die die Sicherheit und Effektivität der Impfung überwachen sollen.

8.2.1   Phase-1-Studien

❶ Der Impfstoff wird an einer kleinen Gruppe von gesunden erwachsenen Freiwilligen getestet (meistens <100 Personen). Ziel ist es, die Sicherheit des Impfstoffs zu untersuchen, eine grobe Schätzung der nötigen Dosis zu geben und mögliche Nebenwirkungen festzustellen.

8.2   Auswertung eines Impfstoffs vor der Zulassung

Die Entwicklung neuer Impfstoffe liegt in den Händen der pharmazeutischen Industrie oder von nationalen Gesundheitsbehörden. Um die Effekti-

8.2.2　Phase-2-Studien

❶ Der Impfstoff wird einer größeren Gruppe von Freiwilligen verabreicht (normalerweise 200–1000 Personen), um die Sicherheit und Verträglichkeit, die optimale Dosis und die Immunogenität (die Fähigkeit, messbare Mengen von Antikörpern hervorzurufen) genauer festzustellen.

8.2.3　Phase-3-Studien

❶ Diese Studien werden durchgeführt, um die Sicherheit des Impfstoffs weiter zu evaluieren und die optimale Wirksamkeit des Impfstoffs in der Zielpopulation festzustellen (ungefähr 1000 Personen). In diesen Studien können verschiedene Zielgrößen verwendet werden, u. a. die Antikörperreaktion der Geimpften, die Häufigkeit des Auftretens von Infektion und Krankheit in der geimpften Population. Es kann dann eine endgültige Entscheidung über die Zusammensetzung des Impfstoffs getroffen werden. Die nächste Frage ist dann, wie groß die Wirksamkeit des Impfstoffs (engl. „vaccine efficacy") ist, wenn er in einer größeren Population angewendet wird.

8.2.4　Wirksamkeit des Impfstoffs

Die Wirksamkeit eines Impfstoffs (VE, „vaccine efficacy") wird definiert als der Prozentsatz, um den die Erkrankungsrate bei geimpften Personen (ARG) im Vergleich zu ungeimpften Personen (ARU) herabgesetzt ist.

VE = 100 % (ARU−ARG)/ARU

Die Wirksamkeit des Impfstoffs wird gemessen in randomisierten, doppelblinden, kontrollierten klinischen Studien, in denen der Schutzeffekt des neuen Impfstoffs unter idealen Bedingungen gemessen und mit einem Placebo oder einem Kontrollimpfstoff verglichen wird. Der daraus gewonnene Schätzwert für die Wirksamkeit des Impfstoffs ist dann der Goldstandard. Diese Experimente sind kontrolliert, um potenziellen Bias und konfundierende Faktoren im Studiendesign zu minimieren. Im Idealfall sollte der einzige Unter-

schied zwischen den Gruppen der Impfstatus sein. Da in diesen Studien die teilnehmenden Personen zufällig ausgewählt werden, können nur direkte Schutzeffekte der Impfung gemessen werden. Neuerdings werden diese Studien auch Phase-3a-Studien genannt, um sie von Studien zu unterscheiden, in denen Haushalte oder Gruppen zufällig ausgewählt werden (Phase-3b), um so auch die indirekten Effekte von Impfungen in der Vorzulassungsphase abschätzen zu können (Orenstein et al. 1985).

Beispiel

> Wenn die Attackrate in der geimpften Gruppe 2 % ist und in der ungeimpften Gruppe 10 %, dann ist die Wirksamkeit des Impfstoffs 100 % (10 %−2 %)/10 %=80 %.

8.3　Implementation eines Impfprogramms

Wenn der Impfstoff diese Stufen durchlaufen hat und durch die Zulassungsbehörde zugelassen worden ist, muss entschieden werden, ob er für den allgemeinen Gebrauch eingeführt wird. In jedem Land sind die Umstände etwas anders, und im Idealfall sollten die Entscheidungsträger eine Reihe epidemiologischer und ökonomischer Faktoren auswerten.

Krankheitslast vor Einführung einer allgemeinen Impfung

Welche Morbidität und wie viele Sterbefälle sind auf die Infektionskrankheit zurückzuführen? Es ist wichtig, den Einfluss der Krankheit auf den Gesundheitszustand der Bevölkerung einzuschätzen. Eine Reihe routinemäßiger Surveillancesysteme können für diese Einschätzung verwendet werden, u. a. die Anzahl der gemeldeten klinischen Fälle, Krankenhausaufnahme- und Todesursachenstatistiken (s. auch Kap. 5). In manchen Fällen werden auch spezielle epidemiologische Studien eingesetzt wie z. B. erweiterte Surveillanceprogramme. So hat beispielsweise die WHO Instrumente entwickelt – die sog. „rapid assessment tools" – um die Krankheitslast zu bestimmen, die von *Haemophilus influenzae b* verursacht wird. Eine andere Art von speziellen epidemiologischen Studien bezeichnet man als Seroepidemiologie. Es handelt sich dabei um eine Messung der Verteilung von

Antikörpern gegen bestimmte Krankheitserreger in Seren einer Stichprobe aus der Bevölkerung. Dies liefert eine Schätzung dafür, wie die Immunität gegen diese Infektion in verschiedenen Altersgruppen, nach Geschlecht, Regionen und sozialen Schichten verteilt ist. Diese Information kann benutzt werden, um die Epidemiologie der Infektionskrankheit in der Zeit vor einer allgemeinen Impfung zu analysieren. Um seroepidemiologische Daten zu interpretieren, muss man allerdings wissen, wie lange die Immunität nach einer Infektion anhält und wie die Antikörperreaktion mit der Immunität korreliert ist.

Effektivität der Intervention

Welcher Anteil der Krankheitslast – gemessen an Morbidität und Mortalität – könnte durch ein Impfprogramm verhindert werden? Wie effektiv ist die geplante Impfstrategie in der Verminderung der Krankheitslast? Die Fähigkeit einer Impung, im Rahmen eines bevölkerungsbezogenen Impfprogramms die Krankheitslast zu vermindern, nennt man die Effektivität des Impfstoffs. Im Gegensatz zur „vaccine efficacy", die die Wirksamkeit in idealen Umständen angibt, misst die Effektivität die Wirksamkeit einer Impung unter den Bedingungen, die durch das Gesundheitssystem vorgegeben werden. Während die Wirksamkeit eines Impfstoffs in Phase-3- oder Phase-4-Studien bestimmt werden kann, die in anderen Populationen nach Zulassung des Impfstoffs durchgeführt wurden, ist die Effektivität der Impfung spezifisch für die Bedingungen in einer bestimmten Population mit ihrem Gesundheitssystem. Die Effektivität eines Impfstoffs kann die Erwartungen in der Realität noch übertreffen. So stellte sich im Fall des Konjugatimpfstoffs gegen Hib z. B. heraus, dass die Impung effektiver war als man aufgrund von Studien vor der Zulassung erwarten konnte. Der Grund war, dass die Impung gegen alle Erwartungen nicht nur gegen die Krankheit schützte, sondern auch gegen die Infektion (Trägerschaft), und damit den Bevölkerungsimmunitätseffekt zusätzlich signifikant steigerte.

Sicherheit des Impfstoffs (Phase-4-Studien)

Sicherheitsbelange sollten in jeder Entscheidung über die Einführung eines neuen Impfstoffs an erster Stelle stehen. In einer Phase-3-Studie werden nur häufig vorkommende Nebenwirkungen einer Impung festgestellt und diese sind i. Allg. gering. Die selteneren und möglicherweise ernsteren Nebenwirkungen treten oft erst dann in Erscheinung, wenn ein Impfstoff schon eingeführt ist und in einer Evaluationsstudie nach der Zulassung ausgewertet wird. Unter Umständen können Erfahrungen aus anderen Ländern einen Einfluss darauf ausüben, ob ein Impfstoff in einem nationalen Impfprogramm eingeführt wird oder nicht. Ein Impfstoff gegen Rotavirus wurde erstmals in den USA zugelassen und in das nationale Impfprogramm für Kinder aufgenommen. Erst während der Evaluation nach der Zulassung wurde ein Zusammenhang festgestellt zwischen dieser Impfung und dem Auftreten von Invaginationen des Darmes. Der Impfstoff wurde daraufhin in den USA vom Markt genommen und in Westeuropa nicht routinemäßig in Impfprogramme aufgenommen.

Mathematische Modelle

Ein mathematisches Modell ist eine

> *vereinfachte Darstellung von komplexen Zusammenhängen, das benutzt werden kann, um die Realität besser zu verstehen und dadurch die Planung und Ausführung von Impfprogrammen zu unterstützen (Fine 1994).*

Aufbauend auf Annahmen über die Übertragungsmechanismen einer Infektionskrankheit versucht ein mathematisches Modell die wesentlichen Faktoren und Effekte der Infektionsausbreitung zu beschreiben. Ein Modell kann benutzt werden, um die Auswirkungen von Impfprogrammen auf die Prävalenz und Inzidenz in einer Population zu analysieren (s. Kap. 7). Mittels eines Modells können die Risiken und Effekte verschiedener Impfstrategien miteinander verglichen werden. So ist z. B. anhand eines mathematischen Modells gezeigt worden, dass ein Impfprogramm für Kinder gegen Röteln bei einem niedrigen Deckungsgrad theoretisch einen unerwünschten Effekt haben kann. Die nach Einführung des Impfprogramms erwartete Erhöhung des mittleren Alters bei Erstinfektion kann einen Anstieg der Fälle von konnatalem Rötelnsyndrom zur Folge haben, da mehr Rötelninfektionen bei Frauen im gebärfähigen Alter auftreten (Nokes u. Anderson 1987). Die Vorhersagen des Modells haben sich inzwischen in Griechenland bewahrheitet, wo es zu einem Ausbruch von konnatalem Rötelnsyndrom kam, nachdem ein Impfprogramm gegen Röteln eingerichtet worden war, das nur einen niedrigen Deckungsgrad erreichte (Panagiotopoulos et al. 1999).

Kosten und Kosteneffektivität von Interventionen

In zunehmendem Maße müssen vor der Zulassung eines neuen Impfstoffs die ökonomischen Kosten und Gewinne (Kosten-Nutzen-Analyse), die Verminderung von Morbidität und Mortalität (Kosten-Effektivitäts-Analyse) und die Verbesserung der Lebensqualität (Kosten-Nutzwert-Analyse) in Erwägung gezogen werden. Dabei sollten möglichst sowohl die direkten als auch die indirekten Effekte einer Impfung berücksichtigt werden. Weiterhin sollten die Opportunitätskosten (Schöfski et al. 1998) relativ zu anderen möglichen Interventionen im Gesundheitsbereich ausgewertet werden. So können mögliche Alternativen gegeneinander abgewogen werden. Zum Beispiel stellt sich in diesem Zusammenhang für viele osteuropäische Länder die Frage, ob eine MMR-Impfung oder eine Hib-Impfung in das allgemeine Impfprogramm für Säuglinge aufgenommen werden sollte.

Impfstrategie

Ein nationales Impfprogramm muss deutlich formulierte Ziele haben, um eine Evaluation möglich zu machen. Die Einführung einer neuen Impfung kann auch im Rahmen einer regionalen oder globalen Strategie geschehen (z. B. Empfehlungen der WHO), die dann das Ziel dieser Impfung vorgibt. Mit einem Impfprogramm können Ziele verschiedener Art angestrebt werden.

Ziele von Impfprogrammen

1. *Kontrolle:* Verminderung von Morbidität und Mortalität in Übereinstimmung mit vorgegebenen Zielgrößen, wobei eine kontinuierliche Fortsetzung des Impfprogramms nötig ist, um die erreichte Verminderung der Inzidenz beizubehalten.
2. *Elimination:* In einer größeren geographischen Region kann das endemische Vorkommen einer Infektion unterbunden werden, sodass sich auch nach dem Einschleppen einzelner Fälle von außen die Infektion nicht wieder neu ausbreiten kann. Eine Fortführung des Impfprogramms ist notwendig, um diesen Zustand zu erhalten.
3. *Eradikation:* Die globale Ausrottung einer Infektion. Wenn dieses Ziel erreicht ist, ist eine Fortsetzung des Impfprogramms nicht mehr nötig, da der Krankheitserreger nicht mehr vorkommt.

Ein bekanntes Beispiel für den letzten Punkt ist die erfolgreiche Eradikation des Pockenvirus. Die seit kurzem wieder zunehmende Besorgnis über den möglichen Gebrauch von noch überlebenden Pockenviren als biologische Waffe im Rahmen von Bioterrorismus zeigt allerdings, dass auch die Eradikation eines Erregers die Menschheit nicht vollständig von dieser Bedrohung befreien kann.

Allgemeine Strategie

Um die oben genannten Ziele zu erreichen, können verschiedene Strategien eingesetzt werden. Diese können grob eingeteilt werden in solche, die Teil des Standardimpfprogramms sind und zusätzliche, oft einmalige Impfkampagnen. Im Rahmen eines Standardimpfprogramms kann man zwei Arten von Strategien unterscheiden. Zum ersten gibt es die *allgemeine Impfung*, bei der gesamte Geburtenkohorten geimpft werden, wie z. B. bei der MMR-Impfung und der Polioimpfung. Daneben gibt es auch *selektive Impfungen*, bei denen eine bestimmte Zielgruppe geimpft wird, die ein höheres Krankheitsrisiko trägt wie beispielsweise bei einer Rötelnimpfung von jungen Mädchen oder Hepatitis-B-Impfung bei Drogenkonsumenten.

> **❗ Allgemeine Impfungen haben sowohl direkte als auch indirekte Effekte, während selektive Programme im Wesentlichen direkte Effekte haben, da die Zirkulation des Krankheitserregers in der Gesamtpopulation nur in geringem Maße beeinflusst wird.**

Zielgruppen

Bei Einführung eines Impfprogramms muss entschieden werden, in welchem Alter die Impfung am sinnvollsten gegeben werden sollte. Dies hängt einerseits davon ab, für welche Altersgruppen das Infektionsrisiko am höchsten ist, und andererseits von der altersspezifischen Effektivität der Impfung. Wenn das Alter bei der Impfung und das Alter des höchsten Infektionsrisikos weit auseinander liegen, dauert es nach Einführung des Impfprogrammes lange, bis Effekte auf die Inzidenz und Prävalenz zu beobachten sind. Ein Beispiel hierfür ist die Einführung einer allgemeinen Hepatitis-B-Impfung im Kleinkindalter in Europa, wobei das größte Risiko einer Neuinfektion mit Hepatitis B im jungen Erwachsenenalter liegt. Eine ganz andere Situation besteht im Fall der Masernimpfung in hoch endemischen Gebieten. Hier treten viele Infektionen schon im ersten Lebensjahr auf, während die Effektivität der Impfung in dieser Altersklasse viel geringer ist als bei etwas älteren Kindern. Man muss deshalb zwischen Infektionsrisiko und Effektivität der Impfung abwägen, um das optimale Impfalter bei der gegebenen epidemiologischen Situation festzulegen.

Anzahl der Dosen

Wie viele Dosen eines Impfstoffs gegeben werden müssen, hängt von der Effektivität des Impfstoffs und von den Zielen des Impfprogramms ab. So ist beispielsweise das natürliche Masernvirus sehr ansteckend. Der z. Z. gebräuchliche Impfstoff hat eine Versagerquote von 5–10 %. Das bedeutet, dass eine einzige Dosis auch bei dem extrem hohen Deckungsgrad von 95 % nur 85–90 % der Population gegen die Infektion schützt. Es können sich dann im Laufe der Zeit so viele suszeptible Personen in der Population ansammeln, dass es zu erneuten größeren Ausbrüchen der Krankheit kommen kann. Dies kann verhindert werden, indem man eine zweite Dosis des Impfstoffs gibt, entweder im Rahmen des routinemäßigen Impfprogramms, oder während einer einmaligen Impfkampagne.

Art des Impfstoffs

In manchen Fällen stehen verschiedene Varianten eines Impfstoffs gegen ein und dieselbe Infektion zur Verfügung. Diese können große Unterschiede aufweisen, was die Kosten, die Effektivität und mögliche Nebenwirkungen betrifft. Ein gutes Beispiel hierfür ist der Mumpsimpfstoff, für dessen Herstellung mit verschiedenen Virusstämmen gearbeitet wird; die damit jeweils entwickelten Impfstoffe unterscheiden sich stark in all den oben genannten Faktoren (Galazka et al. 1999). Der Impfstoff „Jeryl Lynn" ist teuer, sicher und effektiv, der Impfstoff „Urabe" ist billiger, effektiv, aber weniger sicher, und „Rubini" schließlich ist der billigste, er ist aber wenig effektiv.

Impfungen und Gesundheitssystem

Schließlich muss entschieden werden, auf welche Weise ein Impfprogramm in die vorhandene Infrastruktur des Gesundheitssystems eingebettet werden kann, oder ob die Durchführung mit Hilfe von anderen sozialen Organisationen sinnvoll ist. So kann es für das Verabreichen einer Rötelnimpfung an Jugendliche sinnvoller und kostensparender sein, ein Impfprogramm in Schulen durchzuführen als über Haus- oder Allgemeinärzte.

8.4   Evaluation nach der Zulassung

Wenn ein Impfprogramm einmal eingerichtet ist, ist es von wesentlicher Bedeutung, dieses Programm regelmäßig zu evaluieren, um sicher zu gehen, dass es seine vorher bestimmten Ziele erreicht. Sollte sich dann herausstellen, dass das nicht der Fall ist, kann es notwendig sein, das Programm zu ändern oder an sich verändernde Umstände anzupassen. Ist in einem Land eine Infektion durch Impfung unter Kontrolle, kann die Elimination der Infektion angestrebt werden, und dann sind die Ziele des Impfprogramms entsprechend anzupassen. Es gibt eine Reihe von Variablen und Größen, die gemessen werden können, um festzustellen, ob die Programmziele erreicht werden.

8.4.1   Deckungsgrad der Impfung

Um den Deckungsgrad eines Impfprogramms festzustellen, ist es wichtig, dass Gebiete oder Gruppen mit einem niedrigen Deckungsgrad identifiziert werden. Es gibt drei grundlegende Methoden, um den Deckungsgrad eines Impfprogramms zu messen, jede mit den ihr eigenen Vor- und Nachteilen. Die erste Methode ist die *Impfstoffverteilungsmethode*. Hierbei wird das Verhältnis der Anzahl der gegebenen Impfstoffdosen zu der Anzahl der Kinder der geimpften Altersgruppe berechnet:

$$Deckungsgrad = \frac{Anzahl\ Dosen}{Anzahl\ Kinder\ in\ Altersklasse}$$

Mit dieser Methode können größere Probleme in einem Impfprogramm schnell entdeckt werden. Sie ist jedoch nur geeignet für ein Programm, in dem die Impfstoffverteilung zentral verwaltet wird. Oft werden Impfstoffe jedoch sowohl vom öffentlichen Gesundheitswesen als auch von kommerziellen Firmen vertrieben. Ein weiterer Nachteil ist, dass keine Information darüber zur Verfügung steht, ob der Impfstoff tatsächlich verimpft wurde, und man daher auch keine Information über die Empfänger der Impfungen hat.

Die zweite Methode ist die *administrative Methode*. Hierbei wird eine Größe berechnet, bei der im Zähler die Anzahl der Dosen steht, die tatsächlich verimpft wurden, und im Nenner die Anzahl der Kinder bzw. Lebendgeburten innerhalb der geimpften Altersklasse. Der Vorteil dieser Methode ist es, dass Daten über Erstimpfungen und Auffrischimpfungen nach Alter zur Verfügung stehen. Mögliche Nachteile sind, dass Impfungen gut und vollständig dokumentiert werden müssen, und dass Zu- und Abwanderung in der Population nicht im Nenner berücksichtigt werden (der sog. Zähler-Nenner-Bias). Es ist auch wichtig, dass alle potenziellen Impfempfänger im Nenner berücksichtigt werden, einschließlich derer, die wegen Kontraindikationen nicht geimpft werden dürfen.

Schließlich gibt es noch die *Methode der Stichprobenpopulation*. Dabei wird eine Stichprobe aus der Gesamtpopulation gezogen, und für diese wird dann die Anzahl derjenigen, die geimpft wurden, durch den Stichprobenumfang geteilt. Der Vorteil dieser Methode ist ihre Effizienz. Ein möglicher Nachteil ist, dass kleine Bevölkerungsgruppen mit einem niedrigen Impfdeckungsgrad übersehen werden können.

Welche Methode sollte man also bevorzugen? Die Entscheidung darüber hängt von den zur Verfügung stehenden Informationen ab, von der Organisation des Gesundheitssystems und der Impfprogramme sowie von der Organisation der Impfstoffverteilung an die impfenden Ärzte und Gesundheitszentren.

8.4.2 Surveillance von Krankheitsfällen

Die Surveillance von Krankheitsfällen liefert einen weiteren Indikator für die Wirksamkeit des Impfprogramms. Eine kontinuierliche und adäquate Surveillance ist eine wesentliche Voraussetzung für eine gute Überwachung der Anzahl der Krankheitsfälle und ermöglicht es, sicherzustellen, dass die Ziele des Impfprogramms erreicht werden. Surveillance ist notwendig, um die Epidemiologie der Infektionskrankheit nach Einführung der Impfung gut beschreiben zu können und somit auch mögliche Gründe für eine Zunahme der Krankheitsinzidenz über das erwartete Maß hinaus angeben zu können. In diesem Fall können dann auch die Kontrollmaßnahmen für die Infektionskrankheit entsprechend verändert werden.

Es stehen eine Reihe von Surveillancemethoden zur Verfügung. Welche von diesen Methoden verwendet werden, hängt von den Eigenschaften der Infektionskrankheit und von den Zielen und dem Stadium des Kontrollprogramms ab. Surveillance kann entweder auf nationaler Ebene stattfinden mit dem Ziel, alle Fälle aufzuspüren, oder auf der Ebene von Sentinelzentren, wobei eine Anzahl

Gesundheitszentren verantwortlich ist für das Melden von Fällen (vergleiche Kap. 5).

Die optimale Durchführung der Surveillance kann sich verändern, wenn ein Impfprogramm zunehmende Auswirkungen auf die Inzidenz von Krankheitsfällen hat. Im Fall der Masern, die in Europa noch endemisch vorkommen, ist es beispielsweise ausreichend, nur klinische Fälle zu melden ohne eine Laborbestätigung jedes einzelnen Krankheitsverdachtes zu fordern. Damit wird eine zu starke Belastung des Surveillancesystems vermieden. Wenn die Eliminationsphase allerdings erreicht ist, ist es wichtig, mit abnehmender Krankheitsinzidenz die Falldefinition genauer zu präzisieren. Es kann sonst zu einem hohen Anteil an fälschlicherweise gemeldeten Fällen kommen, da andere Krankheiten, die zu einem Hautausschlag führen (wie z.B. Röteln), als Masern gemeldet werden könnten. Eine Meldung jedes einzelnen Falles einschließlich einer Laborbestätigung des Befundes ist in dieser Situation also wesentlich. Ebenso sollten Informationen über den Impfstatus der Fälle gewonnen werden, da diese eine Einschätzung der Wirksamkeit des Impfstoffs erlauben.

8.4.3 Untersuchung von Ausbrüchen (insbesondere bei einem hohen Impfungsdeckungsgrad)

Ein Ausbruch oder eine Epidemie ist eine Zunahme der Anzahl der gemeldeten Fälle, die die Fallzahlen deutlich über das langjährige Mittel der vorangehenden Jahre ansteigen lässt. Ein Ausbruch einer Infektion bietet die Möglichkeit, die Gründe für das gehäufte Auftreten neuer Fälle zu untersuchen, und mit Hilfe der gewonnenen Erkenntnisse entsprechende Schritte zu unternehmen, um weitere Ausbrüche zu vermeiden (s. auch Kap. 6).

Die häufigsten Gründe für das Auftreten von Ausbrüchen in geimpften Populationen sind ein mangelhafter Deckungsgrad der Impfung und das Versagen der Impfung. Bei Letzterem unterscheidet man zwischen einem primären und einem sekundären Impfversagen:

❗ **Das primäre Impfversagen** besteht in dem Ausbleiben der Serokonversion direkt nach der Impfung (Beispiel: Masernimpfstoff).

Das sekundäre Impfversagen besteht in einem Nachlassen der Schutzwirkung der Impfung im Laufe der Zeit (Beispiel: Polysaccharid-Pneumokokken-Impfstoff).

8.4.4   Serosurveillance

Im Gegensatz zu den oben angesprochenen indirekten Messinstrumenten, die auf der Messung von Deckungsgrad und Krankheitsinzidenz beruhen, bietet die Serosurveillance die Möglichkeit einer direkten Messung der Effekte eines Impfprogramms. Die Serosurveillance stellt Methoden zur Verfügung, um den immunen Anteil einer Population zu messen in Abhängigkeit vom Alter und evtl. anderen Faktoren. Die gemessene Immunität ist dabei sowohl eine Folge von Impfungen mit deren Deckungsgrad und Wirksamkeit als auch die Folge natürlicher Infektionen.

Ein Vergleich zwischen serologischen Surveys, die in verschiedenen geographischen Regionen oder Ländern durchgeführt wurden, kann jedoch zu falschen Schlussfolgerungen führen. Dies liegt daran, dass eine große Vielfalt an Assays für die Untersuchung der Seren zur Verfügung stehen, die sich bezüglich Spezifität und Sensitivität voneinander unterscheiden können. Dies kann zu einem gewissen Grad durch die Einführung von internationalen Standards für die Gewinnung der Seren und die benutzten Assays (z. B. für Masern) oder durch externe Qualitätssicherungskontrollen der untersuchten Seren aufgefangen werden. Für manche Krankheitserreger (z. B. Mumps) gibt es noch keine international standardisierten Assays.

Die Einrichtung einer Serumbank ist Teil eines nationalen Routinesurveillanceprogramms. Die gesammelten Seren sollten für die unter Surveillance stehende Population repräsentativ sein. Um dies zu erreichen, können zwei Samplingmethoden angewandt werden: Entweder wird eine Stichprobe aus der Bevölkerung gezogen, deren Seren dann gesammelt werden, oder es werden Restseren verwendet, die ursprünglich zu anderen Zwecken an das Labor eingeschickt wurden. Im ersten Fall kann das Problem auftreten, dass ein Teil der Population die Teilnahme an der Stichprobe ablehnt und das Ergebnis dadurch einem Bias unterliegt.

Beispiel

In England und Wales wird jährlich ein nationales Serosurveillanceprogramm durchgeführt. Im Jahr 1994 wurde festgestellt, dass sich in den 10–15 Jahren nach der Einführung einer Masernimpfung mit einer Impfdosis und einem Deckungsgrad von weit unter 100 % inzwischen ein erheblicher Anteil von Suszeptiblen für eine Maserninfektion gebildet hatte. Das Impfprogramm hatte bewirkt, dass die Zirkulation des Masernvirus stark zurückging und damit das mittlere Alter bei Erstinfektion anstieg. Der Deckungsgrad der Impfung war jedoch nicht ausreichend, um alle Kinder direkt vor einer Masernerkrankung zu schützen. Aufgrund dieser Erkenntnisse befürchtete man den Ausbruch einer großen Masernepidemie. Es wurde deshalb eine nationale Impfkampagne bei Kindern im schulpflichtigen Alter gegen Masern und Röteln durchgeführt, deren Ziel es war, den Anteil von suszeptiblen Bevölkerungsgruppen zu vermindern.

Vergleichbare nationale bevölkerungsbezogene Serosurveys aus verschiedenen europäischen Ländern können herangezogen werden, um die erreichten Fortschritte im Hinblick auf Ziele der WHO zu überwachen. So hat man sich im Rahmen der geplanten Maserneradikation Ziele gesetzt bezüglich des angestrebten Immunitätsgrads in der Bevölkerung. Serosurveillance spielt auch eine wichtige Rolle bei der Anwendung von mathematischen Modellen, um verschiedene Interventionsstrategien zu untersuchen und miteinander zu vergleichen.

8.4.5   Surveillance von unerwünschten Nebenwirkungen

Nach der Einführung eines Impfstoffs in ein Impfprogramm muss eine Überwachung nach der Zulassung stattfinden, insbesondere um evtl. auftretende Nebenwirkungen schnell zu entdecken (Phase-4-Studien). Dies ist ein wesentliches Element der Qualitätssicherung eines Impfprogramms. Während häufig auftretende Nebenwirkungen mit großer Wahrscheinlichkeit schon in den klinischen Studien vor der Zulassung auftreten, können seltene Nebenwirkungen erst bei einer weit verbreiteten Nutzung des Impfstoffs beobachtet werden. Aus Tabelle 8.1 ist ersichtlich, dass der massiven Verminderung der Inzidenz von Krankheiten, gegen die geimpft wird, eine Erhöhung der Anzahl gemeldeter Fälle mit Nebenwirkungen gegenübersteht. Die Surveillance des Auftretens dieser unerwünschten Nebenwirkungen kann eine passive Surveillance sein, bei der Ärzte diese Fälle einem nationalen Meldesystem melden. Die Schwächen dieser Form von Surveillance liegen im Fehlen einer präzisen Falldefinition, in der Unvollständigkeit der Meldungen und der Unkenntnis über den Nenner, auf den die Anzahl bezogen werden muss, da die Zahl der Geimpften i. Allg. nicht bekannt ist. Außerdem ist die frühe Kindheit eine Zeit von häufigen milden Erkrankungen, von denen manche dann fälschlicherweise mit einer der häufig angewendeten Impfungen in Verbindung gebracht werden. Das System ist jedoch gut geeignet, um evtl. auftretende bisher unbekannte Nebenwirkungen der Impfung zu erfassen. So entstand unlängst in Frankreich die Vermutung, dass es einen Zusammenhang geben könnte zwischen der Hepatitis-B-Impfung und dem Auftreten von multipler Sklerose. Dies wurde zwar nach weiteren epidemiologischen Studien entkräftet, dennoch führte es zu einer Aufhebung des Impfprogramms für Jugendliche gegen Hepatitis B (Monteyne u. André 2000).

Es werden auch spezielle aktive Surveillanceprogramme eingesetzt, um mögliche Nebenwirkungen von Impfstoffen zu untersuchen. Durch die Untersuchung ganzer Fallserien konnte beispielsweise ein Zusammenhang zwischen dem Urabe-Mumpsimpfstoff und dem Auftreten von Enzephalitis in Großbritannien hergestellt werden (Farrington et al. 1995). Mittels eines Fall-Kontroll-Ansatzes ist in den USA ein Zusammenhang zwischen Rotavirusimpfung und Invagination des Darmes nachgewiesen worden (Kramarz et al. 2001).

8.4.6 Effektivität der Impfung

Wie schon erwähnt, versteht man unter der Effektivität der Impfung ihre Schutzwirkung innerhalb eines routinemäßigen nationalen Impfprogramms. Eine Schätzung der Effektivität von Impfungen schließt also auch die indirekten Effekte eines Impfprogramms (die Bevölkerungsimmunität) mit ein, die in Phase-1-bis-Phase-3-Studien keine Rolle spielen. Die Abnahme der Fallzahlen und damit der Infektionsquellen hat eine Abnahme des Infektionsrisikos auch für diejenigen zur Folge, die sich der allgemeinen Impfung entziehen.

Wie wird die Effektivität der Impfung gemessen? Die Schätzungen für die Effektivität basieren in den meisten Fällen auf Beobachtungsstudien. Bei der Interpretation und Analyse dieser Studien ist es von großer Bedeutung, sich der möglichen Quellen von Bias und Störgrößen bewusst zu werden und diese, wenn möglich, durch das Studiendesign und die Analysemethoden so klein wie möglich zu halten. Es können eine Reihe von möglichen Problemen auftreten:

Falldefinition. Mit einer nichtspezifischen Falldefinition (d. h. aufgrund von klinischen Symptomen) kann ein geimpfter Fall mit größerer Wahrscheinlichkeit ein falsch positiver sein als ein ungeimpfter, da für eine geimpfte Person die Wahrscheinlichkeit kleiner ist tatsächlich an der Krankheit zu leiden als für eine ungeimpfte. Dies hat eine Unterschätzung der Effektivität der Impfung zur Folge.

Methode der Fallsuche. Die Feststellung eines Falles sollte unabhängig von seiner Impfgeschichte sein. Es gibt zwei Arten der Fallsuche: Verfahren, die auf die gesamte Population gerichtet sind und solche, die über Kontakte mit dem Gesundheitssystem erfolgen. Bei Ersteren werden Probleme vermieden, die durch die unterschiedliche Inanspruchnahme der ärztlichen Versorgung entstehen, die mit dem Impfstatus korreliert sein könnte. Dies trifft auf milde verlaufende Infektionen zu.

Beispiel

So wurde z. B. in einer Schule mit einem Verdacht auf einen Masernausbruch durch die Schulkrankenschwester eine anfängliche Fallsuche durchgeführt. Die Attackrate in Abhängigkeit vom Impfstatus ist in Tabelle 8.2 dargestellt. Dies führte zu einem Schätzwert für die Effektivität der Impfung von 60 %. Als jedoch die Suche nach Fällen ausgeweitet wurde, indem auch die Eltern der Kinder als Helfer mit einbezogen wurden, konnte eine große Anzahl von nicht geimpften Kindern gefunden werden, die keinen Kontakt mit der ärztlichen Versorgung in der Schule gehabt hatten. Aufgrund dessen ergab sich eine höhere Attackrate in der ungeimpften Gruppe und so insgesamt eine Effektivität der Impfung von 70 %.

Störgrößen. Im Idealfall sollten sich die geimpfte und die ungeimpfte Gruppe in keinem der Faktoren, die mit der Infektion in Zusammenhang stehen (z. B. Risiko, dem Krankheitserreger exponiert zu sein, Altersverteilung, Geschlecht), unterscheiden, da sowohl das Infektionsrisiko als auch Deckungsgrad und Wirksamkeit der Impfung mit diesen Faktoren variieren können. Diese Faktoren können in der Studie kontrolliert werden, indem

Tabelle 8.2. Ein Ausbruch von Masern in einer Schule: der Effekt von differenzieller Fallsuche

	Fallsuche von Schularzt	Fallsuche von Eltern
ARG	12 % (22/183)	12 % (22/182)
ARU	30 % (95/317)	40 % (126/316)
VE	60 %	70 %

eine stratifizierte Analyse oder eine Regressionsanalyse angewendet wird.

Es gibt verschiedene Arten von Beobachtungsstudien, die für die Schätzung der Effektivität der Impfung herangezogen werden können:

1. *Routinemäßige Surveillancedaten:* Die Deckungs- oder schnelle Screeningmethode kann eine billige, vorläufige Schätzung der Effektivität der Impfung liefern. Die Methode besteht aus einem Vergleich der Impfdeckung der Fälle mit dem Deckungsgrad der Impfung in der Gesamtpopulation. Die Schätzung ist nur eine Näherung, da man keine Kontrolle über Störgrößen hat, wobei eine Abgleichung bezüglich der Altersstruktur diesen Einfluss teilweise beheben kann.

2. Beim *Fall-Kontroll-Ansatz* vergleicht man Impfstatus und -geschichte von Krankheitsfällen mit einer Gruppe von bezüglich anderer Merkmale vergleichbaren Personen, die nicht infiziert sind. Im Idealfall sollte die Kontrollgruppe repräsentativ sein für die Gesamtpopulation, in der die Krankheitsfälle aufgetreten waren, oft lassen sich jedoch der Einfluss von Bias und Störgrößen nicht ausschließen.

3. Beim *Kohortenansatz* werden Attackraten der Krankheit in geimpften und ungeimpften Gruppen verglichen. Wenn sich der Impfstatus während des Ausbruchs ändert, muss bei der Analyse ein Personen-Zeit-Ansatz benutzt werden. Ein Problem bei diesem Ansatz kann die implizite Annahme sein, dass geimpfte und ungeimpfte Gruppen in gleichem Maße einem Infektionsrisiko ausgesetzt waren. Dies ist i. Allg. nicht der Fall.

Man muss sich der Tatsache bewusst sein, dass Ausbrüche meistens in kleinen Gruppen stattfinden, bei denen die Impfung unterblieben ist oder nicht wirksam war. Daher ist eine Schätzung der Effektivität einer Impfung, die während eines Ausbruchs gewonnen wurde, nicht repräsentativ für die Gesamtbevölkerung. Andererseits kann eine solche Schätzung spezifische lokale Probleme deutlich machen, und eine niedrige Effektivität der Impfung sollte dann Studien nach sich ziehen, um spezielle Risikofaktoren zu finden. In solchen Studien werden geimpfte Fälle und geimpfte Personen, die nicht infiziert wurden, miteinander verglichen. Sie sind von besonderer Bedeutung während eines Ausbruchs, insbesondere bei hohem Impfdeckungsgrad. Verschiedene Ursachen für einen Ausbruch können auf diese Weise identifiziert werden, wie z. B. ein Versagen in der Kühlkette, eine Veränderung des Impfstoffs oder Veränderungen des Krankheitserregers („antigenic switching"). Auch kann es sein, dass sich die Zielgruppe, die geimpft wird, von der Gruppe, in der die Vorzulassungsstudien durchgeführt wurden, unterscheidet, sodass die Wirksamkeit des Impfstoffs anders ist als erwartet.

8.4.7　Akzeptanz der Impfung

Informed refusal must remain an acceptable choice in a free democracy, and the culture of informed consent, with both religious and philosophical exemption, must be maintained. The difficult balancing act will be in determining the right of the state to control an infectious disease and the right of the individual to choose (anonymes Zitat).

Wenn eine neue Impfung ein Erfolg werden soll, ist es sehr wichtig, dass sie von den wichtigsten Parteien, die bei ihrer Einführung eine Rolle spielen, akzeptiert wird, wie z. B. von der Öffentlichkeit und Vertretern der Wissenschaft. Man kann spezielle Umfragen durchführen, um das Wissen und die Haltung bestimmter Gruppen in der Bevölkerung zu untersuchen. In Großbritannien hat man auf diese Weise die Haltung von Menschen, die in der Krankenpflege arbeiten, gegenüber der MMR-

Abb. 8.1. Die Entwicklung eines Impfprogramms: von der Einführung der Impfung über das nachlassende Vertrauen der Öffentlichkeit in ihre Wirkung bis hin zur Elimination der Infektionskrankheit

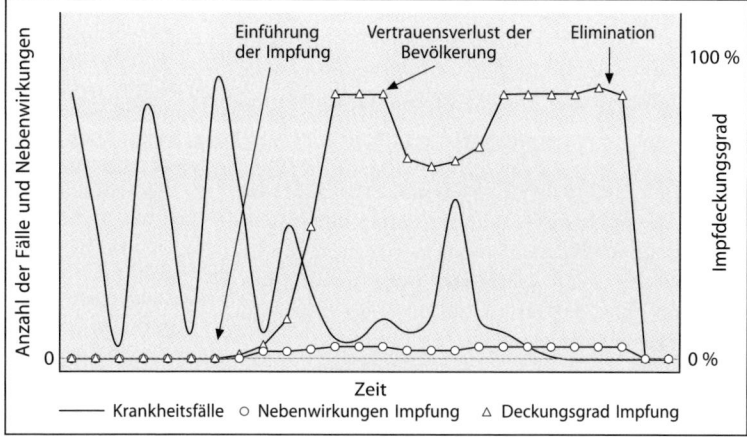

Impfung untersucht, um dann speziell ausgerichtete Gesundheitsförderungsprogramme zu entwickeln (Petrovic et al. 2001).

Die Reaktion der Öffentlichkeit auf unerwünschte Nebenwirkungen einer Impfung kann einen katastrophalen Effekt auf den Erfolg eines Impfprogramms bewirken, wie am Beispiel des Ganzzellimpfstoffs gegen Keuchhusten in vielen westeuropäischen Ländern zu beobachten war. Der in den 70er Jahren vermutete Zusammenhang zwischen Meningitis und der Keuchhustenimpfung führte in vielen europäischen Ländern zu einer dramatischen Abnahme des Deckungsgrads der Impfung. In manchen Ländern wurde der Impfstoff vollständig vom Markt genommen. Dies führte zu einer erneuten Zunahme der Krankheitsfälle und zu großen Ausbrüchen.

Man kann dies als einen Teil der natürlichen Entwicklung eines Impfprogramms ansehen. Nach Einführung der Impfung beobachtete man zunächst eine starke Verminderung der Krankheitsinzidenz, gefolgt von einer Zunahme der Meldungen von Nebenwirkungen. Letztere führte dann zu einem Vertrauensverlust in das Impfprogramm. Die darauffolgende Abnahme des Impfdeckungsgrads bewirkte eine Zunahme der Inzidenz und damit wieder eine Zunahme des Impfdeckungsgrads. Falls letztlich eine Eradikation erreicht wird, kann das Impfprogramm wieder ausgesetzt werden (Abb. 8.1).

Ein anderes, neueres Beispiel für die Reaktion der Öffentlichkeit auf vermeintliche Impfnebenwirkungen ist der Rückgang der MMR-Impfungen in Großbritannien, nachdem eine Forschergruppe einen Zusammenhang zwischen der MMR-Impfung, Darmentzündung und Autismus vermutet

hatte. Weitere Studien konnten den Zusammenhang aber nicht bestätigen.

8.5 Zukünftige Entwicklungen

Es bleibt die Herausforderung, die Inzidenz von Infektionskrankheiten, gegen die geimpft werden kann, auch in Entwicklungsländern zu reduzieren. Es hat sich gezeigt, dass es in manchen Ländern und Regionen mit erheblichen Schwierigkeiten verbunden ist, ein System für routinemäßige Impfungen der Allgemeinbevölkerung aufzubauen. Diese Probleme haben zu der Entwicklung von Dachverbänden geführt, wie z. B. der *Children's Vaccine Initiative,* die unter anderem die UNICEF, WHO, Nichtregierungsorganisationen (NGO), Impfstoffproduzenten, die Weltbank und Geldgeber wie die Rockefeller Foundation unter sich vereinigt oder neuerdings GAVI (Global Alliance for Vaccines and Immunisations). Strategien für die Vergabe von derzeit zugelassenen Impfstoffen wie Masern müssen weiter verbessert werden, um Menschen weltweit den Zugang zu sicheren und effektiven Impfungen zu verschaffen. In einigen westlichen Ländern sind in jüngerer Zeit neue Impfstoffe zugelassen worden, wie z. B. der Varicella-Impfstoff (gegen Windpocken) und der Konjugatimpfstoff gegen Pneumokokken-Infektionen. Ihre mögliche zukünftige Bedeutung und ihr Wert für Impfprogramme wird derzeit untersucht.

 Fazit

Zusammenfassend kann man sagen, dass Impfungen nach wie vor eine sehr wichtige Form der

Intervention in der Bevölkerungsmedizin sind. In diesem Kapitel haben wir gezeigt, dass die Erstellung und Auswertung von Impfprogrammen ein multidisziplinärer Prozess ist, bei dem nicht nur Methoden der Epidemiologie, sondern auch andere biomedizinische Methoden herangezogen werden, und für den Erkenntnisse anderer Fächer, wie der Mathematik und der Immunologie, eine wichtige Rolle spielen. Auch der Nutzen von Ergebnissen mit qualitativen Untersuchungsmethoden aus der Soziologie und Anthropologie wird zunehmend deutlich.

Literatur

Farrington P, Pugh S, Colville A et al. (1995) A new method of active surveillance of adverse events from diphtheria/tetanus/pertussis and measles/mumps/rubella vaccines. Lancet 345: 567–9

Fine P (1994) The contribution of modelling to vaccination policy. Vaccination and World Health. John Wiley, Chichester

Galazka AM, Robertson SE, Kraigher A (1999) Mumps and mumps vaccine: a global review. Bull World Health Organisation 77: 3–14

Kramarz P, France EK, Destefano F et al. (2001) Population based study of rotavirus vaccination and intussusception. Padiatr Infect Dis J 20/4: 410–6

Monteyne P, André FE (2000) Is there a causal link between hepatitis B vaccination and multiple sclerosis. Vaccine 18/19: 1994–2001

Nokes DJ, Anderson RM (1987) Rubella vaccination policy: a note of caution. Lancet 1/8547: 1441–2

Orenstein WA, Bernier RH, Dondero TJ et al. (1985) Field evaluation of vaccine efficacy. Bull World Health Organ 63/6: 1055–68

Panagiotopoulos T, Antoniadou I, Valassi-Adam E (1999) Increase in congenital rubella occurrence after immunisation in Greece: retrospective survey and systematic review. BMJ 319: 1462–7

Petrovic M, Roberts R, Ramsay M (2001) Second dose of measles, mumps and rubella vaccine: questionnaire survey of health professionals. BMJ 322: 82–5

Schöfski O, Glaser P, Schulenburg JM Graf von der (1998) Gesundheitsökonomische Evaluationen. Grundlagen und Standortbestimmungen. Springer, Berlin

Summary of notifiable diseases (1998) MMWR Morb Mortal Wkly Rep 47

World Medical Association Declaration of Helsinki (2000) Ethical principles for medical research involving human subjects. Adopted by the 18th WMA General Assembly Helsinki, Finland, June 1964, amended by the 52nd WMA General Assembly, Edinburgh, Scotland, October 2000

Teil III

Spezielle Themen der Infektionsepidemiologie

Geographische Informationssysteme

Thomas Kistemann, Jürgen Schweikart und Martin Exner

Die Entwicklung der EDV hat die infektionsepidemiologische Arbeit in den letzten Jahrzehnten stark beeinflusst. Die Verfügbarkeit leistungsfähiger Datenbanksysteme ermöglicht heute die einfache, rasche und systematische Erfassung und Auswertung zahlreicher infektionsepidemiologischer Informationen. Obwohl der *Ort* neben Person und Zeit *die* wesentliche Information epidemiologischer Ereignisse darstellt, wurde das Konzept der raumrelationalen Datenbank, wie es geographische Informationssysteme (GIS) realisieren, erst recht spät für die Epidemiologie entdeckt. Inzwischen allerdings sind nicht nur Spezialisten in der Lage, diese komplexen Systeme zu nutzen, sondern die benutzerfreundlichen Möglichkeiten moderner GIS haben den Weg zu einer breiten Anwendung frei gemacht.

❯ Definition

Ein GIS ist ein computergestütztes System, das aus Hardware, Software, Daten mit geographischem Bezug und geschultem Personal besteht. Mit ihm können Daten digital erfasst und redigiert, gespeichert und reorganisiert, modelliert und analysiert sowie alphanumerisch und graphisch präsentiert werden. In einem GIS sind grundsätzlich zwei Datenarten zu unterscheiden:

- Geometriedaten: Koordinaten von Punkten, Linien und Flächen,
- Attributdaten: Sachinformationen.

Der Weg zum GIS besteht aus vielen Arbeitsschritten. Alle Objekte des GIS müssen vollständig erfasst und georeferenziert werden, d. h. Geometrie und Attribute sind zu integrieren. Der Aufwand der Datenerfassung verhält sich zu allen restlichen Kosten etwa in einem Rahmen zwischen 5:1 bis zu 10:1.

Die Funktionalitäten eines GIS umfassen u. a. folgende ausgewählte Teilaspekte (vgl. Scholten u. de Lepper 1991, Briggs u. Elliot 1995):

- Datenerfassung: Daten können vom Anwender eingegeben werden, wobei Scanner, Digitalisiertablett, Tastatur u. a. benutzt werden. Häufig werden Daten aus digitalen Quellen importiert.
- Datenprüfung: Plausibilität, Korrektur und Ergänzung.
- Datenintegration: Überführung von Datensätzen in eine konsistente geographische Datenstruktur durch Generalisierung, Koordinatentransformation etc.
- Datenspeicherung: Raumbezogene Daten werden als Rasterdaten oder Vektordaten gespeichert. Moderne GIS verarbeiten beide Datentypen und werden als Hybridsysteme bezeichnet. Die Daten werden in der Regel in systeminternen Datenbanken abgelegt.
- Datenretrieval: Grundfunktionen zum benutzerdefinierten Abfragen des Datenbestandes.
- Datenanalyse: Ein GIS stellt eine große Auswahl von Werkzeugen bereit, um den Datenbestand zu analysieren. Dazu können alle GIS-Funktionalitäten genutzt werden, besonders die Visualisierungstechniken (Tabelle 9.1).
- Datendarstellung: Die Präsentation der gewonnenen räumlichen Informationen erfolgt meist mit Karten. Aber auch Tabellen und Graphiken sind mögliche Ergebnisdarstellungen.

In jüngerer Zeit wird GIS immer häufiger als *Geographical Information Science* verstanden, welche sich über das technische GI-System hinaus aus geographischen Konzepten und Methoden der räumlichen Analyse konstituiert.

Tabelle 9.1. Wichtige Analysetechniken von GIS. (Nach: Schweikart u. Kistemann 2001)

Technik	Ziel
Datenbankabfrage	Identifikation von Objekten auf der Grundlage benutzerdefinierter Auswahlbedingungen
Geometrische Berechnungen	Bestimmung von Abständen, Längen, Flächeninhalten, Winkeln, Höhenunterschieden etc.
Verschneiden von Geometriedaten	Durch das Verschneiden geometrischer Information werden neue Informationen gewonnen, z. B. kann geprüft werden, welche Messpunkte in einer bestimmten Fläche liegen
Pufferbildung	Konstruktion von Zonen (Puffern) festgelegter Größe um Punkte, Linien oder Flächen
Dichteschätzung	Schätzung der räumlichen Dichte von geometrischen Objekten (z. B. „kernel estimation")
Interpolation	Schätzung fehlender Daten auf der Grundlage raumbezogener Zusammenhänge und Verteilung bekannter Daten (z. B. Kriging)
Glättung	Konstruktion geglätteter (generalisierter) Muster von Attributdaten als Oberflächen (z. B. Oberflächentrendanalyse)
Analyse der raumbezogenen Verteilung	Prüfung raumbezogener Daten auf Korrelationen und Cluster unter Verwendung von Visualisierungstechniken und geostatistischen Methoden (z. B. räumliche Autokorrelation)
Modellierung und Simulation	Entwicklung von Modellen und Szenarien auf der Grundlage der Geometrie- und Attributdaten, insbesondere raum- und zeitbezogene Verbreitungs- und Ausbreitungsmodelle

9.1   GIS in der Krankheitskartierung

❶ **Krankheitskarten stellen räumliche Krankheitsverteilungen dar, geben Informationen eine räumliche Struktur, ermöglichen die Handhabung der räumlichen Dimension und helfen, komplexe epidemiologische Zusammenhänge zu vermitteln. Es werden Symbolkarten, Diagrammkarten, Isokarten, Choroplethenkarten (Abb. 9.1) und Ausbreitungskarten unterschieden.**

Die Krankheitskartierung hatte in den vergangenen zwei Jahrzehnten teil an einer kartographischen Revolution, die durch die Entwicklung von Computerkartographie und GIS erst ermöglicht wurde. Die *neue Kartographie* ist digital, dynamisch, vernetzt und vom Benutzer selbst realisierbar. Die durch die technischen Entwicklungen ermöglichte automatisierte Kartenerstellung schöpft zwar die Möglichkeiten von GIS keineswegs aus, ist aber immer noch die am weitesten verbreitete

GIS-Anwendung in der Gesundheitsforschung. Einige kartographische Grundregeln hierbei sollten stets beachtet werden (Tabelle 9.2).

9.2   GIS in der räumlich-analytischen Infektionsepidemiologie

❶ **In der räumlich-analytischen Infektionsepidemiologie werden Beziehungen zwischen der geographischen Variation von Krankheiten und Risikofaktoren beschrieben und mit statistischen Verfahren analysiert. Zu den Risikofaktoren zählen die Exposition gegenüber Infektionserregern, aber auch ökologische, chemische und physikalische, soziale, ökonomische und Verhaltensfaktoren, die die Epidemiologie übertragbarer Krankheiten direkt oder indirekt beeinflussen können.**

Seit der kartengestützten raumzeitlichen Analyse eines Choleraausbruchs 1854 durch John Snow in

Tabelle 9.2. Einige kartographische Grundregeln

Datentyp und Kartentyp	Punkt- und Isokarten nur bei fallweiser Kenntnis der Koordinaten Choroplethenkarten nur zur Darstellung relativer Maßzahlen
Kartenbestandteile	Bild, Rahmen und Rand
	Kartenrandangaben: Maßstab, Legende, Karten- und Datengrundlage, Autor, Ort und Jahr
Klassenzahl und Klassengrenzen	Nicht mehr als 6 Klassen
	Äquidistante oder flächengleiche Klassen oder „natürliche" Klassengrenzen
Farben	Nur zwei von drei Grundfarben (rot, grün, blau) verwenden
Projektion	Winkel-, Distanz-, und/oder Flächentreue (wichtig bei Welt- und Kontinentalkarten; nur zwei der drei Treuemaße können auf Planokarten berücksichtigt werden)

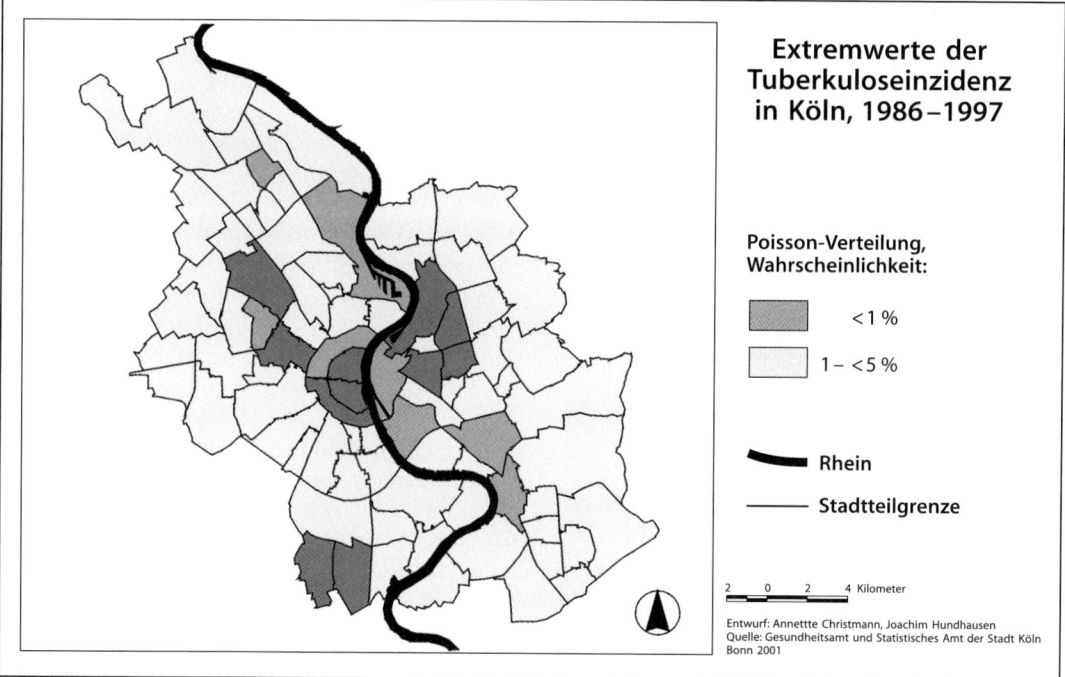

Abb. 9.1. Beispiel für eine Chroroplethenkarte. In dieser Wahrscheinlichkeitskarte sind die Extremwerte der Tuberkuloseinzidenz in Kölner Stadtteilen, 1986–1997, dargestellt. Die Poisson-Verteilung dient als theoretische Erwartungsverteilung (eigener Entwurf)

London wurden in der räumlichen Statistik zahlreiche uni- und multivariate Methoden für die Hypothesengenerierung und -testung entwickelt (Gatrell u. Bailey 1996). Die raumbezogene Analyse infektionsepidemiologischer Daten lässt sich in mehrere Schritte gliedern (vgl. van den Berg u. von der Ahé 1997):

– Identifizierung eines Gesundheitsproblems (Vermutung einer Häufung von Infektionen);
– Nachweis, dass ein beobachtetes räumliches Muster von Infektionen signifikant von einem erwarteten Muster abweicht;
– ökologische Analyse: Es werden Hypothesen zur Ursache der Infektionsverteilung generiert und mit statistischen Methoden überprüft.

Da derartigen ökologischen Analysen nicht individuelle, sondern aggregierte Krankheits- und Expositionsdaten zugrunde liegen, können die Ergebnisse dem sog. ökologischen Irrtum unterliegen (Morgenstern 1998).

1. Schritt: Identifizierung einer Häufung von Infektionen

Der erste Verdacht einer Infektionshäufung wird oft intuitiv auf der Grundlage einer Verbreitungskarte entwickelt. Der optische Eindruck der Karte unterliegt allerdings dem Einfluss kartographischer und statistischer Probleme. Projektion, Größe der räumlichen Einheiten, Klassenanzahl und Klassengrenzen, Farb- und Signaturwahl beeinflussen die Wahrnehmung des Kartenlesers. Durch Variation der Grenzen der Raumeinheiten können die Ergebnisse erheblich beeinflusst werden („modifiable areal unit problem", MAUP; Openshaw et al. 1990). Die Präzision der Angaben hängt von Kartentyp und Populationsgrößen ab: Bei Inzidenzkarten treten extreme Werte eher in Raumeinheiten mit kleinen Bevölkerungen auf, bei Wahrscheinlichkeitskarten ist es umgekehrt (Smans u. Estève 1992). Es ist also oft bedenklich, auf der Basis eines beeindruckenden Kartenbildes eine Hypothese zu formulieren, um ein Muster zu erklären, dessen Existenz gar nicht gesichert ist. GIS können helfen, einen Teil dieser Probleme zu überwinden, da sie etwa bei der Erstellung von Choroplethenkarten eine flexiblere und problemorientierte Abgrenzung der Raumeinheiten erlauben.

2. Schritt: Nachweis auffälliger räumlicher Infektionsmuster

Nichträumliche statistische Testverfahren (z. B. Chi-Quadrat-Test) vergleichen die beobachtete Verteilung von Krankheitshäufigkeiten auf Raumeinheiten (z. B. Stadtteile) mit einer theoretisch erwarteten (z. B. Poisson-Verteilung) oder empirisch ermittelten Verteilung (Monte-Carlo-Simulationen), ohne die räumlichen Beziehungen der Raumeinheiten zueinander (z. B. Nachbarschaft) zu berücksichtigen. Die Ergebnisse lassen sich in *Wahrscheinlichkeitskarten* darstellen (Abb. 9.1). Bei der Bestimmung der *räumlichen Autokorrelation*, die mit Hilfe verschiedener Autokorrelationskoeffizienten erfolgen kann, wird hingegen die räumliche Beziehung der Raumeinheiten zueinander berücksichtigt. Es wird überprüft, ob die räumliche Verteilung von Krankheitshäufigkeiten auf Raumeinheiten zufällig ist oder ob die Variation ihrer Werte mehr oder weniger systematisch ist, also von dem Wert in einer Raumeinheit auf die Werte in benachbarten Raumeinheiten geschlossen werden kann.

Statistische Verfahren zur Identifikation von räumlichen *Clustern* haben in den letzten Jahren größere Beachtung gefunden, um eine signifikante Abweichung von theoretisch oder empirisch erwarteten Verteilungsmustern von Krankheitsfällen zu bestätigen. Dabei werden distanzbasierte von gebietsbasierten, lokale von globalen Verfahren unterschieden. Globale Verfahren liefern eine Testgröße für das gesamte Untersuchungsgebiet, während lokale Verfahren die Lokalisation von Clustern erlauben (Wellie et al. 2000).

GIS besitzen prinzipiell die Voraussetzungen zur automatisierten Durchführung von Autokorrelations- und Clusteranalysen einschließlich der Ermittlung empirischer Vergleichsverteilungen durch Permutationen. Entsprechende Analysewerkzeuge sind jedoch in kommerziellen GIS noch nicht regelmäßig enthalten, sodass jeweils spezifische Weiterentwicklungen für diese GIS-Nutzungen erforderlich sind.

3. Schritt: Ökologische Analyse

Die geographisch-ökologische Analyse beruht auf dem Prinzip der räumlichen Verknüpfung von Gesundheitsdaten und Risikofaktoren. Häufig wird der aktuelle Wohnort als Bezugspunkt gewählt. Die Exposition einer Population gegenüber einem Risikofaktor kann z. B. für wasserbürtige Magen-Darm-Infektionen über die hygienisch-mikrobiologische Trinkwasserqualität ihres Wohnortes abgeschätzt werden. Dieses Verfahren erweist sich oft sogar als verlässlicher als die Erhebung individueller Expositionsdaten (Morgenstern 1998). Es setzt die räumlich differenzierte Kartierung von Umweltrisikofaktoren voraus, eine Aufgabe, für die sich der Einsatz von GIS anbietet.

Daten über infektionsrelevante Umweltaspekte (tatsächliche Dichte von Erregern, Vektoren, Wirten; ökologische Bedingungen für Erreger, Vektoren, Wirte; übertragungsrelevante Faktoren wie Kontaktmuster, Windverhältnisse etc.) liegen in der Regel nur in diskontinuierlicher Form vor (Punktdaten), aus denen das kontinuierliche räumliche Muster abgeschätzt werden muss. Viele GIS bieten eine Reihe von Interpolationstechniken an, z. B. die Trendoberflächenanalyse als globales oder das Kriging als lokales Verfahren (Briggs u. Elliott 1995), um aus den Punktinformationen eine flächendeckende Abschätzung abzuleiten. Auch

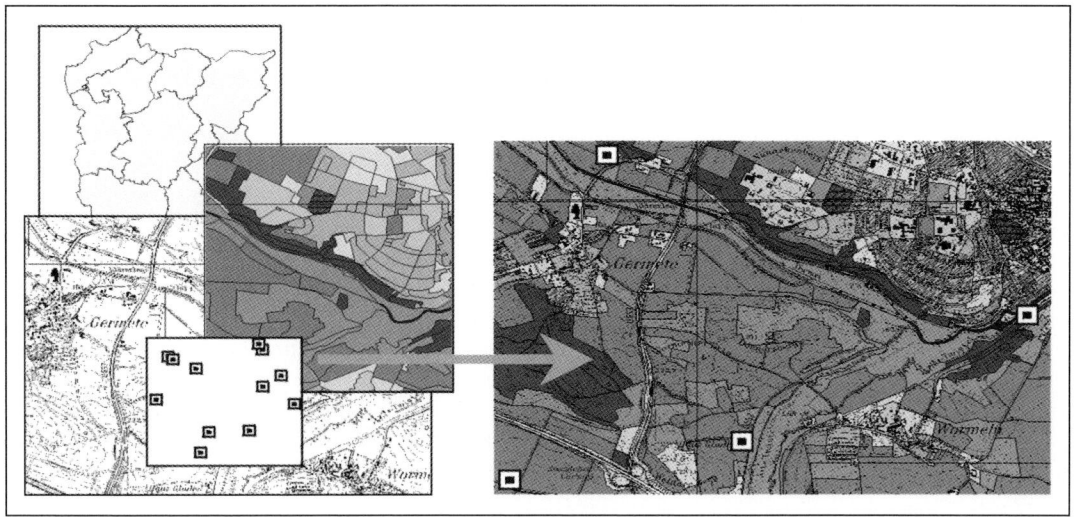

Abb. 9.2. Das Layer-Konzept geographischer Informationssysteme in schematischer Darstellung. Die hier dargestellten Einzel-Layer enthalten (von hinten nach vorn) Informationen zu Verwaltungsgrenzen, Topographie, Landnutzung und Lokalisation von Krankheitsfällen, die Zusammenführung in ein Kartenbild (rechts) veranschaulicht die Overlay-Funktion von GIS (Entwurf: Queste 2001)

die GIS-gestützte Ausbreitungsmodellierung spielt eine wichtige Rolle zur Abschätzung der Erregerexposition. Derartige Modelle können u. a. meteorologische und topographische Effekte, aber auch menschliche Mobilität und Kontaktmuster berücksichtigen. Allerdings haben sie ihre Limitationen aufgrund hoher Datenanforderungen, distanzbezogen rasch abnehmender Präzision und stark vereinfachender Modellannahmen (Briggs u. Elliott 1995).

Seit Beginn der 90er Jahre wurde eine größere Zahl GIS-gestützter Analysen zu umweltbeeinflussten Infektionskrankheiten durchgeführt. Der Einsatz von GIS in der Infektionsepidemiologie erfolgte anfänglich überwiegend in der Bekämpfung und Kontrolle parasitärer Erkrankungen, weil die komplexen Wechselwirkungen zwischen Umweltfaktoren und Krankheitserregern, Vektoren (Mücken, Zecken), den verschiedenen Wirtstieren und Erregerreservoiren in einem System erfasst werden können. So wurde etwa ein Risikomodell für das Auftreten der zeckenübertragenen Lyme-Krankheit in Maryland/USA erstellt, in welches zahlreiche ökologische Daten, welche das Vorkommen von Zecken beeinflussen, aufgenommen wurden (Glass et al. 1995). Die Nutzung von GIS zur Surveillance, Kontrolle und Prävention nosokomialer Infektionen in Krankenhäusern stellt eine weitere neue GIS-Anwendung in der Infektionsepidemiologie dar (Kistemann et al. 2000).

Für die räumliche Verknüpfung von Gesundheits- und Expositionsdaten, welche den Kern ökologischer Studien ausmacht, stellen GIS sehr hilfreiche Funktionen bereit. So erlaubt das Overlay-Konzept die Überlagerung unterschiedlich zugeschnittener Raumeinheiten (Abb. 9.2). Neue Einheiten, z. B. Gitternetze, können kreiert werden. Die Pufferfunktion ermöglicht die Abgrenzung von Gebieten mit erhöhtem Infektionsrisiko. Abstandskalkulationen erlauben die Berücksichtigung distanzabhängiger Übertragungswahrscheinlichkeiten (Briggs u. Elliott 1995).

9.3 Perspektiven

Zeit ist eine kritische Größe innerhalb geographisch-ökologischer Analysen von Infektionskrankheiten. Jeder infektiösen Erkrankung geht eine symptomfreie Inkubationsperiode nach erfolgter Infektion voraus. Die Dauer solcher Perioden ist von der jeweiligen Krankheit abhängig. Sie kann wenige Stunden, einige Tage, in seltenen Fällen sogar viele Jahre umfassen. Das führt dazu, dass der Erkrankungsort nicht mit dem Infektionsort übereinstimmen muss, da Menschen sich im Raum bewegen. Dabei kann zwischen der täglichen (z. B. Berufspendeln), der saisonalen (z. B. Urlaubsreisen) und der langfristigen Mobilität (Wohnortwechsel) unterschieden werden. Lokale

Risikofaktoren können daher nicht ohne weiteres in Bezug zur raumbezogenen Verteilung von Krankheiten gesetzt werden. Eine Analyse muss die Wanderungsbewegungen der Individuen berücksichtigen. Erschwerend kommt hinzu, dass die Risikofaktoren ebenfalls zeitlich variieren können. Für eine Analyse müssen also sowohl für die Wanderungen der Individuen als auch für die Risikofaktoren raum-zeitliche Modelle entwickelt werden. Der GIS-Technologie wird das Potenzial zugesprochen, die in der Epidemiologie oftmals problematische Zeitdimension zukünftig besser integrieren zu können (Löytönen 1998).

Die satellitengestützte *Fernerkundung* stellt der Umweltforschung Daten in einem bislang unvorstellbaren Umfang zur Verfügung. GIS stellen das ideale Werkzeug dar, um diese großen Mengen raumbezogener Informationen zu erfassen, zu organisieren und zu nutzen. Viele infektionsepidemiologische Anwendungen haben die Bestimmung der Lebensräume von Krankheitsvektoren zum Ziel. So konnte mit Hilfe von Satellitenaufnahmen der Lebensraum der Schnecke *Oncomelania hupensis* im Anning River Valley in Sichuan (China) bestimmt werden, die als Zwischenwirt des Erregers entscheidende Bedeutung für die Verbreitung der *Schistosomiasis* besitzt (www.atsdr.cdc.gov/GIS/conference98). Für die Ganges-Mündung (Indien) wurde mit Hilfe von Fernerkundung und GIS ein Modell zur Abschätzung des Risiko von Choleraepidemien entwickelt. Im Wasser wird *Vibrio cholera*e von Zooplankton beherbergt, sodass hohes Planktonaufkommen das Cholerarisiko erhöht. Es steigt mit der Temperatur und Trübung der Wasseroberfläche sowie der Höhe des Meerwasserstandes an, Faktoren, die auch das Planktonaufkommen begünstigen (www.geo.arc. nasa.gov/sge/health/projects/cholera/cholera. html).

Das *Internet* bietet auch für infektionsepidemiologische GIS-Anwendungen neue Perspektiven. Einerseits sind viele für die Infektionsepidemiologie relevante Daten über das Internet einfacher zugänglich geworden: So können Adressen geokodiert und demographische sowie sozioökonomische Daten heruntergeladen werden. Andererseits können verschiedene Formen geographischer Datenpräsentationen (statische, interaktive und dynamische Karten) verbreitet werden (Herrmann u. Asche 2001). Statische Information kann vom Benutzer nur unverändert abgerufen werden. Bei der interaktiven Variante kann er Daten und deren Visualisierung interaktiv gestalten. Die dynamische Darstellung dient dazu, raum-zeitliche Prozesse in Bildsequenzen zu visualisieren. Map-Server erlauben sogar die interaktive Erstellung kompletter Karten durch Benutzer ohne eigene GIS-Software.

Insbesondere eröffnet das Internet Möglichkeiten zur Online-Überwachung der räumlichen Verbreitung infektiöser Erkrankungen und damit zur Unterstützung von Frühwarnsystemen. Beispiele sind das französische Teleinformationssystem zur elektronischen Überwachung übertragbarer Krankheiten (derzeit Grippe, Windpocken, Masern, Mumps, Urethritis und akute Durchfallerkrankungen; www.u444.jussieu.fr/sentiweb), das hieraus weiterentwickelte globale FluNet (www.u4444.jussieu.fr), sowie das japanische Food-Info Net.

GIS erschließen der Infektionsepidemiologie zweifellos neue Möglichkeiten. Obwohl GIS nicht für digitale Kartographie entwickelt werden, spielt die Karte als Ausgabeformat eine zentrale Rolle. Das Wichtige ist jedoch der Weg zur Karte, der explorative Umgang mit Daten, die Überlagerung, Verschneidung und statistische Auswertung von Informationen, die beständige Weiterentwicklung der ursprünglichen Idee, die Entwicklung und Diskussion von Hypothesen. Dies ist sehr effektiv durch ein GIS zu realisieren. Erst am Ende eines langen Prozesses stehen Karten. Eine Gefahr besteht darin, dass die Möglichkeit leichter und rascher Anwendung geographisch-epidemiologischer Methoden die Verbreitung falscher Schlussfolgerungen fördern kann, wenn die zugrunde liegende Theorie und die methodischen Beschränkungen nicht adäquat berücksichtigt werden.

⌄ Fazit

In der Infektionsepidemiologie werden geographische Informationssysteme (GIS) zunehmend an Bedeutung gewinnen. Anwendungsschwerpunkte zeichnen sich in der Online-Surveillance, bei der Integration großer Umweltdatensätze (z. B. aus der Fernerkundung), bei ökologischen Analysen sowie bei der Integration der Zeitdimension ab.

Literatur

Berg N van den, Ahé KR von der (1997) Geoinformationssysteme in der Epidemiologie. Kartograph Nachr 2: 52–58

Briggs DJ, Elliott P (1995) The use of geographical information systems in studies on environment and health. World Health Stat Quarterly 48: 85–94

Croner CM, Sperling J, Broome FR (1996) Geographic Information Systems (GIS): New perspectives in understanding
human health and environmental relationships. Stat
Med 15: 1961–1977

Gatrell AC, Bailey TC (1996) Interactive spatial data analysis in
medical geography. Soc Science Med 42: 843–855
geo.arc.nasa.gov/sge/health/projects/cholera/cholera.
html

Glass GE, Schwartz BS, Morgan JM, Jonson DT, Noy PM, Israel E
(1995) Environmental risk factors for Lyme disease iden-
tified with geographic information systems. Am J Public
Health 85: 944–948

Herrmann C, Asche H (Hrsg) (2001) Web.Mapping 1. Raumbezogene Information und Kommunikation im Internet.
Wichmann, Heidelberg

Kistemann T, Dangendorf F, Krizek L, Sahl HG, Engelhart S,
Exner M (2000) GIS-supported investigation of a nosocomial *Salmonella* outbreak. Int J Hygiene Environ Health
203: 117–126

Löytönen M (1998) GIS, time geography and health. In: Gatrell
A, Löytönen M (eds) GIS and Health. Taylor & Francis, London, pp 97–110

Morgenstern H (1998) Ecologic studies. In: Rothman KJ,
Greenland S (eds) Modern Epidemiology. Lippincott-
Raven, Philadelphia, pp 459–480

Openshaw S (1984) The modifiable areal unit problem.
Catmog No. 38, Geo Books, Norwich

Scholten HJ, Lepper MJC de (1991) The benefits of the application of geographical information systems in public
and environmental health. World Health Stat Quarterly
44: 160–170

Schweikart J, Kistemann T (2001) Geoinformationssysteme in
der Medizinischen Geographie. Petermann Geograph
Mitteil 145/3: 18–29

Smans M, Estève J (1992) Practical approaches to disease
mapping. In: Elliott P, Cuzick J, English D, Stern R (eds) Geographical and environmental epidemiology. Oxford
University Press, Oxford, pp 141–150

Wellie O, Duhme H, Mutius E von, Keil U, Weiland SK (2000)
Der Einsatz von Geoinformationssystemen (GIS) in epidemiologischen Studien dargestellt am Beispiel der
ISAAC-Studie München. Gesundheitswesen 62: 423–430
www.atsdr.cdc.gov/GIS/conference98

Besondere Methoden: Delphi, Hazard Analysis Critical Control Point, Capture-Recapture

Julius Weinberg, Laura Maclehose und Thomas Grein

10.1 Die Delphi-Methode

Julius Weinberg

10.1.1 Hintergrund

Bei der Delphi-Technik handelt es sich um eine Methode zur Förderung und Strukturierung der Gruppenkommunikation. Helmer (Helmer-Hirschberg u. Rescher 1960) hat sie ursprünglich als Technik beschrieben, mit der Entscheidungen systematisch mit Hilfe von Expertenurteilen getroffen werden. In der Vergangenheit wurde sie oftmals als Studie zur Zukunftsvorhersage angewandt. Daher erklärt sich auch der Name, der an das Orakel von Delphi erinnert. Seitdem wurde sie in zahlreichen Situationen angewandt, oftmals für Zwecke, für die sie ursprünglich nicht vorgesehen war.

Bei korrekter Durchführung zielt der Delphi-Prozess darauf ab, die Bedingungen für eine kritische Untersuchung und Diskussion der interessierenden Sachverhalte zu schaffen. Als Ergebnis der Methode kann ein Konsens erreicht werden, jedoch ist das weder das primäre Ziel noch soll mit dieser Methode ein Kompromiss erzwungen werden. Linstone und Turoff (1975) haben die Delphi-Technik als „eine Methode zur Strukturierung eines Kommunikationsprozesses in der Gruppe" beschrieben, sodass der Prozess für eine Gruppe von Individuen insgesamt eine effektive Möglichkeit darstellt, sich mit komplexen Fragestellungen auseinanderzusetzen.

Das Wesentliche des Prozesses besteht darin, dass er anonym ist und sämtliche Einzelbeiträge zu einer Gruppensichtweise verbindet; die Teilnehmer können sich an unterschiedlichen Orten befinden und, anders als bei einer Besprechung, brauchen sie ihre Antworten nicht innerhalb einer bestimmten Zeit abzugeben. Es sind ebenfalls statistische Analysen über das Maß der über die Fragestellung erzielten Einigung möglich.

Der Delphi-Prozess kann in einer Reihe unterschiedlicher Kontexte angewandt werden. Er ist jedoch kein Ersatz für einen wissenschaftlichen Nachweis. Diese Methoden sollten angewandt werden, wenn Entscheidungen auf der Basis von korrekt durchgeführten Kontrollverfahren systematischer Überprüfungen getroffen werden können. Oftmals ist dies jedoch nicht der Fall, besonders bei politischen Entscheidungen. In diesem Fall kann ein Delphi-Prozess eine geeignete Möglichkeit sein, um aus einer Expertenmeinung den optimalen Nutzen zu ziehen. Der Prozess zielt darauf ab, einige Nachteile abzubauen, die mit dem herkömmlichen, typischen Prozess eines tatsächlichen Gegenübers verbunden sind. In Besprechungen, in denen sich die Teilnehmer tatsächlich gegenübersitzen, stehen sie unter Zeitdruck und müssen einen Vorgang im gleichen Tempo und in der gleichen Reihenfolge behandeln. Einzelne sind evtl. nicht bereit, unkonventionelle Ansichten zu äußern und zeigen vielleicht einen übertriebenen Respekt vor den Ansichten anerkannter Meinungsführer.

10.1.2 Methoden

Der Delphi-Prozess erfolgt in einer Reihe von Schritten, wobei die unten aufgeführte Beschreibung nur eine mögliche Schrittfolge darstellt. Wird ein Problem als solches erkannt, legt das zuständige Team eine Reihe von Schlüsselfragen fest. Diese können mit Hilfe von themenspezifischen Artikeln und Hintergrundschriften veranschaulicht werden. Das Material wird unter die Teilnehmer verteilt, die gebeten werden, die Schlüsselfragen zu kommentieren und detaillierter auszuarbeiten.

Das zuständige Team fasst dann die Antworten zusammen und formuliert eine Reihe von Fragen an die Teilnehmer. Diese Fragen können untergliedert sein, sodass bei den Antworten Abstufungen möglich sind. Ein ähnlicher Prozess ist bei der Festlegung der Kriterien möglich, anhand derer die Teilnehmer eine Bewertung vornehmen.

Einige Kriterien zur Bewertung des Nutzens europäischer Zusammenarbeit

Möglichkeit zur Schaffung eines europäischen Mehrwertes bei der Überwachung übertragbarer Krankheiten durch:

1. Daten-/Informationsaustausch als Frühwarnsystem für gesundheitliche Risiken
2. Daten-/Informationsaustausch, der zu einer früheren Aufdeckung von Gesundheitsrisiken durch das Zusammenführen von Daten führt
3. Daten-/Informationsaustausch, der zur Aufdeckung von Gesundheitsrisiken führt, die auf nationaler Ebene nicht erkannt würden
4. Daten-/Informationsaustausch, der zur Aufdeckung von Gesundheitsrisiken führt, die eine internationale Zusammenarbeit erfordern

Beispiel

Bei einer Delphi-Übung zur Festlegung der wichtigsten Aufgaben bei der Surveillance übertragbarer Krankheiten auf internationaler Ebene (Weinberg et al. 1999) besteht der erste Teil darin, die Kriterien festzulegen, nach denen die einzelnen Krankheiten bewertet werden sollten. Einzelne Krankheiten werden anhand einer Likert-Skala, einem von Rensis Likert entwickelten Skalierungsverfahren zur Messung von Einstellungen, nach jedem einzelnen Kriterium bewertet (Likert-Skala: starke Zustimmung =5, Zustimmung =4, weder Zustimmung noch Widerspruch =3, Widerspruch =2, starker Widerspruch =1). Durch den Austausch von Daten und Informationen zur Tuberkulose wird z. B. ein Frühwarnsystem für Gesundheitsrisiken für diese Erkrankung entwickelt. Die Antworten der Teilnehmer aus der ersten Runde werden dann in zusammengefasster Form zurückgegeben, wobei die Teilnehmer an ihren eigenen Beitrag erinnert werden. Sie erhalten auch Informationen über die Bandbreite der abgegebenen Antworten. Die Teilnehmer werden gebeten, den Vorgang zu wiederholen und erhalten evtl. die Möglichkeit, Material an die anderen Teilnehmer zu verteilen. Der Prozess kann in einer dritten Runde wiederholt werden. Darauf kann eine Besprechung folgen, bei der diese das endgültige Ergebnis überprüfen und akzeptieren. Eine statistische Analyse der Daten kann den Grad des Konsenses unter den Teilnehmern (verteilt um den Durchschnittswert) sowie die Bandbreite der Meinungen und die Reihenfolge der Themen anzeigen.

10.1.3 Diskussion

Es hat Kritik an der Delphi-Methode gegeben. Man meinte, dass das Verfahren einen Konsens erzwingt und die Methoden nicht richtig auf Reliabilität, Validität und Reproduzierbarkeit (Sackmann 1975) evaluiert worden sind. Dies sind wahrscheinlich Kritikpunkte, die auf schlecht durchgeführte Studien zutreffen, besonders auf unzutreffende Rückschlüsse aus Delphi-Studien. Die Delphi-Methode ersetzt keine richtige analytische Studie, und der quantitative Charakter sollte nicht dazu führen, dass man sich zu sehr auf die Ergebnisse verlässt.

Der Erfolg eines Delphi-Prozesses hängt von der Auswahl der richtigen Teilnehmer ab. Soll das Ergebnis akzeptiert werden, müssen sie renommierte Fachleute sein, und es muss dafür gesorgt werden, dass der Prozessverlauf deutlich ist. Die Delphi-Methode und ähnliche Techniken sind ein nützliches Mittel zur Klärung von Sachfragen und zeigen einen sinnvollen Weg auf, wie Unsicherheiten in der medizinischen und gesundheitlichen Forschung festgestellt und gemessen werden können (Murphy et al. 1998); bei guter Durchführung kann die Delphi-Methode eine transparente und nützliche Methode sein, um subjektive Meinungen auf einen gemeinsamen Nenner zu bringen.

Die Delphi-Methode kann bei der Klärung einer Reihe von strittigen Gesundheitsthemen angewendet werden. In jüngster Zeit ist sie unter anderem zur Festsetzung von Prioritäten (Lynch et al. 2001, Weinberg et al. 1999), Gesundheitserziehung und Personalplanung (Hudak et al. 2000, Lieff u. Clarke 2000), Festlegung von öffentlichen Präferenzen (Ryan et al. 2001) und der Entwicklung von Behandlungsrichtlinien (Loeb et al. 2001) angewandt worden.

🅐 **Fazit**

Die Delphi-Technik und andere Konsensmethoden sind sinnvolle Werkzeuge zur Steuerung von Gesundheitspolitik, Forschung und klinischen Praxis. Sie ersetzen aber nicht eine Beweisführung, sondern ergänzen sie und klären die Formulierung subjektiver Entscheidungsfindung. Die Ergebnisse sollten mit Vorsicht und mit klarer Kenntnis über ihr Zustandekommen interpretiert werden. Bei korrekter Anwendung, richtiger Auswahl der Teilnehmer, vernünftiger Methodologie und klarer Darstellung der Ergebnisse können die Ergebnisse hilfreich und wegweisend sein.

Literatur

Helmer-Hirschberg O, Rescher N (1960) On the epistemology of the inexact sciences. Rand Corporation, Santa Monica. Report No: R-353

Hudak RP, Brooke PP Jr, Finstuen K (2000) Identifying management competencies for health care executives: review of a series of Delphi studies. J Health Adm Educ 18/2: 213–43, 244–9

Lieff SJ, Clarke D (2000) What factors contribute to senior psychiatry residents' interest in geriatric psychiatry? A Delphi study. Can J Psychiatry 45/10: 912–6

Linstone H, Turoff M (1975) The Delphi method: Techniques and applications. Addison-Wesley, Glenview

Loeb M, Bentley DW, Bradley S et al. (2001) Development of minimum criteria for the initiation of antibiotics in residents of long-term-care facilities: results of a consensus conference. Infect Control Hosp Epidemiol 22/2: 120–4

Lynch P, Jackson M, Saint S (2001) Research priorities project, year 2000: establishing a direction for infection control and hospital epidemiology. Am J Infect Control 29/2: 73–8

Murphy MK, Black NA, Lamping DL et al. (1998) Consensus development methods, and their use in clinical guideline development. Health Technol Assess 3/3: 1–80

Ryan M, Scott DA, Reeves C et al. (2001) Eliciting public preferences for healthcare: a systematic review of techniques. Health Technol Assess 5/5: 1–186

Sackman H (1975) Delphi critique. Lexington Books, Lexington, MA

Weinberg J, Grimaud O, Newton L (1999) Establishing priorities for European collaboration in communicable disease surveillance. Eur J Public Health 9: 236–240

10.2 Hazard-Analysis-Critical-Control-Point – Methodologie

Laura Maclehose

10.2.1 Hintergrund

HACCP (Hazard Analysis Critical Control Point) ist eine weit verbreitete Methode zur Gewährleistung der Lebensmittelsicherheit im Produktions-

bereich, die jedoch auch inzwischen für andere Zwecke genutzt wird.

Sie wurde in den 60er Jahren als Methode zur Entwicklung sicherer Lebensmittel für Astronauten im Raumfahrtprogramm der USA eingeführt und basiert auf der Konstruktions-FMEA („failure, mode and effect analysis") (Mortimore u. Wallace 1998), die gemeinsam von der Pillsbury Company, der Rüstungsindustrie der Vereinigten Staaten und der amerikanischen Luft- und Raumfahrt entwickelt wurde. 1971 wurde die HACCP-Methode bei der American National Conference for Food Protection vorgestellt (Majewski 1992). Seitdem ist das Verfahren von der Lebensmittelindustrie zur Einhaltung von Lebensmittelsicherheitsstandards angewandt und angepasst worden. In abgewandelter Form ist dieser Ansatz ebenfalls zur Untersuchung von Surveillanceprozessen in der Epidemiologie und beim Management von Krankheitsausbrüchen angewandt worden (Brand et al. 2000, Dufour 1999).

In der Lebensmittelindustrie dient die HACCP-Methode dem Ziel der Produktion sicherer Lebensmittel, indem mit ihrer Hilfe der Produktionsprozess genau analysiert wird, mögliche Gefahren aufgedeckt werden, im Produktionsprozess zulässige Sicherheitsgrenzen festgelegt werden und der Produktionsprozess überwacht wird. Anstatt sich ausschließlich auf die Qualität des fertigen Produktes zu konzentrieren, zielt die Methode in erster Linie auf die Vermeidung von Problemen während des Produktionsprozesses ab.

Die primäre Ausrichtung der HACCP-Methode auf den Prozess und auf die Bestimmung von Risikofaktoren und Sicherheitsgrenzen bot offensichtlich Vorteile für die Anwendung der Methode auch in anderen Bereichen als denen der Lebensmittelsicherheit. In jüngster Zeit wurde sie zur Untersuchung von Managementprozessen bei Ausbrüchen übertragbarer Krankheiten angewandt sowie zur Bestimmung von Risikofaktoren und Präventionsmaßnahmen (Brand et al. 2000). HACCP hilft denjenigen, die Managementabläufe bei Krankheitsausbrüchen evaluieren, einen Überblick über den Prozess zu gewinnen und Risikofaktoren für den Prozess zu bestimmen. Sie kann dem Untersuchungsexperten ebenfalls eine Orientierung bei der Formulierung besserer Verfahren oder Präventionsmaßnahmen bieten. Obwohl die Methode einen nützlichen Überblick über den Prozess zur Eindämmung des Ausbruchs liefern kann, ist sie in gewisser Weise subjektiv und spiegelt evtl. die Meinung der Untersuchungsexperten wider.

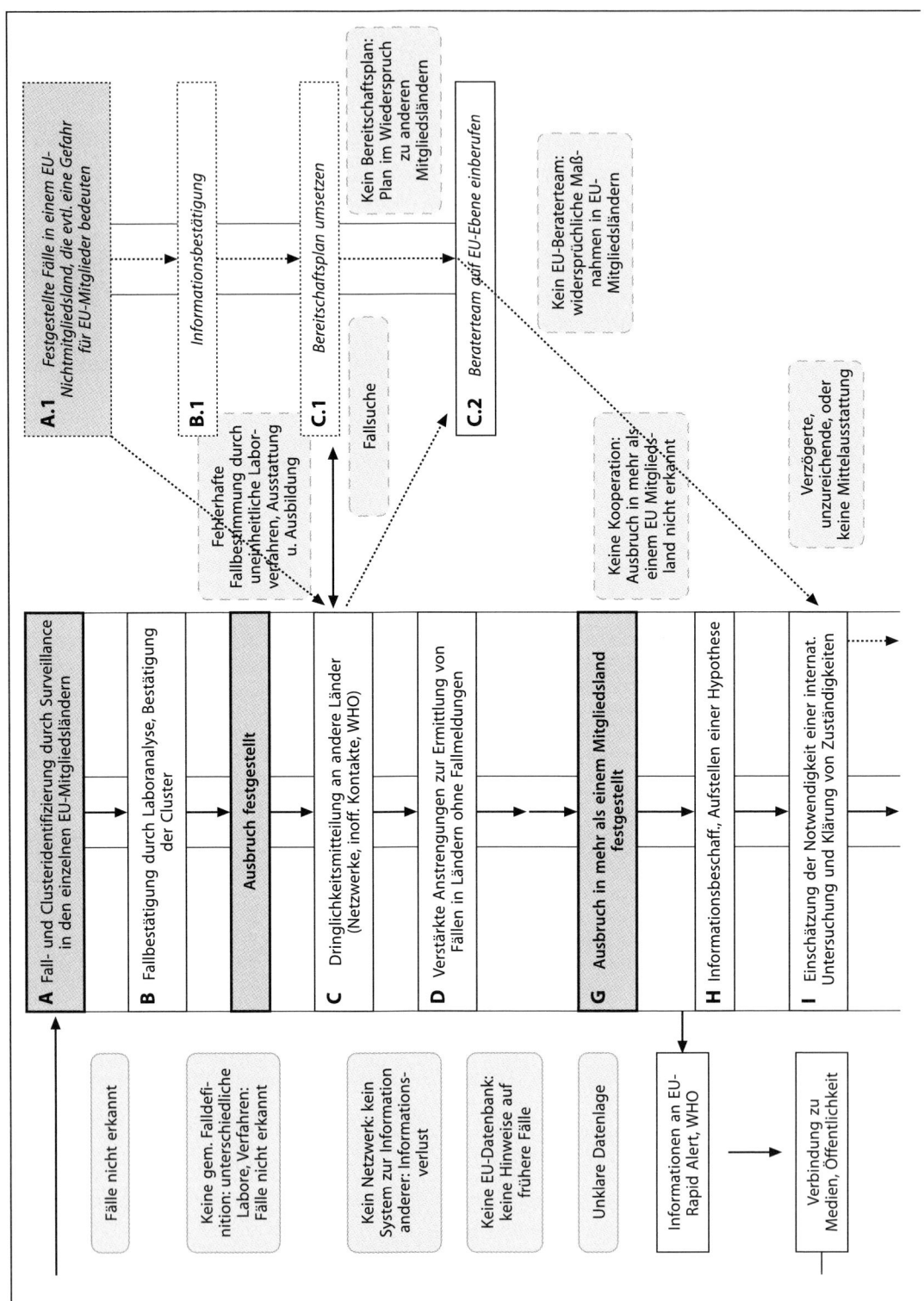

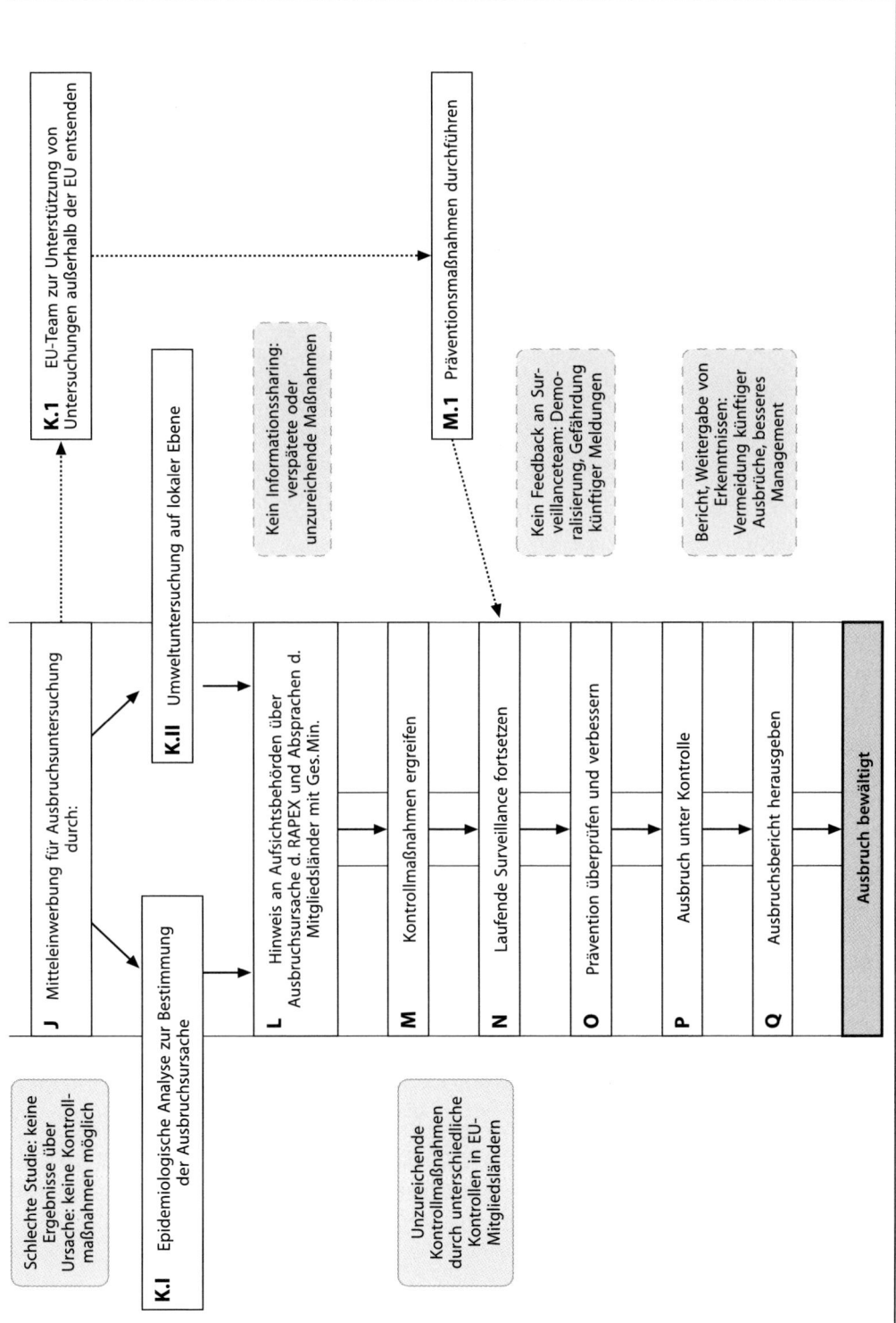

Abb. 10.1. Flussdiagramm des Managementprozesses bei Krankheitsausbrüchen in EU-Mitgliedstaaten und bei möglichen Einschleppungen aus Nicht-EU-Mitgliedstaaten (kursiv), grau unterlegt Hinweise zur Gefahrenanalyse

10.2.2 Methoden

Die HACCP-Methode basiert auf 7 Stufen, die logisch aufeinander aufgebaut sind. Die sieben Stufen sind in der folgenden Übersicht aufgeführt.

Die sieben Stufen der HACCP-Methode.
(Nach Mortimore u. Wallace 1998)

1. Durchführung einer Gefahrenanalyse
2. Festlegung der kritischen Kontrollpunkte (CCP)
3. Festlegung der kritischen Kontrollgrenzen
4. Ausarbeitung eines Systems zur Kontrollüberwachung der CCP
5. Ausarbeitung von Korrekturmaßnahmen, wenn durch das Monitoring ersichtlich wird, dass ein bestimmter CCP nicht unter Kontrolle ist.
6. Ausarbeitung von Prüfverfahren, um zu bestätigen, dass die HACCP-Methode korrekt funktioniert
7. Lückenlose Dokumentation sämtlicher Prozesse

Für Stufe 1 „Durchführung einer Gefahrenanalyse" sollte ein Flussdiagramm aufgestellt werden. Ein Flussdiagramm ist ein Diagramm über sämtliche Schritte des analysierten Prozesses. Es liefert einen sehr nützlichen Überblick über das Untersuchungsthema und trägt dazu bei, die zu analysierenden Informationen in eine logische Reihenfolge zu bringen. Es kann helfen, sämtliche Hauptakteure eines Prozesses zu bestimmen. In Stufe 2 werden die kritischen Kontrollpunkte (CCP) festgelegt. CCP sind die Punkte, bei denen die Prozesskontrolle für einen erfolgreichen Prozess und ein erfolgreiches Ergebnis entscheidend sind. In Stufe 3 werden für die festgelegten CCP „kritische Grenzen" bestimmt, d. h. die für den CCP akzeptierten Toleranzwerte werden festgesetzt (wenn z. B. für das Kontrollmanagement übertragbarer Krankheiten der CCP bedeutet, dass sämtliche Laborproben innerhalb einer Woche analysiert werden sollen, würden die akzeptierten kritischen Grenzen vielleicht zwischen 90 % und 100 % aller innerhalb dieses Zeitraumes analysierten Proben liegen). Stufe 4 und 5 analysieren das Monitoring der CCP und entwickeln Maßnahmen für den Fall, dass ein CCP außer Kontrolle gerät. Stufe 6 und 7 sorgen dafür, dass die HACCP-Methode funktio-

niert und die Maßnahmen ausreichend dokumentiert werden, wie z. B. laufendes Monitoring oder bei jedem Schritt durchgeführte Korrekturmaßnahmen.

Der HACCP-Ansatz kann theoretisch in zweifacher Hinsicht auf Ausbrüche übertragbarer Krankheiten angewandt werden. Er kann erstens zur Evaluierung einer Maßnahme nach einem Krankheitsausbruch dienen. Zweitens kann er zur Wahrung von Standards bei der Überwachung übertragbarer Krankheiten genutzt werden.

Die erste dieser beiden Möglichkeiten wurde bei einer 1999–2000 durchgeführten Evaluation der Maßnahmen zur Kontrolle übertragbarer Krankheitsausbrüche in mehr als einem Mitgliedsland der Europäischen Union erprobt. Hier wurde die HACCP-Methode zur Analyse gesammelter Informationen genutzt. Bevor die HACCP-Methode jedoch für solch eine Evaluation durchgeführt werden kann, müssen möglichst vollständige Informationen zu dem fraglichen Ereignis vorliegen. Hierzu kann eine Fallstudie nützlich sein.

Zur Vorbereitung einer Fallstudie eines zu analysierenden Ausbruchs können Informationen aus einer ganzen Reihe von Quellen gesammelt werden. Im Idealfall enthalten diese Quellen:

- Informationen aus einer detaillierten Literaturübersicht über veröffentlichte und unveröffentlichte Informationen über den Ausbruch und ähnliche Ausbrüche oder Literatur über die Krankheit;
- Interviews mit den Hauptakteuren während des Ausbruchs;
- Fragebögen zu einzelnen Aspekten des Ausbruchs, die an einen breiteren, mit dem Ausbruchsmanagement beauftragten Personenkreis verschickt werden.

Unter Verwendung der gesammelten Informationen kann die HACCP-Analyse dann beginnen. Ein Flussdiagramm (mit angegebenen Gefahren) ab Stufe 1, das für die Evaluation durch die Europäische Union entwickelt wurde, ist in Abb. 10.1 beispielhaft dargestellt.

10.2.3 Diskussion

Die HACCP-Methode wird jetzt seit ca. 30 Jahren in der Lebensmittelindustrie angewandt. Sie hat sich auf breiter Ebene durchgesetzt und wird zur Gewährleistung der Lebensmittelsicherheit immer häufiger verwendet. Jedoch wird sie erst seit neuerem in anderen Bereichen wie der Evaluation von Maßnahmen im Falle übertragbarer Krankheiten genutzt. Über ihre Akzeptanz und Reliabilität als Methode ist noch nicht viel bekannt.

Die Vorzüge der HACCP-Methode für die Evaluation der Ausbruchskontrolle übertragbarer Krankheiten nach einem Ausbruch liegen darin, dass die Untersuchungsexperten einen Überblick über den Kontrollprozess gewinnen und mögliche Gefahrenbereiche zusammen mit Lösungsansätzen zur Verbesserung des Ausbruchsmanagements ermitteln. Die Nachteile für diese Art der Nutzung liegen in den Defiziten der für die Analyse gesammelten Daten und in der Subjektivität bei der Bestimmung von Gefahren und der kritischen Kontrollpunkte.

❤ Fazit

HACCP kann ein nützliches Instrument zur Verbesserung des Kontrollmanagements übertragbarer Krankheiten sein, indem diese Methode dazu beiträgt, einen detaillierten Überblick über die Managementprozesse und ihre Schwachpunkte sowie Möglichkeiten zur Verbesserung zu gewinnen. Die Ergebnisse der HACCP-Analysen sollten wegen ihres subjektiven Charakters jedoch mit einiger Vorsicht angewandt und nach Möglichkeit durch andere Studien ergänzt werden. HACCP eignet sich evtl. auch zur kontinuierlichen Anwendung bei Qualitätsüberwachungssystemen, jedoch muss dies noch weiter getestet werden.

Literatur

Brand H, Camaroni I, Fulop N et al. (2000) An evaluation of the arrangements for managing epidemiological emergencies involving more than one EU member state. LÖGD, Bielefeld

Dufour B (1999) Technical and economic evaluation method for use in improving animal infectious disease surveillance networks. Veterin Res 30/1: 27–37

Majewski MC (1992) Food safety: the HACCP approach to hazard control. CDR 2 (Rev 9): R105–108

Mortimore S, Wallace C (1998) HACCP: A Practical Approach. Aspen, Gaithersburg

10.3 Die Capture-Recapture-Methode

Thomas Grein

10.3.1 Hintergrund

Die in der Epidemiologie angewandten Capture-Recapture-Methoden (CRM) haben ihren Ursprung in der Biologie. Hierbei wird der Gesamttierbestand anhand der Zahl von Tieren, die in mehreren Stichproben gefangen wurden, geschätzt. Im einfachsten Fall wird aus dem gesamten Tierbestand eine Stichprobe der Größe n_1 gefangen, markiert und wieder freigesetzt („captures"). Danach wird ein zweite Stichprobe von der Größe n_2 gefangen und die Anzahl der bereits markierten Tiere n_3 („recaptures") bestimmt. Unter der Annahme, dass beide Stichproben voneinander unabhängig sind, erlaubt das Verhältnis n_3/n_2 einen Rückschluss auf das Verhältnis der Tierzahl in der ersten Stichprobe zum Gesamttierbestand N.

Im Bereich der Epidemiologie werden die Stichproben durch Falllisten oder Datenquellen ersetzt wie z. B. von Surveillancesystemen, Krankenhaus- oder Laborstatistiken, und bevölkerungsbezogenen Studien. Diese Datenquellen sind in der Regel unvollständig und beinhalten nicht alle tatsächlich existierenden Fälle. Mit Hilfe von CRM kann das Ausmaß dieser Unvollständigkeit bestimmt werden und damit die Gesamtfallzahl in der Population. Während die CRM in weiten Bereichen eine Anwendung findet (International Working Group 1995b), sind die Adjustierung von Prävalenz- und Inzidenzdaten und die Evaluierung der Sensitivität von Surveillancesystemen ihre Hauptanwendungsgebiete in der Infektionsepidemiologie.

10.3.2 Methoden

Zwei-Listen-Methode

Das einfachste Capture-Recapture-Modell ist das sog. Zwei-Listen-Modell, in dem die Zahl der von beiden Listen nicht erfassten Fälle x durch bc/a geschätzt wird; dabei zeigt c die nur durch Liste A erfassten Fälle auf, b die nur durch Liste B erfassten, und a die Fälle, die durch beide Listen erfasst wurden (Matches). Mit dem geschätzten Wert für x wird die Gesamtfallzahl N durch $a+b+c+x$ be-

Tabelle 10.1. Zwei-Listen Modell

		Liste A		
		Erfasst	Nicht erfasst	Total
Liste B	Erfasst	a	b	n_2
	Nicht erfasst	c	x?	
	Total	n_1		$N = a+b+c+x$

Geschätzte Fallzahl, von beiden Listen nicht erfasst $x = bc/a$
Geschätzte Gesamtfallzahl $N = a+b+c+x$
Standardabweichung für N: $SD(N) = \sqrt{((n_1 \cdot n_2 \cdot b \cdot c)/a^3)}$
95 % Konfidenzintervall für N: $KI(N) = N \pm 1{,}96\ SD(N)$
Sensitivität von Liste A: $(a+c)/N \cdot 100$
Sensitivität von Liste B: $(a+b)/N \cdot 100$
Sensitivität von Liste A und B: $(a+b+c)/N \cdot 100$

stimmt (Tabelle 10.1). Die Validität dieser Methode hängt von 4 Grundbedingungen ab:

1. Die Population ist geschlossen;
2. alle Matchingpaare, d. h. alle in beiden Listen vorkommenden Individuen, können eindeutig identifiziert werden;
3. es besteht eine homogene Erfassungswahrscheinlichkeit in jeder Datenquelle und
4. die Datenquellen müssen voneinander unabhängig sein (Hook u. Regal 1995; International Working Group 1995b).

Zusätzlich müssen sich die Datenquellen auf den gleichen Zeitraum und den gleichen geographischen Raum beziehen und die gleiche Falldefinition benutzen. Bei jeder Anwendung von CRM muss sorgfältig geprüft werden, ob diese Bedingungen erfüllt sind, da deren Nichteinhaltung zu falschen Resultaten führen kann.

Die *erste Bedingung* – geschlossene Population – besagt, dass auf Bevölkerungsebene keine Migrationsbewegungen stattfinden dürfen. Da es sich im Bereich der Infektionskrankheiten meist um Ereignisse von kurzer Dauer handelt, ist diese Bedingung i. Allg. näherungsweise erfüllt. Sollten jedoch Personen, die von einer Datenquelle erfasst wurden, aufgrund von Auswanderung, Einwanderung oder Tod von einer anderen nicht mehr erfasst werden können, wird die Zahl der Matchingpaare reduziert und damit *N* überschätzt.

Die *zweite Bedingung* – alle Matchingpaare können eindeutig identifiziert werden – hängt von der Struktur und Qualität der Datenquelle ab. Oft stehen keine eindeutigen Identifikationsangaben

für den Matchingprozess zur Verfügung, und es muss auf eine Kombination von Kriterien (z. B. Initialen, Alter, Geschlecht) zurückgegriffen werden. Dies erhöht die Chance, tatsächlich existierende Matchingpaare nicht zu entdecken (Überschätzung von *N*) oder verschiedene Fälle als identisch anzusehen (Unterschätzung von *N*).

Die *dritte Bedingung* – homogene Erfassungswahrscheinlichkeit in einer Datenquelle – besagt, dass alle Personen in der Population die gleiche Wahrscheinlichkeit besitzen, in einer Datenquelle erfasst zu werden. Diese Bedingung ist selten erfüllt, da gewisse Populationsschichten fast immer Eigenschaften oder Verhaltensweisen aufweisen, die deren Erfassungswahrscheinlichkeit erhöhen oder vermindern, z. B. Schwere der Erkrankung, sozioökonomische Faktoren, ethnische Besonderheiten, Alter, Geschlecht, Drogenkonsum oder eine Unzahl anderer Gründe. Heterogenität kann durch Stratifizierung in Populationsschichten mit unterschiedlicher Erfassungswahrscheinlichkeit ausgeglichen werden.

Die *vierte Bedingung* – Unabhängigkeit der Datenquellen – ist für das Verstehen wie auch für die Validität von CRM essentiell. Datenquellen werden als unabhängig betrachtet, wenn die Wahrscheinlichkeit, von einer Quelle erfasst zu werden, nicht die Erfassungswahrscheinlichkeit durch eine andere Quelle beeinflusst. Wird die Erfassungswahrscheinlichkeit einer Datenquelle durch eine andere erhöht, liegt positive Abhängigkeit vor und *N* wird unterschätzt. Wenn Erfassungen durch unterschiedliche Datenquellen dazu neigen, sich gegenseitig auszuschließen, liegt negative Abhängigkeit vor und *N* wird überschätzt. Epidemiologische Datensätze zeigen gewöhnlich Abhängigkeiten auf. Wenn z. B. Praxisärzte ihre Patienten in bestimmte Krankenhäuser überweisen oder die Proben ihrer Patienten in bestimmte Labllisten schicken, weisen die Falllisten dieser Ärzte und die der betreffenden Krankhäuser oder Laboratorien eine positive Abhängigkeit auf. Negative Abhängigkeit liegt vor, wenn z. B. die Meldung eines Falles an eine Datenquelle den Melder von der Pflicht entbindet, diesen Fall einer anderen Datenquelle zu melden.

Eine direkte Überprüfung der Abhängigkeiten kann mit zwei Datenquellen allein nicht vollzogen werden. Oft kann jedoch eine indirekte Überprüfung durch sorgfältige Analyse der Struktur und Herkunft der Datenquellen erfolgen und wahrscheinlich vorliegende Abhängigkeiten in die Interpretation der Ergebnisse mit einbezogen werden. Generell gilt jedoch, dass die Resultate, die mit der Zwei-Listen-Methode allein erstellt wurden, sehr vorsichtiger Interpretation bedürfen.

Methoden für multiple Listen

Wenn mehr als zwei Datenquellen zur Verfügung stehen, ist zur Analyse der gewonnenen Daten ein loglineares Modell geeignet. Mit Hilfe dieser Methode können sowohl Abhängigkeiten zwischen verschiedenen Datenquellen wie auch heterogene Erfassungswahrscheinlichkeiten in-nerhalb von Datenquellen berücksichtigt werden (Hook u. Regal 1995; International Working Group 1995a). Eine weitere Methode für die Analyse multipler Listen ist die nach Wittes (Wittes et al. 1974). Diese Methode kann als Erweiterung der Zwei-Listen-Methode betrachtet werden, wobei aufgrund des Vorhandenseins multipler Listen das Abhängigkeitsverhältnis zwischen den Datenquellen evaluiert werden kann. Eine Beschreibung der Methode nach Wittes folgt zuerst, da sie das Verständnis für das loglineare Modell erleichtert.

Wenn weder Abhängigkeit noch heterogene Erfassungswahrscheinlichkeit vorliegen, sind die Schätzwerte, die von zwei Datenquellen (z. B. AB) erhalten werden, ähnlich den Schätzwerten, die durch eine Kombination zweier anderer Datenquellen (z. B. AC oder BC) erhalten werden. Ob diese Werte wirklich einander ähnlich sind, kann durch Berechnung der Odds-Ratio (OR) für die Zellwerte zweier Datenquellen innerhalb einer dritten Datenquelle getestet werden. Schließt das 95 %-Konfidenzintervall für die OR 1 ein, werden die beiden Datenquellen als unabhängig voneinander angesehen. Eine OR >1 zeigt positive Abhän-

gigkeit an, eine OR <1 negative Abhängigkeit. Liegen Abhängigkeiten vor, können die beiden abhängigen Datenquellen miteinander verschmolzen und als eine Datenquelle behandelt werden. Eine erneute Berechnung kann dann mit der verschmolzenen und den anderen verbliebenen Datenquellen erfolgen.

Beispiel 1

1995 wurde eine Evaluierung des französischen Meldesystems (MS) für Legionärskrankheit durchgeführt. Daten vom Nationalen Referenzzentrum (NRZ) und einer Umfrage unter 432 Krankenhauslaboratorien (KH) wurden als zwei weitere Datenquellen herangezogen, um CRM nach der Wittes-Methode durchzuführen (RNSP 1996).
Abb. 10.2 zeigt die Verteilung der 633 Meldungen innerhalb der drei Datenquellen. Mit Hilfe der Zwei-Listen-Formel bc/a wurde die Gesamtzahl der Legionellosenfälle in Frankreich geschätzt: MS/NRZ 389 Fälle, MS/KH 615 Fälle, KH/NRZ 715 Fälle. Da die Schätzungen weit auseinanderliegen, wurde eine positive Abhängigkeit zwischen MS/NRZ (oder negative Abhängigkeit zwischen KH/NRZ wie auch MS/KH) vermutet. Um diese Vermutung näher zu untersuchen, wurde die Odds-Ratio zweier Datenquellen innerhalb der dritten berechnet:

MS/NRZ innerhalb KH $= 2{,}3$; 95 % KI (1,0–5,7)	OR $= (190 \times 18)(11 \times 138)$
MS/KH innerhalb NRZ $= 0{,}7$; 95 % KI (0,3–1,8)	OR $= (18 \times 59)(11 \times 138)$
NRZ/KH innerhalb MS $= 1{,}5$; 95 % KI (0,4–5,4)	OR $= (18 \times 10)(11 \times 11)$

Das Ergebnis zeigte positive Abhängigkeit zwischen MS und NRZ. Beide Datenquellen wurden daher miteinander verschmolzen (AUB) und als neue unabhängige Datenquelle betrachtet. Die erneute Berechnung mit AUB/KH ergab eine Gesamtfallzahl von nunmehr 528 (95 % KI 495–561). Da MS im Jahr 1995 lediglich 50 Meldungen erhielt, kam dies einer Sensitivität für dieses Meldesystem von 9 % (50/528) gleich.

Loglineare Modelle sind komplexer als die bisher beschriebenen Methoden, können jedoch die Abhängigkeit zwischen und die Heterogenität in Datenquellen berücksichtigen und sind daher die Methode der Wahl, wenn multiple Listen zur Verfügung stehen. Generell analysieren loglineare

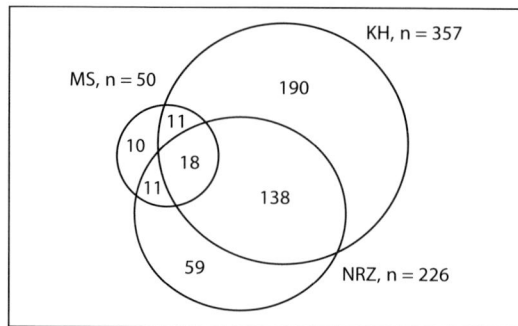

Abb. 10.2. Verteilung der Legionellosenfälle auf die drei Datenquellen Meldesystem (MS), Krankenhauslaboratorien (KH) und Nationales Referenzzentrum (NRZ)

Modelle die Beziehung zwischen kategorischen Variablen in einer Kontingenztabelle, wobei der zu erwartende Wert innerhalb einer Zelle als lineare Funktion der Effekte aller Zellen und deren Interaktionen (bisher Abhängigkeiten genannt) dargestellt wird. Wenn angewandt für die Capture-Recapture-Methode, liefern diese Modelle den Schätzer für eine leere Zelle in einer 2^k-Kontingenztabelle, wobei k die Zahl der Datenquellen darstellt und die leere Zelle die Fälle, die in keiner der k Datenquellen vorkommen. Tabelle 10.2 zeigt eine Kontingenztabelle für drei Datenquellen. Die Tabelle enthält $2^3 = 8$ Zellen, eine leere Zelle x und 7 Zellen mit der Zahl der beobachteten Fälle für alle Kombinationen von A_i, B_j und C_k. Log-lineare Modelle berechnen den zu erwartenden Wert F innerhalb einer Zelle als $lnF_{ijk} = \theta + \lambda_i^A + \lambda_j^B + \lambda_k^C + \lambda_{ij}^{AB} + \lambda_{ik}^{AC} + \lambda_{jk}^{BC}$, wobei λ^A der Effekt von Datenquel-le A ist, λ^{AB} der Effekt der Interaktion zwischen Datenquelle A und B, usw.

Je nachdem, welche Kombinationen von Datenquellen und Interaktionen berücksichtigt werden, können für drei Datenquellen insgesamt 8

Modelle erstellt werden. Ziel des Modellierungsprozesses ist es, unter allen möglichen Modellen das Modell zu identifizieren, das die beobachteten Werte am besten beschreibt. Die meisten Untersucher beginnen mit einem Modell, das alle Datenquellen und Interaktionen enthält und schließen dann schrittweise die Parameter aus, die als unwichtig erachtet werden. Ob ein Parameter in einem Modell wichtig oder unwichtig ist, kann mit der Likelihood-Ratio-Statistik G² ermessen werden, die einen zu erwartenden Wert F_{ijk} mit dem beobachteten Wert vergleicht. Anders ausgedrückt: Liegt Abhängigkeit zwischen zwei Datenquellen vor, wird der Parameter, der diese Abhängigkeit (Interaktion) beschreibt, im Modell belassen, andernfalls wird er entfernt. Die meisten größeren Statistikprogramme (BMDP, GLIM, S+, SAS, u. a. m.) können loglineare Modelle erstellen und liefern automatisch die Schätzer und die dazugehörigen Konfidenzintervalle für ein bestimmtes Modell. Der wichtigste Schritt – die Auswahl des besten Modells –bleibt jedoch weiterhin dem Untersucher vorbehalten.

Wenn heterogene Erfassungswahrscheinlichkeit innerhalb einer Datenquelle vorliegt, wird der für die Heterogenität verantwortliche Faktor als neue Variable in das Modell aufgenommen und erneut auf Interaktionen untersucht.

Beispiel 2

Die in Beispiel 1 aufgeführten Datensätze wurden mit einem loglinearen Modell neu analysiert (RNSP 1996). Da alle drei Datenquellen – MS, NRZ und KH – unterschiedliche diagnostische Methoden verwendeten, wurde die Diagnosemethode als Variable mit drei Strata (Kultur, Serokonvertierung, hoher Antikörpertiter) in das Modell mit einbezogen. Diese Variable sollte es ermöglichen,

Tabelle 10.2. Präsentation eines Drei-Listen-Modells

		Datenquelle A			
		Erfasst		Nicht erfasst	
		Datenquelle B		Datenquelle B	
		Erfasst	Nicht erfasst	Erfasst	Nicht erfasst
Datenquelle C	erfasst	a	b	e	f
	nicht erfasst	c	d	g	x

eine durch die unterschiedlichen Diagnoseme-
thoden bedingte Heterogenität, wenn vorhanden, aufzudecken. Zur Beurteilung der verschiedenen Modelle wurden die Likelihood-Ratio-Statistik G^2 und die Zahl der Parameter in einem Modell herangezogen (je größer der p-Wert von G^2
und je kleiner die Anzahl der Parameter, desto
besser das Modell).

Als bestes Modell wurde dasjenige Modell gewählt, das alle drei Datenquellen und die Interaktion zwischen MS und NRZ beinhaltete. Der p-
Wert der G^2-Statistik war größer und die Anzahl
der Parameter kleiner als für die anderen Modelle.
Die Gesamtzahl der Legionellosenfälle in Frankreich im Jahre 1995 wurde wiederum auf 528
(95 % KI 509–547) geschätzt; letztlich fand das
gleiche Modell Verwendung wie in Beispiel 1. Bei
Berücksichtigung der unterschiedlichen Diagno-
semethoden ergab sich eine geschätzte Gesamtfallzahl von 524 bei unverändertem p-Wert für die
G^2-Statistik, aber einer wesentlich höheren Anzahl
von Parametern.

Fazit
Die CRM stellt eine konzeptionell einfache Methode zur Beurteilung inkompletter Datenquellen
dar. Bei korrekter Anwendung kann die CRM wesentlich schneller als herkömmliche Studien vali-

de Schätzer für Prävalenz, Inzidenz und die Sensitivität von Surveillancesystemen liefern, verbunden mit deutlich geringeren Kosten. Die Attrakti-
vität der Methode darf jedoch nicht darüber hin-
wegtäuschen, dass ihr Gebrauch an strenge Bedingungen gebunden ist, deren Nichteinhaltung
leicht zu falschen Resultaten führen kann.

Literatur

Hook EB, Regal RR (1995) Capture-recapture methods in epi-
    demiology. Methods and limitations. Epidemiol Rev 17/2:
    243–264
International Working Group for Disease Monitoring and
    Forecasting (1995a) Capture-recapture and multiple-
    record systems estimation I: history and theoretical de-
    velopment. Am J Epidemiol 142: 1047–58
International Working Group for Disease Monitoring and
    Forecasting (1995b) Capture-recapture and multiple-
    record systems estimation II: applications in human dis-
    eases. Am J Epidemiol 142: 1059 –68
Réseau National de Santé Publique et Centre National de
    Référence des Legionella (1996) Légionellose en France
    en 1995: diagnostic microbiologique et surveillance
    épidémiologique. RNSP, Saint-Maurice
Wittes JT, Colton T, Sidel VW (1974) Capture-recapture models
    for assessing the completeness of case ascertainment
    using multiple information sources. J Chronic diseases
    27: 25–36

Nosokomiale Infektionen und multiresistente Erreger

Petra Gastmeier und Henning Rüden

Die Probleme, die mit nosokomialen Infektionen, also in Einrichtungen des Gesundheitswesens erworbenen Infektionen zusammenhängen, existieren zweifellos bereits solange, wie Patienten behandelt werden. Mit der Entwicklung der modernen Medizin werden allerdings immer häufiger invasive diagnostische und therapeutische Verfahren angewendet, um das Leben zu verlängern. Zudem werden die Patienten älter oder sie haben verminderte Abwehrmechanismen. Dadurch treten nosokomiale Infektionen immer mehr in den Vordergrund, und ihre Ursachen und Übertragungswege müssen untersucht werden. Hinzu kommt die Entwicklung von Antibiotikaresistenzen bei Staphylokokken, Enterokokken oder den gramnegativen Bakterien wie den Enterobakterien, die häufige Erreger nosokomialer Infektionen sind.

11.1 Bedeutung von nosokomialen Infektionen und multiresistenten Erregern

Nach dem Infektionsschutzgesetz ist eine nosokomiale Infektion (NI) eine Infektion mit lokalen oder systemischen Infektionszeichen als Reaktion auf das Vorhandensein von Erregern oder ihrer Toxine, die im zeitlichen Zusammenhang mit einer stationären oder einer ambulanten medizinischen Maßnahme steht, soweit die Infektion nicht bereits vorher bestand.

Die Einstufung als nosokomiale Infektion oder Krankenhausinfektion bedeutet nicht automatisch, dass ein kausaler Zusammenhang zwischen der medizinischen Behandlung und dem Auftreten der Infektion existiert, es ist auch kein Synonym für ärztliches oder pflegerisches Verschulden.

Auf der Basis der Daten des deutschen Krankenhaus-Infektions-Surveillance-Systems (KISS) und des Statistischen Bundesamtes muss man davon ausgehen, dass in Deutschland allein auf den Intensivstationen jährlich mehr als 60.000 NI auftreten, und es ist mit ca. 120.000 postoperativen Wundinfektionen pro Jahr zu rechnen. Insgesamt kann man von etwa 500.000–800.000 NI-Fällen im Jahr ausgehen. Die 1994 durchgeführte nationale Prävalenzstudie hat eine Prävalenz von 3,5 % NI ermittelt (Rüden et al. 1997). Damit war etwa jede vierte bei den Patienten vorliegende Infektion eine nosokomiale.

11.1.1 Endogene und exogene nosokomiale Infektionen

Dabei kann man endogene und exogene NI unterscheiden. Exogene Infektionen sind das direkte Ergebnis der Aufnahme der Infektionserreger aus der Umgebung. Sie können über den Luftweg aufgenommen werden, durch kontaminierte Gegenstände oder den direkten Kontakt mit Carriern, durch Aufnahme kontaminierter Nahrung oder parenterale Inokulation. Endogene Infektionen können in primäre und sekundäre differenziert werden. Um primär endogene NI handelt es sich dann, wenn die Erreger zur normalen Flora des Patienten gehören. Von sekundär endogenen NI spricht man, wenn die Erreger erst im Laufe des Krankenhausaufenthaltes Teil der patienteneigenen Flora geworden sind (Chotani et al. 2001).

❯ **Definition**
Eine Infektion wird als nosokomial bezeichnet, wenn sie bei Aufnahme in das Krankenhaus weder vorhanden noch in der Inkubationsphase war.

11.1.2 Ursachen

Nosokomiale Infektionen haben im Wesentlichen 4 verschiedene Ursachen (Chotani et al. 2001):

- Patientenfaktoren: Aufgrund des eingeschränkten Immunsystems der Patienten steigt ihr Risiko zur Entwicklung von NI.
- Umwelt: Die Krankenhausumgebung fördert die Ausbreitung von NI-Erregern, z. B. begünstigen Faktoren wie die Nähe zu anderen Patienten, die Kontamination von Geräten, die Exposition zu kontaminiertem Wasser, Bau- und Renovierungsarbeiten und nicht desinfizierte Hände des medizinischen Personals die Übertragung von NI-Erregern.
- Technologie: Fortschritte der Medizintechnik, die bessere Methoden des Monitorings und der Pflege der Patienten ermöglichen, bedingen gleichzeitig neue Eintrittspforten für Infektionserreger.
- Menschliche Faktoren: Medizinisches Personal ist i. Allg. heute größeren Arbeitsbelastungen ausgesetzt als früher, mit der Gefahr, dass einfache Hygienemaßnahmen nicht ausreichend beachtet werden.

Aufgrund von Untersuchungen zur Transmission von NI-Erregern und der Beobachtung des Erfolgs von Interventionen geht man davon aus, dass etwa 13–32 % der NI vermeidbar sind, selbstverständlich gibt es dabei erhebliche Unterschiede zwischen verschiedenen medizinischen Einrichtungen.

11.1.3 Häufige nosokomiale Infektionen

Die häufigsten NI sind Harnwegsinfektionen (40 %), gefolgt von unteren Atemwegsinfektionen (20 %), postoperativen Wundinfektionen (15 %) und der primären Sepsis (8 %) (Rüden et al. 1997). Besonders nosokomiale Pneumonien und Sepsisfälle können einen letalen Ausgang haben (etwa 10 % zusätzliche Letalität) und sind mit einer deutlichen Verlängerung der Verweildauer auf Intensivstationen von etwa 6–7 Tagen verbunden (Ergebnisse von gematchten Fall-Kontroll- und Kohortenstudien). Damit tragen NI auch in erheblichem Maße zur Kostensteigerung im Gesundheitswesen bei. Das gilt auch für postoperative Wundinfektionen, bei denen man von ca. 7 Tagen zusätzlicher Verweildauer im Krankenhaus ausgeht (Fridkin et al. 1996).

11.1.4 Wichtige Erregerarten

Die wichtigsten Erregerarten sind jeweils von der Infektionsart abhängig. Bei nosokomialen Pneumonien auf Intensivstationen dominieren *S. aureus* (24 %), bei den Fällen von primärer Sepsis sind es Koagulase-negative Staphylokokken (29 %), und nosokomiale Harnwegsinfektionen werden vor allem durch *E. coli* (26 %) hervorgerufen. Bei den Wundinfektionen gibt es Unterschiede je nach Operationsgebiet (Tabelle 11.1, jeweils aktuelle Daten unter NRZ, http://www.nrz-hygiene.de).

Von besonderer Bedeutung ist das zunehmende Auftreten von multiresistenten Erregern (MRE). Auf vielen Intensivstationen sind mehr als 50 % aller Behandlungstage Antibiotikaanwendungstage, auf chirurgischen Stationen ermittelten wir einen Anteil von 14 % (Gastmeier et al. 2001). Hinzu kommt die Ausbreitung von MRE durch nicht ausreichende Beachtung der Infektionsprävention. Vor allem Methicillin-resistente *S. aureus* (MRSA) und Vancomycin-resistente *E. faecium* und *E. faecalis* (VRE) sind hier zu nennen.

S. aureus kolonisiert die Nasenvorhöfe und ist ein üblicher Erreger von Haut- und Schleimhautinfektionen. MRSA hat dieselben Ausbreitungswege und dieselbe Fähigkeit, Infektionen hervorzurufen, aber durch eine Veränderung des penicillinbindenden Proteins eine angeborene (intrinsische) Resistenz gegenüber allen β-Laktam-Antibiotika (Penicilline und Cephalosporine). Genetische Grundlage dafür ist das chromosomal vorhandene mec-A-Gen. Wegen der Resistenzeigenschaften sind MRSA-Infektionen wahrscheinlich mit höherer Letalität verbunden, und es besteht das Risiko, dass sich Vancomycin-resistente *S. aureus* (VRSA) entwickeln können. Vancomycin-intermediär-resistente *S. aureus* (VISA) wurden bereits in verschiedenen Regionen der Welt in klinischem Material gefunden, ein VRSA wurde inzwischen in den USA nachgewiesen. In Deutschland sind ca. 15 % der klinischen *S.-aureus*-Isolate MRSA (Kresken et al. 2000).

Enterokokken gehören zur physiologischen Darmflora. Hauptspezies sind *E. faecalis* (Anteil 90–95 %) und *E. faecium* (5–10 %). Markerresistenzen sind diejenigen gegen die Glykopeptidantibiotika Vancomycin und Teicoplanin. Daher wird auch die Bezeichnung Glykopeptid-resistente Enterokokken (GRE) verwendet, häufiger findet man allerdings den Begriff VRE (Vancomycin-resisten-

Tabelle 11.1. Die häufigsten Erregerarten bei den wichtigsten nosokomialen Infektionen auf Intensivstationen und bei postoperativen Wundinfektionen. (Nach den KISS-Daten, NRZ. http://www.nrz-hygiene.de)

	Häufigster Erreger	2. Stelle in der Häufigkeit	3. Stelle in der Häufigkeit
Beatmungsassoziierte Pneumonie	S. aureus	P. aeruginosa	Klebsiella spp.
	(24 %)	(16 %)	(13 %)
ZVK-assoziierte Sepsis	Koagulase-negative Staphylokokken (29 %)	S. aureus (16 %)	Enterokokken (11 %)
Harnwegskatheterassoziierte Harnweginfektion	E. coli (26 %)	Enterokokken (25 %)	P. aeruginosa (8 %)
Postoperative Wundinfektionen	S. aureus (24 %)	E. coli (13 %)	Enterokokken (11 %)

te Enterokokken). Sie sind beschrieben als Erreger von Harnwegs- und Wundinfektionen, Septikämien und Endokarditiden. In Deutschland beträgt der VRE-Anteil der klinischen Enterokokkenisolate bis zu 5 %. In den USA liegt die Rate für Intensivstationen bei bis zu 24 %. Während in den USA ursächlich vor allem die hohe Anwendungsrate von Vancomycin diskutiert wird, hat in Europa wahrscheinlich der Konsum des Fleisches von Tieren, die Glykopeptidantibiotika (Avoparcin) als Masthilfe erhielten, eine entscheidende Rolle gespielt.

Unter den gramnegativen Erregern werden MRE vor allem bei *P. aeruginosa, S. maltophilia, K. pneumoniae* und *E. coli* beobachtet. In der letzten Zeit haben β-Laktamasen (Enzyme) mit erweitertem Spektrum (Extended-Spektrum-β-Laktamasen, ESBL) besondere Bedeutung erlangt. Sie sind die Hauptursache der Resistenz gegen Penicilline, Cephalosporine sowie Aztreonam und treten bei *Enterobacteriaceae* auf (z. B. *Klebsiella spp., E. coli*, seltener *Enterobacter spp., Serratia spp.*). Die ESBL-Resistenzgene befinden sich auf Plasmiden, die auch speziesübergreifend, z. B. von *K. pneumoniae* auf *E. coli*, schnell und effektiv übertragen werden. Die daraus resultierende rasche Ausbreitung von Mehrfachresistenzen bedingt den Einsatz sog. „Reserveantibiotika". Der zusätzliche Selektionsdruck führt seinerseits zum gehäuften Auftreten anderer MRE, z. B. multiresistenter *P. aeruginosa*.

❶ Der wichtigste Übertragungsweg für alle genannten MRE ist der direkte Kontakt. Vor allem durch die Hände des Personals werden MRSA, VRE und gramnegative multiresistente Erreger übertragen. Eine aerogene Übertragung von MRSA ist unter speziellen Umständen möglich, jedoch sehr selten.

11.2 Epidemiologische Untersuchung nosokomialer Infektionsprobleme und des Auftretens von multiresistenten Erregern

Nur etwa 2–10 % aller NI treten als Ausbrüche auf. Unter einem Ausbruch versteht man das Auftreten von mehr Fällen von NI als zeitlich und räumlich zu erwarten wären (Ammon et al. 2001). Die meisten Ausbrüche werden durch Bakterien hervorgerufen (71 %), ca. 21 % sind Virusinfektionen, 5 % werden durch Pilze bedingt und 3 % durch Parasiten (Wendt u. Herwaldt 1997). Ausbruchsuntersuchungen bestehen aus einer deskriptiven Phase, um das Geschehen nach den Kriterien Ort, Zeit und Personen genau zu erfassen, und einer analytischen Phase, in der retrospektive Kohorten- und/oder Fall-Kontroll-Studien durchgeführt werden. In Verbindung mit entsprechenden mikrobiologischen Untersuchungen kann die Infektionsquelle identifiziert werden (Ammon et al. 2001). Trotzdem ist es häufig nicht möglich, die Ursache dieser Ausbrüche zu ermitteln, da oftmals die Routinedokumentation im Krankenhaus eine umfassende Analyse der potenziellen Risikofaktoren nicht gestattet.

Die wichtigsten endemischen NI sollen, zumindest in den Risikobereichen, durch die Surveillance erfasst werden. Wegen des zusätzlichen Zeitaufwandes für die Surveillance und aufgrund der größeren Objektivität hat es sich bewährt, die Surveillance von NI durch die in den meisten Krankenhäusern beschäftigten Hygienefachschwestern/-pfleger durchführen zu lassen.

Dabei ist es sinnvoll, einheitliche Definitionen (Garner et al. 1988) sowie allgemein empfohlene Methoden der Berechnung der Infektionsraten anzuwenden, um die eigenen Ergebnisse im Sinne der internen Qualitätssicherung mit Referenzdaten vergleichen zu können (Kommission für Krankenhaushygiene 2001). Die Referenzdaten werden regelmäßig durch das Krankenhaus-Infektions-Surveillance-System (KISS) auf der Basis der Daten von ca. 200 freiwillig teilnehmenden Krankenhäusern generiert. Es besteht aus Modulen für Intensivstationen und postoperative Wundinfektionen. Weitere Module sind im Aufbau.

Für die Intensivstationen ist eine Konzentration auf Pneumonie, Sepsis und Harnwegsinfektion sinnvoll. Wegen der großen Bedeutung von Kathetern und Tuben (devices) für die Infektionsentwicklung erfolgt eine Standardisierung, indem sog. „device-assoziierte Infektionsraten" berechnet werden:

$$\text{Device} - \text{Assoziierte} \atop \text{Infektionsrate} = \frac{\text{Infektionen bei Patienten mit device}}{\text{device} - \text{Tage}}$$

Im Sinne einer Stratifizierung werden anschließend die device-assoziierten Infektionsraten separat für die verschiedenen Arten von Intensivstationen berechnet und bekannt gegeben, um die verschiedenen Grundkrankheiten der einzelnen Patientengruppen zu berücksichtigen (NRZ-Homepage) (Abb. 11.1).

Zum Vergleich der postoperativen Wundinfektionen erfolgt eine Konzentration auf 20 ausgewählte Operationsarten. Für jede durchgeführte Operation dieser Art werden der ASA-Score des Patienten (Score der Anästhesisten für die Einstufung der Erkrankungsschwere), die OP-Dauer und die Wundkontaminationsklasse dokumentiert, und es werden Risikopunkte vergeben, wenn der ASA-Score ≥3 ist, wenn die Operation länger gedauert hat als 75% der Operationen dieser Art dauern und wenn die Wundkontaminationsklasse kontaminiert oder septisch vorlag. Dementsprechend können pro OP 0, 1, 2 oder 3 Risikopunkte vergeben werden. Somit erfolgt eine Berechnung

der Wundinfektionsraten pro Risikogruppe, um die unterschiedliche Risikostruktur der Eingriffe für das jeweilige Krankenhaus besser berücksichtigen zu können. Zur zusammenfassenden Analyse wird in einem zweiten Schritt eine standardisierte Wundinfektionsrate nach folgender Formel bestimmt:

$$\text{Standardisierte} \atop \text{Wundinfektionsrate} = \frac{\text{Beobachtete Wundinfektionen}}{\text{Erwartete Wundinfektionen}}$$

Die Menge der erwarteten Wundinfektionen des Krankenhauses ergibt sich als Summe der Produkte aus den Referenzdaten und der OP-Anzahl pro Risikogruppe. Ein Wert unter 1 spricht für eine eher günstige Situation im Vergleich zu anderen Krankenhäusern.

Analog wird auch eine Surveillance des Auftretens der wichtigsten MRE gefordert. Dabei ist es epidemiologisch aussagekräftiger, beispielsweise nicht nur den Anteil der MRSA bezogen auf alle *S. aureus*-Isolate zu bestimmen, sondern die Inzidenzdichte zu berechnen (MRSA-Erstisolate pro 1000 Patiententage). In deutschen Intensivstationen liegt die Inzidenzdichte der MRSA-Infektionen bei 0,3/1000 Patiententage (NRZ). Empfehlenswert ist auch eine Surveillance der Antibiotikaanwendung, um zwischen Resistenzproblemen aufgrund von Antibiotikaanwendung und Transmission differenzieren zu können.

Tabelle 11.2 fasst die Anwendung von epidemiologischen Methoden zur Untersuchung von NI und MRE-Problemen zusammen: Randomisierte kontrollierte Studien sind die vom Design her bestgeeigneten Studien zum Nachweis der Wirksamkeit verschiedener Maßnahmen zur Prävention von NI und zur Ausbreitung von MRE. Wegen ihres häufig notwendigen erheblichen Stichprobenumfanges – vor allem bei seltenen NI und MRE –, der Schwierigkeit der Verblindung des Personals bei verschiedenen Präventionsmaßnahmen, der eingeschränkten Weiterverfolgung der Patienten und weiterer methodischer und ethischer Probleme ist die Anzahl der vorliegenden Studien zur Evaluation von Präventionsempfehlungen allerdings sehr begrenzt. Deshalb beruhen viele krankenhaushygienische Empfehlungen z. Z. eher auf rationalen Überlegungen und Expertenerfahrung. Sie sollten trotzdem sorgfältig in Krankenhaus und Praxis berücksichtigt werden, um die Zahl der NI zu reduzieren.

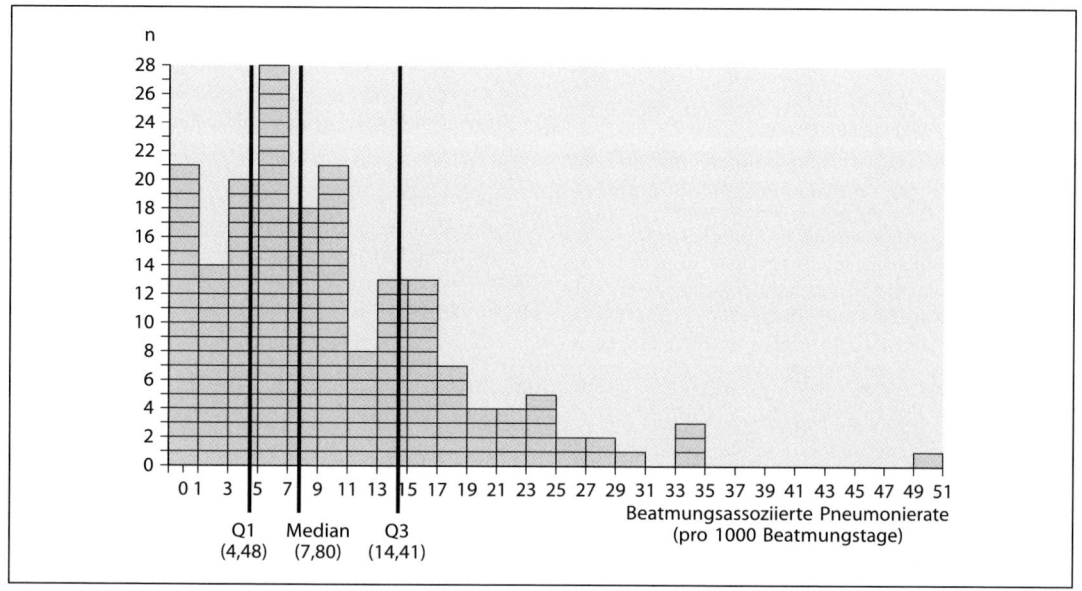

Abb. 11.1. Verteilung der beatmungsassoziierten Pneumonierate für 181 KISS-Intensivstationen. Jedes Kästchen repräsentiert eine Intensivstation. Median und 75 %-Perzentil (Q3) dienen zur Orientierung in Bezug auf die Position der eigenen Intensivstation. Stationen unterhalb oder im Bereich des Medians haben wahrscheinlich kein Problem mit beatmungsassoziierten Pneumonien. Bei einer beatmungsassoziierten Pneumonierate oberhalb des Q3-Wertes kann ein Hygieneproblem vorliegen, die hohe Infektionsrate kann aber auch durch eine besondere Zusammensetzung der Patienten, ungenügende Spezifität der Diagnostik oder einen kleinen Stichprobenumfang mit zufällig hoher Infektionsrate bedingt sein. Eine sorgfältige Interpretation der Infektionsraten ist deshalb sehr wichtig

Tabelle 11.2. Epidemiologische Methoden in der Krankenhaushygiene

	Beobachtungsstudien	Interventionsstudien		
	Querschnittsstudien	Longitudinalstudien		
		Kohortenstudien	Fall-Kontroll-Studien	Randomisierte kontrollierte Studien
Deskriptiv	Prävalenz der NI, MRE, Antibiotikaanwendung	Inzidenz der NI, MRE, Antibiotikaanwendung		
Analytisch		Risikofaktoren-identifizierung (Ausbruchsaufklärung)	Risikofaktoren-identifizierung (Ausbruchsaufklärung)	Wirksamkeit von Präventionsmaß-nahmen
		Zusätzliche Letalität und Verweildauer	Vergleichende Letalität und Verweildauer	

❷ Fazit

Nosokomiale Infektionen und multiresistente Erreger bieten ein ideales Anwendungsfeld für die verschiedenen epidemiologischen Untersuchungsmethoden zur Analyse und Prävention.

Es ist zu hoffen, dass die traditionell immer noch eher mikrobiologisch als epidemiologisch geprägte Krankenhaushygiene in Deutschland in der Zukunft epidemiologische Methoden im Sinne der Patienten vermehrt anwendet.

Literatur

Ammon A, Gastmeier P, Weist K, Kramer M, Petersen L (2001) Empfehlungen für die Untersuchung von Ausbrüchen nosokomialer Infektionen. RKI 21

Chotani R, Roghmann M-C, Perl T (2001) Nosocomial infections. In: Nelson K, Williams C, Graham N (eds) Infectious disease epidemiology. Aspen, Gaithersburg

Fridkin SK, Pear SM, Williamson TH, Galgiani JN, Jarvis WR (1996) The role of understaffing In central venous catheter-associated bloodstream infection. Infect Control Hosp Epidemiol 17: 150–158

Garner JS, Emori WR, Horan TC, Hughes JM (1988) CDC definitions for nosocomial infections. Am J Infect Control 16: 128–140

Gastmeier P, Geffers C, Hansen S, Nassauer A, Rüden H. (2001) Das Infektionsschutzgesetz und die Surveillance von nosokomialen Infektionen. Klinikarzt 30: 200–204

Kommission für Krankenhaushygiene und Infektionspräventon (2001) Mitteilung der Kommission für Krankenhaushygiene und Infektionsprävention zur Surveillance (Erfassung und Bewertung) von nosokomialen Infektionen (Umsetzung von § 23 IfSG). Bundesgesundhbl 44: 523–36

Kresken M, Hafner D et al. (2000) Resistenzsituation bei klinisch wichtigen Infektionserrregern gegenüber Chemotherapeutika in Mitteleuropa. Chemotherapie 9: 51–86 NRZ. http://www.nrz-hygiene.de

Rüden H, Gastmeier P, Daschner F, Schumacher M. (1997) Nosocomial and community-acquired infections in Germany. Summary of the results of the first national prevalence study (NIDEP). Infection 25: 199–202

Wendt C, Herwaldt LA. (1997) Epidemics: Identification and management. In: Wenzel RP (ed) Prevention and control of nosocomial infections. Williams and Wilkins, Baltimore, pp 175–213

Infektionskrankheiten bei Frauen und Männern

ALEXANDER KRÄMER, BARBARA HOFFMANN und LUISE PRÜFER-KRÄMER

Wenn man die Verbreitung von Infektionskrankheiten unter historischen Gesichtspunkten betrachtet, so ist zu erkennen, dass große Epidemien oftmals vorzugsweise bestimmte Personen- oder Bevölkerungsgruppen betrafen. Beispiele von Epidemien, die vor allem Männer betrafen, sind Typhus- und Rückfallfieberepidemien bei deutschen Truppen im Ersten und Zweiten Weltkrieg. Im Folgenden wird eine geschlechtervergleichende Betrachtung von Infektionskrankheiten durchgeführt, welche auf der Analyse von Sekundärdaten beruht. Diese explorative Datenanalyse dient dem Zweck, Hypothesen über die möglichen Ursachen für die Geschlechterunterschiede bei Infektionskrankheiten zu generieren.

Grundlage für die nach den Geschlechtern differenzierte Untersuchung von Infektionskrankheiten waren die Daten der Global Burden of Disease and Injuries Series von Murray und Lopez (Murray u. Lopez 1996). Dabei handelt es sich um die Sammlung verschiedener krankheitsspezifischer epidemiologischer Parameter wie Inzidenz, Prävalenz, Mortalität, Letalität, verlorene Lebensjahre, mittleres Alter bei Manifestation und mittlere Krankheitsdauer für ein umfassendes Krankheitenregister. Die Daten sind sowohl global für die gesamte Erdbevölkerung wie für acht verschiedene Weltregionen unterschieden: „Established Market Economies" (EME),„Formerly Socialist Economies of Europe" (FSE), Indien (IND), China (CHN), „Other Asia and Islands" (OAI), „Sub-Sa-

haran Africa" (SSA), „Latin America and the Caribbean" (LAC) und „Middle Eastern Crescent" (MEC).

Die Krankheitsklassifikation der Global Burden of Disease and Injuries Series orientierte sich grob an der ICD-9, welche im Basisjahr der Studie 1990 benutzt wurde. Die Einteilung der Krankheiten folgte einem Entscheidungsbaum. Für unsere Analyse wurden die Infektionskrankheiten herausgegriffen (Gruppen IA und IB), wobei sie zusätzlich für einzelne spezielle Erkrankungen differenziert werden konnten. Die Daten für die alters- und geschlechtspezifische Todesursachenstatistik stammten, soweit vorhanden, aus offiziellen demographischen und epidemiologischen Statistiken. Die Bevölkerung wurde allerdings nur in zwei Regionen (EME, FSE) nahezu vollständig erfasst. Die Datenbasis für China stammte von der Chinese Academy of Preventive Medicine, welche sog. „disease surveillance points" vergibt. Hier wurden für einen repräsentativen Teil der ländlichen Bevölkerung (10 Millionen) und für eine Stichprobe der städtischen Bevölkerung unter ärztlicher Mitarbeit Todesursachen registriert. Für Indien wurden die Daten für die städtische Bevölkerung aus einem Bundesland hochgerechnet und die Daten für die ländliche Bevölkerung in „primary care centers" von Laienpersonal erhoben. Datenquellen für die übrigen Regionen waren neben amtlichen Statistiken repräsentative Erhebungen an Bevölkerungsstichproben, örtliche bevölkerungsbezogene Labors, epidemiologische Studien und Modellrechnungen. In bestimmten Fällen wurden zusätzlich mehrfache Expertenbefragungen durchgeführt. Genauere Informationen zur Methodik der Datenerhebung und -bearbeitung im Rahmen der Global Burden of Disease and Injuries Series können der Originalliteratur entnommen werden (Murray u. Lopez 1996).

12.1 Geschlechtsspezifische Mortalität an Infektionskrankheiten und Mortalitätsquotient nach Weltregionen

Abb. 12.1 zeigt die geschätzte Mortalität an Infektionskrankheiten nach Geschlecht für die acht Weltregionen. Es zeigt sich eine nahezu identische Mortalität in EME und FSE mit 51,7 Todesfällen/100.000 Männer in EME und 50,8 Todesfällen/100.000 Männer in FSE und 45,2 bzw. 45,3 Todesfällen/100.000 Frauen in EME bzw. FSE. Diese Regionen haben die niedrigste Mortalität an Infektionskrankheiten weltweit. Die höchste Mortalität an Infektionen findet sich in SSA mit 926,6 Todesfällen/100.000 Männer und 830 Todesfällen/100.000 Frauen, gefolgt von Indien mit 463,1 Todesfällen/100.000 Männer und 448,4 Todesfällen/100.000 Frauen.

❶ **Beim Vergleich der Mortalität der Geschlechter fällt auf, dass unabhängig vom Mortalitätsniveau in allen Weltregionen bei Männern eine geringfügig höhere Mortalität an Infektionen zu finden ist als bei Frauen.**

Dabei schwankt das Verhältnis der geschlechtsspezifischen Mortalität zwischen 1,03 für IND und 1,23 für LAC. EME liegt mit einem Geschlechterverhältnis von 1,15 im oberen Bereich, übertroffen nur noch von OAI (1,17) und LAC (1,23). Bei einer Analyse der verlorenen Lebensjahre fällt auf, dass das Geschlechterverhältnis bei dieser gesundheitswissenschaftlich relevanten Größe für die Männer in EME und FSE deutlich ungünstiger ausfällt (1,92 bzw. 1,58) als bei der Mortalität. Dies bedeutet, dass in EME fast doppelt so viele Lebensjahre bei Männern durch Infektionen verloren gehen als bei Frauen.

12.2 Alters- und geschlechtsspezifische Mortalität an Infektionskrankheiten nach Weltregionen

Beim interregionalen Vergleich der altersspezifischen Mortalität fällt auf, dass die Verläufe über die gesamte Lebensspanne für die verschiedenen Weltregionen unterschiedlich sind (Abb. 12.2).

In EME findet man fast über die gesamte Lebensspanne hinweg eine sehr niedrige Mortalität (kleiner 60/100.000), wobei bereits im Jugend- und jungen Erwachsenenalter eine geringfügige Zunahme der männlichen gegenüber der weiblichen Mortalität zu erkennen ist. Diese Differenz bleibt in den folgenden Altersgruppen bestehen und steigt deutlich an, wenn die Mortalität in der höchsten Altersgruppe stark zunimmt (481/100.000 für Männer und 354/100.000 für Frauen). Ein ähnliches Bild zeigt sich für FSE, wobei hier jedoch eine höhere Säuglings- und Kleinkindersterblichkeit vorliegt mit geschlechtsspezifischem Unterschied (116/100.000 für Jungen gegenüber 91/100.000 für Mädchen). Danach fällt die Mortalität für beide Geschlechter auf niedrige Werte unter 20/100.000 ab. Ab der Altersgruppe der 30- bis 33-Jährigen übersteigt die Mortalität der Männer die der weiblichen Altersgenossen. In der Gruppe der 45- bis 59-Jährigen sterben sogar mehr als 5-mal so viele Männer an Infektionen als Frauen (52/100.000 gegenüber 10/100.000). Wie in EME kommt es in der höchsten Altersgruppe zu einem starken Anstieg der Mortalität auf 474/100.000 für Männer und 350/100.000 für Frauen.

In den übrigen Regionen sieht man einen U-förmigen Verlauf der alters- und geschlechtsspezifischen Mortalität, d. h. Säuglings- und Kleinkindersterblichkeit (durch infektiöse Durchfallerkrankungen, Malaria etc.) sind annähernd so groß

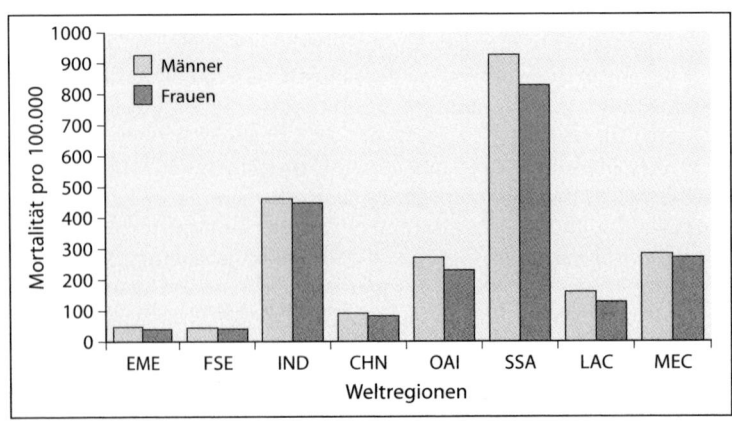

Abb. 12.1. Geschlechtsspezifische Mortalität an Infektionskrankheiten in 8 Weltregionen. Die höchste Mortalität findet sich in Afrika südlich der Sahara (SSA), gefolgt von Indien (IND). In den industrialisierten Regionen ist die infektionsbedingte Mortalität niedrig

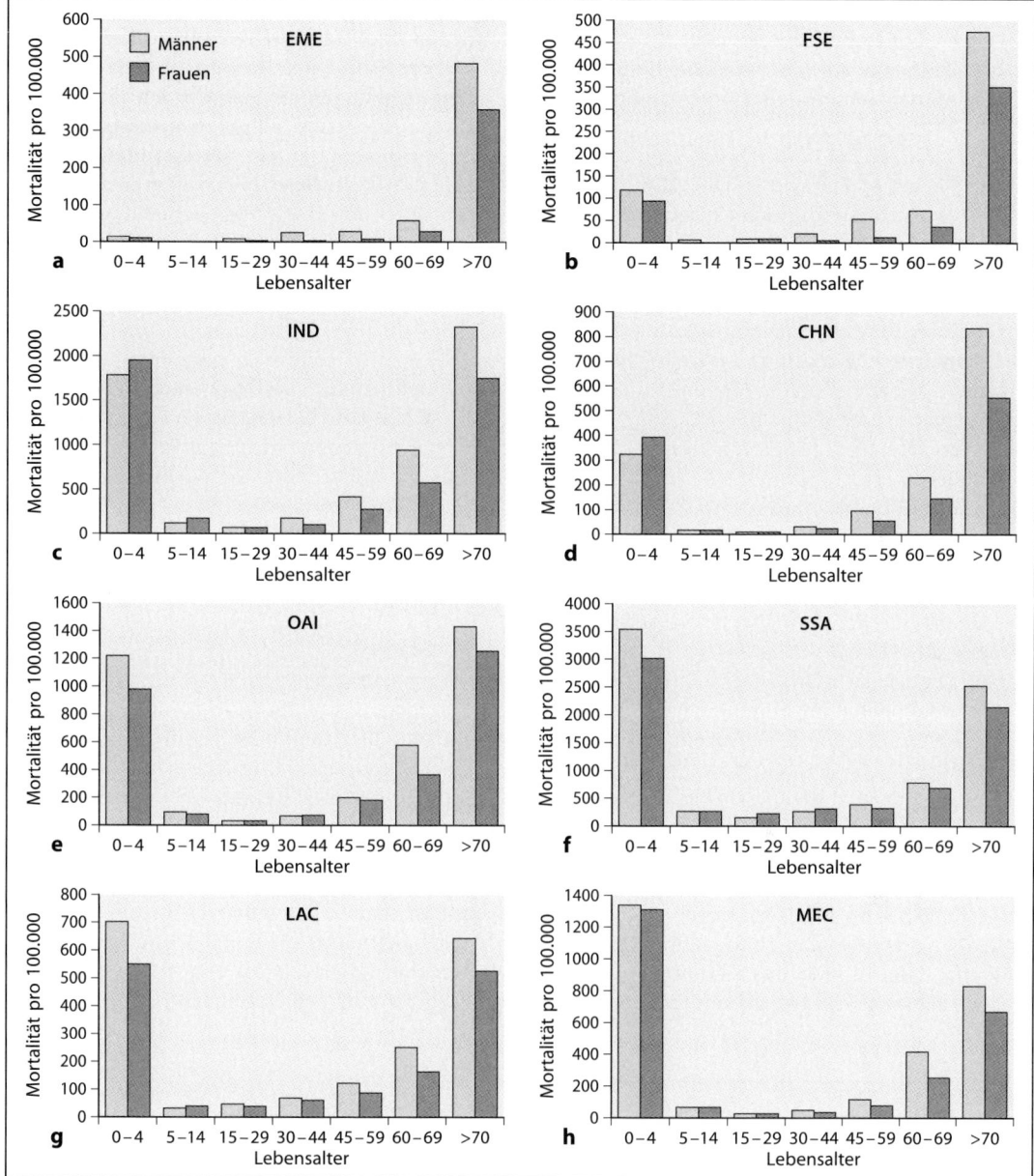

Abb. 12.2. Alters- und geschlechtsspezifische Mortalität an Infektionskrankheiten für die 8 Weltregionen. Beachten Sie die unterschiedliche Skalierung der Ordinaten

oder sogar größer als die Mortalität der über 70-Jährigen. Nach der hohen Kleinkindersterblichkeit sinkt die Mortalität stark ab und steigt nach dem Jugendalter zunächst langsam und dann steiler an. Die größten geschlechtsspezifischen Differenzen zu Ungunsten des männlichen Geschlechts liegen dabei im Säuglings- und Kleinkindesalter und ab der Gruppe der 45- bis 59-Jährigen vor.

❶ Bis auf wenige Ausnahmen liegt die altersspezifische Mortalität für das männliche Geschlecht durchweg auf einem höheren Niveau als für das weibliche. Eine Sonderstellung nehmen diesbezüglich IND und CHN ein. Während in IND die Gesamtmortalität an Infektionen groß ist und CHN die drittkleinste Gesamtmortalität an Infektionen verzeichnen kann, liegt in diesen Regionen die Säuglings- und Kleinkindersterblichkeit im Gegensatz zu allen anderen Regionen bei Mädchen deutlich höher als bei Jungen. Weitere Ausnahmen mit jedoch nur geringem geschlechtsspezifischen Unterschied bilden die Altersgruppen der 15- bis 29-Jährigen und/oder der 30- bis 44-Jährigen in OAI, SSA, LAC und MEC, wo sich auf insgesamt niedrigem Niveau ein geringes Überwiegen der weiblichen Mortalität findet. Dies dürfte mit der Übersterblichkeit von Frauen an Infektionen unter der Belastung von Schwangerschaft, Geburt (Kindbettfieber) und Stillperiode in Zusammenhang stehen.

❗ Die Analyse der hierfür verantwortlichen Infektionen zeigt, dass es sich bei der Übersterblichkeit der Frauen in Entwicklungsländern um frische Infektionen im Rahmen von Schwangerschaft, Geburt und Stillphase handelt. In den Industrieländern ist die Übersterblichkeit von Männern im mittleren Lebensalter ganz wesentlich durch die HIV-Infektion bedingt, die hier vorwiegend zwischen homosexuellen Männern übertragen und weiterverbreitet wird.

12.3   Mortalitätsquotient bei Infektionskrankheiten für verschiedene Altersgruppen nach Weltregionen

Um den geschlechts- und altersspezifischen Mortalitätseffekt bei Infektionskrankheiten noch plastischer herauszuarbeiten, wurden die entsprechenden Quotienten für Männer gegenüber Frauen für die verschiedenen Weltregionen berechnet und in Abb. 12.3 dargestellt. Man erkennt in SSA, der Region mit der absolut höchsten Mortalität, einen muldenförmigen Verlauf der altersspezifischen Mortalitätsquotienten mit Werten knapp über 1 in der Kindheit und im hohen Alter sowie Werten unter 1 im mittleren Lebensalter. Dieser Verlauf wird kontrastiert von einem gipfelförmigen Verlauf, der in EME mit Werten von über 4,5 bei den 30- bis 44-Jährigen am ausgeprägtesten ist.

12.4   Gründe für die Übersterblichkeit der Männer in bestimmten Altersklassen

Für die weltweite Übersterblichkeit des männlichen Geschlechts im Säuglings- und Kleinkindesalter sowie im höheren Lebensalter können folgende Gründe verantwortlich sein.

12.4.1   Genetik

Der angeborene genetische Apparat bestimmt die Anatomie und das Immunsystem. Anatomische Unterschiede sind für eine unterschiedliche Empfänglichkeit für Infektionen bei den Geschlechtern verantwortlich (z. B. höhere Suszeptibilität für sexuell übertragene Infektionen bei Frauen).

Es liegen einige Studien vor, die belegen, dass Jungen häufiger oder schwerer an einigen definierten Infektionskrankheiten erkranken können als Mädchen. Hierfür wird eine relative Immunschwäche verantwortlich gemacht, die in tierexpe-

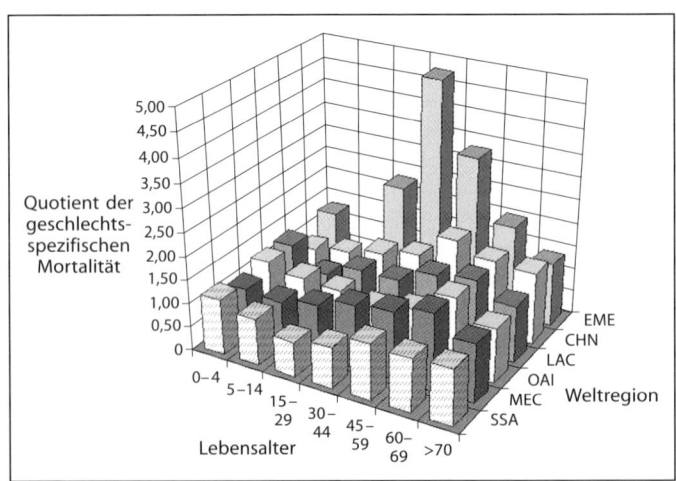

Abb. 12.3. Quotient der alters- und geschlechtsspezifischen Mortalität an Infektionskrankheiten in 6 Weltregionen. Die Form der Kurven wandelt sich mit zunehmendem Grad der sozioökonomischen Entwicklung von einem muldenförmigen Verlauf (Afrika südlich der Sahara, SSA) zu einer Gipfelbildung im mittleren Lebensalter (westliche Industrieländer, EME)

rimentellen Untersuchungen auf verschiedenen Niveaus belegt werden konnte. Hierzu gehören chromosomale Untersuchungen, bei denen ein geschlechtsabhängiger Faktor, welcher die Immunabwehr moduliert, auf Chromosom 1 lokalisiert wurde (Brownstein u. Gras 1995). In anderen Untersuchungen konnten Unterschiede zwischen Männern und Frauen bei der molekularen immunologischen Reaktion auf Infektionen im Bereich der Zytokin- und Interferonexpression nachgewiesen werden. Auch die Zellreihe der Makrophagen unterliegt offensichtlich einem geschlechtsspezifischen Einfluss.

Die Geschlechtshormone scheinen ebenfalls einen Einfluss auf das Immunsystem auszuüben. In tierexperimentellen Untersuchungen konnte eine testosteronbedingte Modulation des Immunsystems im Sinne einer relativen Abwehrschwäche nachgewiesen werden (Zuk u. McKean 1996; Barna et al. 1996; Yamamoto et al. 1991).

12.4.2 Exposition

Die Exposition gegenüber Infektionen kann bei den Geschlechtern altersabhängig sehr unterschiedlich sein und damit die Morbidität und Mortalität an Infektionen sehr stark beeinflussen. Hierzu gehören kulturelle Gepflogenheiten wie der Aufenthalt von Jungen im außerhäuslichen Bereich (z. B. Bilharzioseexposition in Gewässern in Ägypten), geschlechtsspezifische Arbeitsteilung mit besonderer beruflicher Exposition für Männer (z. B. Waldarbeiter, Förster, Jäger mit Zeckenexposition) oder eine vorwiegend von Männern ausgeübte Auslandstätigkeit (z. B. Soldaten). Hinzu kommt ein stärker risikofreudiges Verhalten von Männern hinsichtlich riskanter sexueller Kontakte bzw. der Nichteinhaltung von präventiven Verhaltensempfehlungen.

12.4.3 Zugang zu Versorgungsstrukturen

Der Zugang zu den Versorgungsstrukturen kann zwischen Männern und Frauen auch bezüglich von Infektionskrankheiten unterschiedlich sein. Dies betrifft zum einen präventive Maßnahmen wie Impfungen und Gesundheitsaufklärung, zum anderen die Therapie im Erkrankungsfall. Gerade in traditionellen und wenig entwickelten Gesellschaften haben Frauen einen schlechteren Zugang zum Gesundheitssystem, da ihnen die Mittel feh-

len (Transport, Geld, Zeit, Kinderversorgung), Versorgungsstrukturen aufzusuchen (Hudelson 1996). Weiterhin werden Jungen in einigen Gesellschaften eher einer medizinischen Versorgung zugeführt als Mädchen, was vor allem im asiatischen Raum wie z. B. in Indien oder China zu der besonderen Situation einer erhöhten Sterblichkeit der weiblichen Säuglinge führt (Yang et al. 1996).

❶ Die Gründe für die epidemiologisch beobachteten Unterschiede zwischen Männern und Frauen hinsichtlich der Mortalität an Infektionskrankheiten sind demnach multifaktoriell und auf verschiedenen Ebenen angesiedelt (Abb. 12.4).

Es handelt sich dabei um ein sehr komplexes Zusammenspiel von genetischen, immunologischen, bioklimatischen, sozioökonomischen und kulturellen Faktoren. Diese Faktoren müssen spezifisch für jede Region berücksichtigt werden, um adäquate Strategien zur Verringerung geschlechtsspezifischer Benachteiligungen zu entwickeln. Bei der Fokussierung auf Ungleichheiten zwischen Männern und Frauen sollte nicht außer Acht gelassen werden, dass das Risiko und die Vulnerabilität hinsichtlich der Morbidität und Mortalität an Infektionskrankheiten zwischen Entwicklungsländern und entwickelten Ländern um mehrere Größenordnungen verschieden sind und deswegen die dargestellten Unterschiede für die beiden Geschlechter in globaleren Zusammenhängen zu sehen sind. Das Konzept der vulnerablen Gruppen ist auch dazu geeignet, die gesundheitliche Benachteiligung von Personen- und Bevölkerungsgruppen in entwickelten Ländern zu charakterisieren.

◗ Fazit

Zusammengefasst zeigen die epidemiologischen Daten zur Mortalität an Infektionskrankheiten

1. eine geringfügige weltweit durchgängige Übersterblichkeit des männlichen Geschlechtes im Säuglings- und Kleinkindesalter sowie im höheren Lebensalter.

2. In wenig entwickelten Weltregionen lässt sich dagegen eine Übersterblichkeit an Infektionskrankheiten bei Frauen in der Reproduktionsphase im Vergleich zu den Männern der gleichen Altersklasse nachweisen.

3. In westlichen Industrieländern zeigt sich hingegen eine Übersterblichkeit der Männer im mittleren Lebensalter.

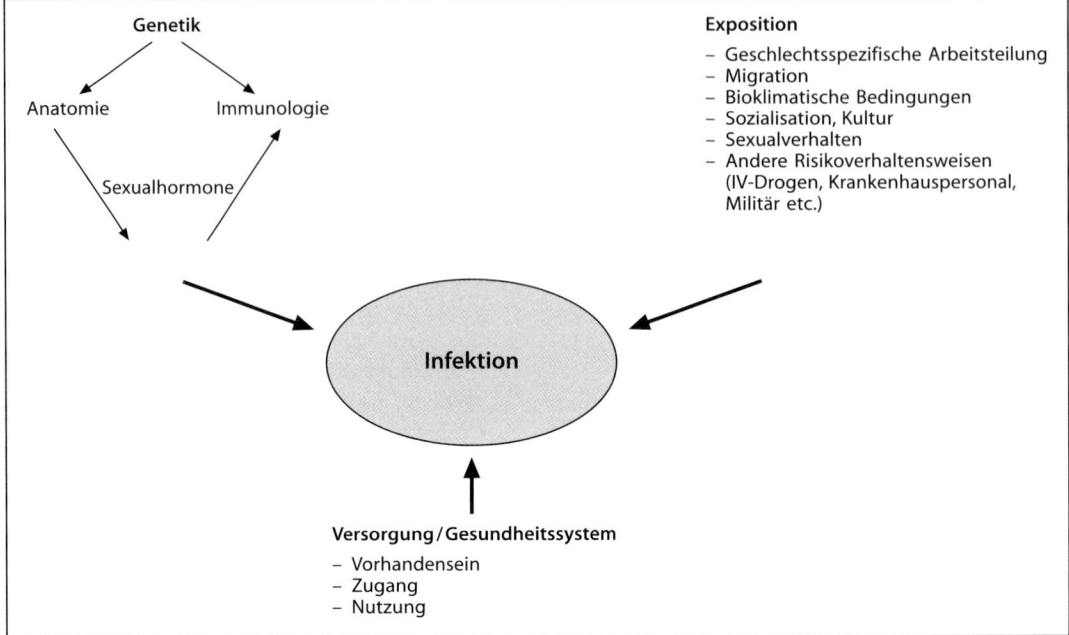

Abb. 12.4. Determinanten für geschlechtsspezifische Unterschiede bei Infektionen (siehe Text)

Literatur

Barna M, Komatsu, T, Bi Z, Reiss CS (1996) Sex differences in susceptibility in viral infection of the central nervous system. J Neuroimmunol 67/1: 31–39

Brownstein DG, Gras L (1995) Chromosome mapping of Rmp-4, a gonad-dependent gene encoding host resistance to mousepox. J Virol 69/11: 6958–6964

Hudelson P (1996) Gender differentials in tuberculosis: the role of socioeconomic and cultural factors. Tubercle Lung Disease 77: 391–440

Murray CJ, Lopez AD (ed) (1996) The global burden of disease: a comprehensive assessment of mortality and disability from diseases, injuries, and risk factors in 1990 and projected to 2020. World Health Organisation, Genf

Yamamoto Y, Saito H, Setogawa T, Tomioka H (1991) Sex differences in host resistance to Mycobacterium marinum infection in mice. Infect Immunol 59/11: 4089–4096

Yang WS, Knobel HH, Chen CJ (1996) Gender differences in postneonatal infant mortality in Taiwan. Soc Sci Med 43/10): 1461–1465

Zuk M, McKean KA (1996) Sex differences in parasitic infections: patterns and process. Int J Parasitol 26/10: 1009–1023

Das Infektionsschutzgesetz

ANDREA AMMON und THOMAS BREUER

> Mit dem seit Januar 2001 geltenden Infektionsschutzgesetz (IfSG) wurde die Überwachung übertragbarer Krankheiten in Deutschland auf eine neue Basis gestellt. Darüber hinaus werden aber weitere Regelungen für die Bekämpfung und Verhütung von Infektionskrankheiten getroffen, insbesondere beim Umgang mit Infektionskrankheiten in Gemeinschaftseinrichtungen und bei Beschäftigten im Lebensmittelbereich. Im Rahmen dieses Beitrags soll nur die Neuregelung des Meldewesens näher beschrieben werden.

Die Überwachung von Infektionskrankheiten wird durch Einzelfallmeldungen von bestimmten Krankheitsbildern und Nachweisen bestimmter Erreger erfolgen. Anhand von Falldefinitionen werden diese Meldungen vom Gesundheitsamt zusammengefügt und dann über die zuständige Landesbehörde an das Robert Koch-Institut (RKI) übermittelt. Diese Übermittlung erfolgt elektronisch.

13.1   Einzelfallmeldungen

Ausgangspunkt für die Meldepflicht von Krankheiten oder Erregernachweisen ist die Notwendigkeit, dass das Gesundheitsamt möglichst früh Informationen erhält, um zum Schutz der Bevölkerung Maßnahmen ergreifen zu können. Darüber hinaus sind diese Informationen aber auch eine wichtige Quelle, um epidemiologische Daten für gesundheitspolitische Entscheidungen beim Infektionsschutz sowie der Gesundheitsversorgung zu gewinnen. Je nachdem welcher Aspekt im Vordergrund steht, wurde die Meldung als namentliche Meldung oder als nichtnamentliche Meldung im Gesetz festgelegt.

Bei den in §6 Abs. 1 Nr. 1 IfSG genannten Krankheitsbildern (s. folgende Übersicht) erfordert bereits der Verdacht das Handeln des Gesundheitsamtes.

Krankheitsbilder, die bei Verdacht, Erkrankung oder Tod meldepflichtig sind

a) Botulismus
b) Cholera
c) Diphtherie
d) Humane spongiforme Enzephalopathie, außer familiär-hereditäre Formen
e) Akute Virushepatitis
f) Enteropathisches hämolytisch-urämisches Syndrom (HUS)
g) Virusbedingtes hämorrhagisches Fieber
h) Masern
i) Meningokokken-Meningitis oder -Sepsis
j) Milzbrand
k) Poliomyelitis
l) Pest
m) Tollwut
n) Typhus abdominalis/Paratyphus
o) Erkrankung und Tod an einer behandlungsbedürftigen Tuberkulose

---

Sobald eine solche Verdachtsmeldung beim Gesundheitsamt eintrifft, muss es die erforderlichen Ermittlungen anstellen. Die Meldepflichtigen sind im Falle eines Krankheitsverdachts nicht verpflichtet abzuklären, ob die Erkrankung tatsächlich vorliegt. Bestätigt sich daher der Krankheitsverdacht z. B. durch Ergebnisse von Laboruntersuchungen, so muss diese Bestätigung nicht gesondert gemeldet werden. Ergeben die weiteren Untersuchungen jedoch, dass der Verdacht unbegründet war, ist das Gesundheitsamt davon unverzüglich in Kenntnis zu setzen, um unnötige Ermittlungstätigkeiten durch das Gesundheitsamt zu vermeiden (§8 Abs. 5 IfSG) (Bales et al. 2001).

Zur Meldung verpflichtet ist hier in der Regel der behandelnde Arzt.

Neben den in §6 Abs. 1 Nr. 1 IfSG aufgelisteten Krankheitsbildern nennt §6 Abs. 1 Nr. 2 IfSG weitere Krankheiten, die der Meldepflicht bereits beim Vorliegen des Verdachtes unterliegen. Bei mikrobiell bedingten Lebensmittelvergiftungen oder akuten infektiösen Gastroenteritiden ist unter zwei Voraussetzungen ebenfalls schon der Verdacht meldepflichtig, nämlich bei Personen, die eine Beschäftigung im Lebensmittelbereich ausüben, und wenn mindestens zwei Erkrankungen auftreten, bei denen ein epidemiologischer Zusammenhang wahrscheinlich ist oder vermutet wird. Da im IfSG jeder Fall einzeln gemeldet werden muss, wollte man durch diese Einschränkung eine Überlastung des Meldesystems vermeiden, andererseits jedoch an den besonders gefährdeten Punkten dem Gesundheitsamt die Möglichkeit geben, schnellstmöglich Maßnahmen zur Ermittlung der Infektionsquelle ergreifen zu können (Bales et al. 2001).

Leiter von Medizinaluntersuchungsämtern, sonstigen Untersuchungsstellen (einschl. Krankenhauslaboratorien) sind nach §7 Abs. 1 IfSG zur Meldung von Nachweisen bestimmter Erreger verpflichtet, sofern die Nachweise auf eine akute Infektion hinweisen (s. Übersicht).

Die namentliche Meldung ist auf solche Krankheitserreger beschränkt, deren Nachweis ein Tätigwerden des Gesundheitsamtes erfordert, um geeignete Maßnahmen zur Vermeidung bzw. Eindämmung der Weiterverbreitung einzuleiten. Die nichtnamentliche Meldepflicht nach §7 Abs. 3 IfSG umfasst diejenigen Krankheitserreger, bei denen solche fallbezogenen Maßnahmen durch das Gesundheitsamt nicht erforderlich bzw. nicht angezeigt sind. Die nichtnamentliche Meldepflicht bezieht sich auf 6 Krankheitserreger (*Treponema pallidum*, HIV, *Echinococcus sp.*, *Plasmodium sp.*, Rubellavirus (nur bei konnatalen Infektionen) und *Toxoplasma gondii* (nur bei konnatalen Infektionen).

Nachweise von Erregern, die meldepflichtig sind, sofern die Nachweise auf eine akute Infektion hinweisen

1. Adenoviren (Konjunktivalabstrich)	24. Influenzaviren; nur direkter Nachweis
2. *Bacillus anthracis*	25. Lassa-Virus
3. *Borrelia recurrentis*	26. *Legionella sp.*
4. *Brucella sp.*	27. *Leptospira interrogans*
5. *Campylobacter sp.*, darmpathogen	28. *Listeria monocytogenes*; Blut, Liquor,
6. *Chlamydia psittaci*	Neugeborene
7. *Clostridium botulinum* oder Toxinnachweis	29. Marburg-Virus
8. *Corynebacterium diphtheriae*,	30. Masernvirus
toxinbildend	31. *Mycobacterium leprae*
9. *Coxiella burnetii*	32. *Mycobacterium tuberculosis/africanum*,
10. *Cryptosporidium parvum*	*Mycobacterium bovis*, Resistenzbestimmung
11. Ebola-Virus	33. *Neisseria meningitidis*; Blut, Liquor
12a. Enterohämorrhagische *E. coli* (EHEC)	34. Norwalk-ähnliches Virus; Stuhl
12b. *E. coli*, sonstige darmpathogene Stämme	35. Poliovirus
13. *Francisella tularensis*	36. Rabiesvirus
14. FSME-Virus	37. *Rickettsia prowazekii*
15. Gelbfiebervirus	38. Rotavirus
16. *Giardia lamblia*	39. *Salmonella paratyphi*; direkte Nachweise
17. *Haemophilus influenzae*; Liquor oder Blut	40. *Salmonella typhi*; direkte Nachweise
18. Hantaviren	41. Salmonellen, sonstige
19. Hepatitis-A-Virus	42. *Shigella sp.*
20. Hepatitis-B-Virus	43. *Trichinella spiralis*
21. Hepatitis-C-Virus; wenn keine chronische	44. *Vibrio cholerae* O1 und O139
Infektion bekannt	45. *Yersinia enterocolitica*, darmpathogen
22. Hepatitis-D-Virus	46. *Yersinia pestis*
23. Hepatitis-E-Virus	47. Andere Erreger hämorrhagischer Fieber

Alle Meldungen haben unverzüglich, spätestens 24 Stunden nach Erlangung der Kenntnis des meldepflichtigen Tatbestandes zu erfolgen.

13.2 Falldefinitionen

Das zuständige Gesundheitsamt führt die zu einer Person eingehende Verdachts- oder Erkrankungsmeldung (unter Umständen in mehreren Meldungen, falls nicht alle meldepflichtigen Angaben gleich bei der ersten Meldung vorlagen) nach §6 IfSG und den Erregernachweis nach §7 IfSG zusammen. Da in allen Fällen die vollen personenbezogenen Angaben (Name, Vorname, Adresse und Geburtsdatum) gemeldet werden, ist ein Abgleich der Meldungen ohne Probleme möglich. Das Gesundheitsamt ergänzt die mit den eingegangenen Meldungen erhaltenen Angaben durch Informationen, die aus eigenen Ermittlungen entstanden sind (z. B. zum Infektionsweg). Insbesondere bei Meldungen nach §7 IfSG erhält das Gesundheitsamt durch den Meldepflichtigen nicht alle Angaben, die für die Übermittlung erforderlich sind. Diese Informationen hat das Gesundheitsamt durch eigene Ermittlungen selbst zu erheben.

Die Übermittlung der gemeldeten Fälle über die zuständige Landesbehörde an das RKI muss nach den Kriterien der veröffentlichten Falldefinitionen erfolgen (Robert Koch-Institut 2000a). Diese gemäss §4 (2) IfSG veröffentlichten Falldefinitionen stellen *keine Meldekriterien* für meldepflichtige Ärzte dar. Vielmehr sollen die Gesundheitsämter mit ihrer Hilfe die ihnen gemeldeten Erkrankungs- oder Todesfälle sowie die Nachweise von Krankheitserregern nach einheitlichen Kriterien bewerten und weiterleiten. Die Falldefinitionen wurden vom RKI in Zusammenarbeit mit Fachgesellschaften, Ärzten des öffentlichen Gesundheitsdienstes sowie Infektiologen, Epidemiologen und Mikrobiologen mit speziellen Erfahrungen erstellt. Die Falldefinitionen werden in Abhängigkeit der Entwicklung neuer diagnostischer Tests sowie dem Erkenntnisgewinn in Bezug auf die erfassten Erkrankungen in gewissen Zeitabständen fortgeschrieben. Um dies zeitnah zu ermöglichen, wurden sie nicht als fester Gesetzesbestandteil in das IfSG aufgenommen (Robert Koch-Institut 2000b).

Die Falldefinitionen ermöglichen es, die gemeldeten Fälle gestaffelt nach festen Kriterien zu übermitteln.

Die einzelnen Falldefinitionen sind nach folgendem Schema aufgebaut:

Aufbau einer Falldefinition

- *Klinisches Bild:* Hier werden die *charakteristischen* Symptome (in Einzelfällen auch diagnostische Befunde) der einzelnen Erkrankungen in kurzer Form und ohne Anspruch auf Vollständigkeit aufgeführt.

- *Labordiagnostischer Nachweis:* Hier sind die Testmethoden aufgeführt, deren Ergebnisse nach dem gegenwärtigen Wissenstand als Nachweis des jeweiligen Erregers anzusehen sind.

- *Über die zuständige Landesbehörde an das RKI zu übermittelnde Infektion/Erkrankung:* In diesem Abschnitt sind die jeweiligen Stufen der diagnostischen Sicherheit im Sinne von Bedingungen ausgeführt, die ein Fall erfüllen muss, um einen Übermittlungsvorgang und damit eine Zählung des Falles im Berichtswesen über Infektionskrankheiten auszulösen. Diese Einteilung ist auch für den internationalen Datenabgleich erforderlich. Diese Stufen sind:

  - *Klinisch bestätigte Erkrankung:* Eine klinisch bestätigte Erkrankung, ohne labordiagnostischen Nachweis und ohne epidemiologischen Zusammenhang mit einer durch Erregernachweis bestätigten Infektion ist nur bei der Creutzfeldt-Jacob-Krankheit (CJK), akuter Hepatitis-Non-A–E nach Ausschluss aller bekannten Virushepatitiden, bei hämolytisch-urämischem Syndrom (HUS), Masern, Poliomyelitis und Tuberkulose weiterzuleiten.

  - *Klinisch-epidemiologisch bestätigte Erkrankung:* Eine klinisch bestätigte Erkrankung ohne labordiagnostischen Nachweis kann dann als Fall gezählt werden und ist zu übermitteln (Ausnahmen s. u.), wenn ein epidemiologischer Zusammenhang mit einer labordiagnostisch gesicherten Infektion vorliegt. Der epidemiologische Zusammenhang kann ein übertragungsrelevanter *Kontakt zu einer an-*

deren Person, Kontakt zu einem Tier oder Tierprodukt, der Verzehr eines Lebensmittels oder Genuss von Wasser, oder der Kontakt zum Erreger selbst (z. B. im Labor) oder zu einem Material sein. Wichtig ist dabei, dass der Kontakt binnen der erregerspezifischen Inkubationszeit stattgefunden hat, und dass das Vehikel als Infektionsquelle einer gleichartigen labordiagnostisch gesicherten Infektion bei mindestens einer anderen Person anzusehen ist. Ausnahmen gelten nur für Hepatitis B–D und Lepra wegen der langen Inkubationszeiten in Kombination mit einem wenig charakteristischen Krankheitsbild sowie für die CJK und die Non-A–E-Hepatitis.

– *Klinisch und durch labordiagnostischen Nachweis bestätigte Erkrankung:* Bei Vorhandensein des klinischen Bildes liegt eine klinisch und durch labordiagnostischen Nachweis bestätigte Erkrankung vor.

– *Durch labordiagnostischen Nachweis bestätigte asymptomatische Infektion und nur durch labordiagnostischen Nachweis bestätigte Infektion:* Ist das klinische Bild nicht vorhanden, liegt eine durch labordiagnostischen Nachweis bestätigte asymptomatische Infektion vor. Hierbei ist auch an die Möglichkeit einer Probenverwechslung oder eines falschpositiven Laborbefundes zu denken und dieses auszuschließen. Sollte das klinische Bild ausnahmsweise nicht zu ermitteln sein, so können diese Fälle als durch labordiagnostischen Nachweis bestätigte Infektion übermittelt werden. Diese Kategorie sollte nur für die Fälle reserviert bleiben, in denen die mutmaßlich erkrankte Person durch das Gesundheitsamt nicht zu ermitteln ist.

Auf EU-Ebene werden z. Z. ebenfalls allgemeine Falldefinitionen erarbeitet. Bei der Erstellung der deutschen Falldefinitionen für das IfSG wurde versucht, den Entwurf der europäischen Falldefinitionen nach Möglichkeit zu berücksichtigen.

13.3   Übermittlung der Meldungen

Bei der Meldung an das Gesundheitsamt ist zwar im Gesetz geregelt, welche Daten zu melden sind, nicht festgelegt ist jedoch die Form der Meldung durch die in §8 IfSG genannten Personen oder Einrichtungen. Da die Information jedoch unverzüglich an das Gesundheitsamt ergehen soll, ist eine Meldung per Telefax auf ein besonderes Faxgerät im Gesundheitsamt oder per Telefon erforderlich. Derzeit stehen der Übersendung von namentlichen Meldungen auf elektronischem Weg noch Sicherheitsrisiken beim Datenschutz im Weg. Für den Fall, dass meldepflichtige Tatbestände von verschiedenen Personen festgestellt werden, wurde in §8 IfSG eine Rangfolge der meldepflichtigen Personen festgelegt. Eine Befreiung von der Meldepflicht setzt voraus, dass dem Meldepflichtigen der Nachweis einer Meldung eines anderen Meldepflichtigen vorliegt (in schriftlicher Form, mündlich genügt nicht) und dass keine zusätzlichen Angaben erhoben wurden (Robert Koch-Institut 2000c).

In §11 Abs. 1 IfSG ist geregelt, welche Angaben zu einem Fall vom Gesundheitsamt weitergegeben werden dürfen (s. Übersicht). Verantwortlich für diese Übermittlung ist das für den Hauptwohnsitz des Betroffenen zuständige Gesundheitsamt. Bei Personen ohne festen Wohnsitz in Deutschland (u. a. auch ausländische Touristen) ist das Gesundheitsamt des Aufenthaltsortes zuständig.

Übermittlungspflichtige Angaben

- Geschlecht
- Monat und Jahr der Geburt
- Zuständiges Gesundheitsamt
- Tag der Erkrankung (hilfsweise Tag, an dem die Diagnose gestellt wurde; ggf. Tag des Todes; wenn möglich des Zeitpunktes oder Zeitraumes der Infektion)
- Diagnose (ggf. Angaben zu bestimmten Serovaren, Serotypen, Toxintypen, typischen Krankheitsbildern)
- Wahrscheinlicher Infektionsweg/wahrscheinliches Infektionsrisiko nur bei Häufungen und für ausgewählte Erkrankungen (Hepatitis B und C, Legionellose, Tuberkulose, CJK)
- Land, in dem die Infektion erworben wurde

- Geburtsland und Staatsangehörigkeit bei Tuberkulose
- Aufnahme in einem Krankenhaus
- Fall ist Teil einer Erkrankungshäufung

Die Fälle sind vom Gesundheitsamt wöchentlich, spätestens am dritten Arbeitstag der folgenden Woche, an die zuständige Landesbehörde zu übermitteln. Diese wiederum hat sie innerhalb einer Woche an das RKI zu übermitteln. Die wöchentliche Übermittlung soll zwar möglichst zeitnah zum Eingang der Meldung, jedoch erst dann erfolgen, wenn die Zusammenführung der Informationen seitens der Meldepflichtigen, ggf. ergänzt durch eigene Ermittlungen des Gesundheitsamtes, ergeben haben, dass die Kriterien der Falldefinition erfüllt sind. Allerdings sollte nicht gewartet werden, bis die maximale Falldefinition (klinisches Bild und labordiagnostischer Nachweis) erfüllt ist. Wenn also für die Erfüllung der Falldefinition das klinische Bild ausreicht (z. B. beim enteropathischen hämolytisch-urämischen Syndrom), so soll die Übermittlung unmittelbar erfolgen. Wird dann im Verlauf der weiteren Untersuchung auch ein labordiagnostischer Nachweis geführt, soll dies in einem zweiten Vorgang übermittelt werden.

Das RKI hat auch die Aufgabe, bestimmte Erkrankungen an die WHO oder die Europäische Union zu melden. Die an die WHO zu meldenden Erkrankungen sowie die zu übermittelnden Angaben sind in §12 Abs. 1 IfSG genannt. Auch bei der Übermittlung nach diesem Paragraphen dürfen personenbezogene Angaben nicht weitergegeben

werden. Der Gesamtkommunikationsfluss nach IfSG ist in Abb. 13.1 zusammenfassend dargestellt.

13.4 EDV-technische Umsetzung

Das RKI hat eine Software (auf der Basis von Microsoft Access 97) entwickelt und den Ländern zur Verfügung gestellt. Neben der konkreten Festlegung der epidemiologisch wichtigen Daten enthält diese Definition auch Festlegungen zu Datenfeldern, die der Abwicklung des Datentransfers dienen, sowie eine Festlegung des Dateiformats für den Datenaustausch (Robert Koch-Institut 2000d).

Sofern das Gesundheitsamt kommerzielle Software verwendet, können die zu meldenden Daten vom Gesundheitsamt elektronisch an die jeweilige Landesebene übermittelt werden. Die dazu notwendige Schnittstelle wird von den Herstellern der Software in die jeweiligen Systeme auf der Grundlage der Schnittstellendefinition integriert. Wird im Gesundheitsamt keine Software oder keine zur Datenübertragung angepasste Software eingesetzt, so kann die Software des RKI (die primär nur für die Landesebene konzipiert ist) durch die Landesbehörde an das Gesundheitsamt weitergegeben und dort zur Datenerfassung und -weiterleitung verwendet werden (Robert Koch-Institut 2000d).

Auf der Landesebene können mit der RKI-Software die von den Gesundheitsämtern übermittelten Daten erfasst bzw. importiert, geprüft, sofern notwendig, korrigiert und an das RKI weitergeleitet werden. Dabei können diese Informationen auch durch weitere Details, die der Lan-

Abb. 13.1. Gesamtfluss der Kommunikation nach dem Infektionsschutzgesetz (BfArM Bundesinstitut für Arzneimittel und Medizinprodukte, PEI Paul-Ehrlich-Institut, RKI Robert-Koch-Institut)

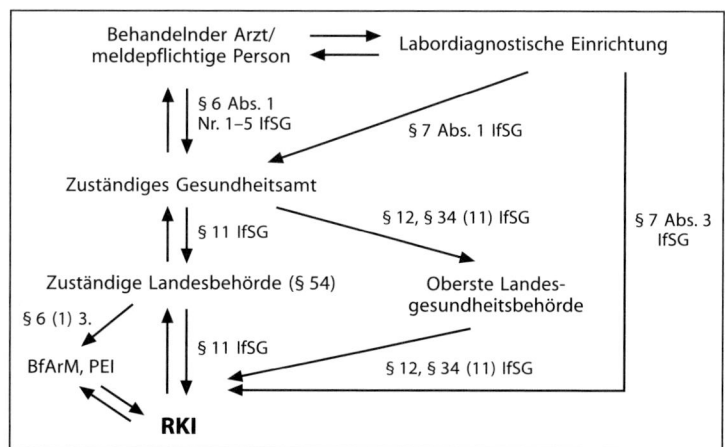

desebene bekannt sind, ergänzt werden (z. B. Zugehörigkeit eines Falles zu einem Ausbruch). Zusätzlich können mit der Software Auswertungen vorgenommen werden, damit die Landesebene ohne größeren Aufwand die vorhandenen Daten für unterschiedliche Zwecke aufbereiten kann. Auch ein Export der Daten in andere Softwaresysteme zum Erstellen von komplexen Graphiken, statistischen Auswertungen, etc.) ist problemlos möglich (Robert Koch-Institut 2000d).

Am RKI werden die von den Landesstellen übermittelten Daten automatisch in eine Datenbank importiert und auf Konsistenz geprüft. Es erfolgt eine Rückmeldung an die Landesebene, welche übermittelten Fälle vom RKI akzeptiert und aus welchem Grund evtl. Fälle nicht akzeptiert wurden. Sowohl das Erstellen der Meldung an das RKI als auch die Verarbeitung der Rückmeldung erfolgen weitgehend automatisiert. Über dieses Protokoll ist gewährleistet, dass sowohl die Landesebene als auch das RKI über den gleichen Stand der übermittelten Daten verfügen.

13.5   Perspektiven

In der Anfangsphase war es vor allem wichtig, das System zum Laufen zu bringen. Die Gesundheitsämter und die Landesstellen, aber auch das RKI mussten sich mit der Software, den Falldefinitionen und der Übermittlung auseinandersetzen und sich daran gewöhnen. Die Gesundheitsämter bewältigten die Umstellung zum größten Teil beeindruckend schnell. Bereits 5–6 Wochen nach Beginn des IfSG trafen 4500–5000 Meldungen pro Woche beim RKI ein, was der vorher erwarteten Anzahl pro Woche entsprach. Die meisten Fälle liegen beim RKI zwei Wochen nach der Meldung an das Gesundheitsamt vor. Dies entspricht einer Verkürzung des bisherigen Zeitraumes um 2–3 Wochen. Im Epidemiologischen Bulletin werden die Daten 3 Wochen nach Meldung ans Gesundheitsamt veröffentlicht.

Da das Programm wie auch die zu Grunde liegenden Datendefinitionen eingesetzt wurden, ohne dass eine vorherige Testung möglich gewesen wäre, lag der Schwerpunkt in der Anfangsphase auf der Anpassung und Modifikation. Es werden kontinuierlich verschiedene Maßnahmen zur Qualitätssicherung durchgeführt, damit die Daten nicht nur schnell, sondern auch vollständig und entsprechend den Falldefinitionen übermittelt werden. Algorithmen wurden zur automatischen

Erkennung insbesondere von solchen Häufungen entwickelt, die über mehrere Bundesländer verteilt sind und demnach nicht unbedingt auf örtlicher oder Landesebene entdeckt werden können. Diese Informationen werden per Email und/oder durch Veröffentlichung im Epidemiologischen Bulletin an die Länder zurückgemeldet, damit ggf. eine unverzügliche Untersuchung zur Identifikation der Infektionsquelle begonnen werden kann. Zudem werden verschiedene Möglichkeiten der Rückmeldung (zusätzlich zum Bulletin) ausgelotet. Insbesondere wird eine internetbasierte Abfragemöglichkeit angedacht.

Die erhobenen Daten erlauben sowohl eine unmittelbare Nutzung zur Einleitung von Interventionen als auch die Beobachtung von Trends mit der Möglichkeit, gezielt Forschungsprojekte zur Klärung offener Fragen oder neuer Entwicklungen durchzuführen. Durch die Zusammenarbeit von Gesundheitsbehörden auf lokaler, Landes- und Bundesebene kann mit Hilfe dieser Infrastruktur die Zielstellung des Gesetzes, nämlich der Schutz der Bevölkerung vor Infektionen, umgesetzt werden.

 Fazit

Das neue Gesetz verwirklicht eine umfassende Modernisierung des deutschen Seuchenrechts. Durch die Übermittlung von Einzelfällen (Krankheitsbildern und Erregernachweisen), die in den Gesundheitsämtern gemäß der Falldefinitionen geprüft und dann elektronisch weitergeleitet werden, lassen sich sowohl Trends besser beobachten als auch akute Situationen (Ausbrüche) schneller erkennen. Dies eröffnet somit die Möglichkeit der zeitnahen Intervention, die bisher in dieser Form nicht möglich war, insbesondere für geographisch weit verstreute Ausbrüche.

Literatur

Bales S, Baumann HG, Schnitzler N (2001) Infektionsschutzgesetz – Kommentar und Vorschriftensammlung. Kohlhammer, Stuttgart Berlin Köln

Robert Koch-Institut (2000a) Falldefinitionen des Robert Koch-Instituts zur Übermittlung von Erkrankungs- und Todesfällen und Nachweisen von Krankheitserregern. Bundesgesundheitsbl Gesundheitsforsch Gesundheitsschutz 43: 845–869

Robert Koch-Institut (2000b) Einsatz der RKI-Falldefinitionen zur Übermittlung von Einzelfällen. Bundesgesundheitsbl Gesundheitsforsch Gesundheitsschutz 43: 839–844

Robert Koch-Institut (2000c) Umsetzung der Übermittlung der meldepflichtigen Infektionen nach dem Infektionsschutzgesetz. Bundesgesundheitsbl Gesundheitsforsch Gesundheitsschutz 43: 870–874

Robert Koch-Institut (2000d) EDV-technische Umsetzung des Meldewesens. Bundesgesundheitsbl Gesundheitsforsch Gesundheitsschutz 43: 880–881

Infektionskrankheitensurveillance in Europa

Ralf Reintjes

Surveillance von Infektionskrankheiten und die hierfür verwendeten Kontrollsysteme innerhalb der Europäischen Union (EU) sind auf nationaler Ebene organisiert. Die internationale Koordination basiert hauptsächlich auf den Internationalen Gesundheitsbestimmungen (International Health Regulations) der Weltgesundheitsorganisation (WHO) von 1969. Im Verlauf der letzten Jahre hat die Zunahme internationaler Bewegungen von Waren und Menschen innerhalb der EU die Mitgliedsstaaten und die Europäische Kommission erkennen lassen, dass es erforderlich sein wird, gemeinsam gegen bekannte und neue Probleme durch vermehrte europäische Zusammenarbeit in der Überwachung von Infektionskrankheiten anzugehen.

14.1 Entwicklung der Gesundheitspolitik der Europäischen Union

Repräsentanten der EU sprechen seit Jahren über einen deutlichen Handlungsbedarf im Bereich Gesundheit, einem Thema, das den Bürgern sehr nahe liegt. Gleichzeitig ist Gesundheitspolitik auch im nationalen Bereich ein sehr wichtiges Thema, sodass die meisten nationalen Regierungen keine Beeinflussung durch die EU wünschten (Duncan 2002). Vor 1992 existierten somit nur einige Elemente der Kooperation in der öffentlichen Gesundheitsfürsorge gemäß dem Abkommen für die Europäische Gemeinschaft für Kohle und Stahl, dem Euratom-Abkommen und der Einheitlichen Europäischen Akte (McKee et al. 1996).

Eine Gesetzesgrundlage für Maßnahmen der EU im Bereich der öffentlichen Gesundheit entstand erst in §129 des Maastricht-Abkommens von 1992. Während der Überarbeitung der Regelungen zur Gesundheitspolitik innerhalb der EU im Amsterdam-Abkommen von 1997 wurde §152 eingeführt, der im Mai 1999 in Kraft trat und die Wichtigkeit von Fragen der öffentlichen Gesundheit in Europa verdeutlicht.

Bis zur Verabschiedung des Vertrages von Amsterdam war die Überwachung von Infektionskrankheiten zum größten Teil auf nationalen Ebenen geregelt. Erst auf der Basis der Bestimmungen des neuen Abkommens wurde der Umfang koordinierter Maßnahmen durch mehrere spezifische Strategien für die Vorbeugung und Kontrolle von übertragbaren Krankheiten erweitert. Beispielhaft hierfür ist die Entscheidung über die Prävention von Aids aus dem Jahre 1996. Die Art der verstärkten Zusammenarbeit innerhalb der EU hat auf verschiedensten Ebenen (Politiker, Experten, etc.) zu ausführlichen Debatten geführt, besonders darüber, ob Netzwerke oder eine übernationale Zentralstelle eingerichtet werden sollten. Im Jahre 1998 hat man sich auf ein „Netzwerkmodell" geeinigt (Tibayrenc 1997; Bradbury 1998; Giesecke u. Weinberg 1998, Akehurst 1998). Dieses beinhaltet den Informationsaustausch über Netzwerke, die die vorhandenen Strukturen innerhalb der einzelnen teilnehmenden Länder nutzen. Die Entscheidung zugunsten des Netzwerkmodells wurde im September 1998 im Beschluss 2119/98/EC offiziell und im zukünftigen Rahmenwerk für Gemeinschaftsaktionen in der öffentlichen Gesundheitsfürsorge („Future Framework for Community Action in Public Health") bestärkt. Die Probleme mit der Nahrungsmittelsicherheit, wie z. B. die Ereignisse um BSE oder Dioxin in Geflügelprodukten, haben den Handlungsbedarf zum Thema Gesundheit in den letzten Jahren noch verstärkt. Eine der ersten Aktivitäten, die der Präsident der Europäischen Kommission, Romano Prodi, kurz nach seinem Amtsantritt 1999 durchführte, war die Einrichtung eines Generaldirektorates für Gesundheit und Verbraucherschutz.

14.2   Europäische Surveillanceprogramme

Unter Anerkennung des Engagements der EU im Bereich der Überwachung von Infektionskrankheiten sind bereits eine Reihe von Initiativen ergriffen worden, deren Anzahl weiterhin steigt. Diese Initiativen können unter drei Überschriften zusammengefasst werden: Ausbildung, Überwachung und Information. Die derzeit ausgeführten Programme bestehen aus „horizontalen" und „krankheitsspezifischen" Aktivitäten (Sprenger et al. 1998). Tabelle 14.1 stellt einige der Initiativen kurz dar (nach Hawker et al. 2001).

❶ Das Ziel der horizontalen Programme ist vor allem, die Kommunikation zwischen den beteiligten nationalen Institutionen zu fördern und gleichzeitig für eine Vereinheitlichung der verwendeten Surveillancemethoden zu sorgen.

Die wichtigsten horizontalen Aktivitäten sind die Zeitschrift *Eurosurveillance* und das europäische Trainingsprogramm für Interventionsepidemiologie (EPIET) (s. Tabelle 14.1). Außerdem ist zusätzlich zu dem Programm für den Datenaustausch zwischen Verwaltungen (European Community's Interchange of Data between Administrations Programme, IDA, http://europa.eu.int/scadplus/leg/en/lvb/l11032.htm) ein Versuchssystem für die Übertragung von Frühwarnungen für das Auftreten übertragbarer Krankheiten entwickelt worden. Es ist ein transeuropäisches „telematisches" Netzwerk. Das Gesundheitsüberwachungssystem für übertragbare Krankheiten (Health Surveillance System for Communicable Diseases, IDA-HSSCD) ist eine Komponente dieses Systems.

❶ Die krankheitsspezifischen Programme sind spezielle Netzwerke zu einzelnen Erkrankungen oder Erkrankungsgruppen. Die einzelnen Programme werden von unterschiedlichen Ländern aus koordiniert.

Beispielsweise werden in EnterNet gastrointestinale Infektionen beim Menschen aus den teilnehmenden Ländern registriert und verarbeitet. Der Schwerpunkt der Untersuchungen liegt hierbei auf Salmonellosen und *Escherichia-coli*-O157-Infektionen. Die Koordination von EnterNet liegt beim Nationalen Institut für die Überwachung von Infektionskrankheiten von England und Wales

(Communicable Disease Surveillance Centre) in London. Neben den EU-Mitgliedsstaaten haben sich auch andere Länder dem Netzwerk angeschlossen. Eine kurze Übersicht zu 5 weiteren Netzwerken ist der Tabelle 14.1 zu entnehmen.

Neben den in Tabelle 14.1 aufgelisteten Programmen sind weitere krankheits- oder programmspezifische Netzwerke geplant. Es wurde eine Beratungsaktion durchgeführt, um die Prioritäten für zukünftige Netzwerkentwicklungen festzulegen (Weinberg et al. 1999). Pläne für die Gründung einer unabhängigen europäischen Lebensmittelbehörde wurden im Januar 2000 angekündigt. Diese nahm ihre Arbeit im Jahre 2002 auf. Zusätzlich zu den dargestellten Aktivitäten beteiligt sich die Kommission auch an anderen Fragen zu übertragbaren Krankheiten, wie z. B. der Sicherheit von Blutprodukten und dem Schutz gegen Zoonosen (Ratsdirektive 92/117/EEC; Ratsdirektive 1999/72/EC).

Weiterhin unterstützt die EU Aktivitäten, die durch Aktionen in Nichtmitgliedsländern indirekt zur Krankheitsprävention in der Europäischen Union beitragen. Durch das European Community Humanitarian Office (ECHO), der Stelle für humanitäre Hilfe der Europäischen Gemeinschaft, bietet das Direktorium Unterstützung bei Notfällen in weniger entwickelten Ländern an. Das Generaldirektorium für Entwicklung hingegen unterstützt langfristigere Entwicklungsinitiativen. Die EU-Länder tragen ebenfalls zu den von der WHO geleiteten internationalen Netzwerken und Programmen bezüglich übertragbarer und anderer Krankheiten durch die Übermittlung von Daten bei und beteiligen sich an den Netzwerken. Bezüglich übertragbarer Krankheiten werden auch nicht zur EU gehörige Länder in einige von der EU finanziell unterstützte Krankheitsüberwachungsnetzwerke einbezogen. Beispielsweise nehmen die Türkei, Kroatien und andere an dem europäischen Netzwerk reiseassoziierter Legionärserkrankungen (EWGLI-Network) teil. Die Schweiz und Norwegen nehmen am europäischen Netzwerk (Enter-Net) für Enteritiden, die durch Salmonellen und andere Bakterien verursacht werden, teil. Außerdem sind durch eine EU-USA-Arbeitsgruppe für übertragbare Krankheiten (EU-USA Task Force Working Group on Communicable Diseases) auch offizielle Verbindungen zwischen der Europäischen Kommission und den USA geknüpft worden.

Tabelle 14.1. Übersicht einer Auswahl europäischer Programme zur Überwachung von Infektionskrankheiten (nach Hawker et al. 2001)

Netzwerk	Beschreibung
Horizontale Programme	
Euro-Surveillance	Der Austausch von Informationen über Präventions- und Bekämpfungsmaßnahmen von Infektionskrankheiten in Europa wurde durch die Einführung einer monatlich erscheinenden Zeitschrift, dem Eurosurveillance Monthly, und einer wöchentlich erscheinenden E-mail Zeitschrift, dem Eurosurveillance Weekly, angeregt. Im Eurosurveillance Monthly werden informative Übersichten zu Vorgehensweisen in Europa sowie Studienergebnisse spezieller Untersuchungen vorgestellt. Eurosurveillance Weekly berichtet von aktuellen Nachrichten und Ereignissen. Koordination: Nationale Institute Frankreichs und Englands (Internet: www.eurosurv.org)
EPIET	Das „European Programme of Intervention Epidemiology Training" bietet eine praxisbezogene Ausbildung in Interventionsepidemiologie an nationalen Zentren für Epidemiologie, Surveillance und Kontrolle von Infektionskrankheiten an. Jährlich werden 8–9 Trainees aus Mitgliedsstaaten in das 22 Monate dauernde Programm aufgenommen und an einem Institut eines anderen Mitgliedsstaates eingesetzt. In regelmäßigen Abständen nehmen die Trainees an gemeinsamen Weiterbildungsmodulen teil. Neben theoretischem Wissen verfügen sie über praktische Erfahrungen aus der Infektionskrankheitenbekämpfung unterschiedlicher Länder in Europa. Koordination: Nationales Institut in Frankreich (Internet: www.epiet.org)
Krankheitsspezifische Programme	
EnterNet	Es handelt sich um ein internationales Netzwerk zur Überwachung menschlicher gastrointestinaler Infektionen. Der Schwerpunkt liegt auf bakteriellen Erregern (u. a. Salmonellosen und Escherichia coli [VTEC] O157) und deren Empfindlichkeitsspektrum gegen Antibiotika. Koordination: Nationales Institut für England und Wales (Internet: www.phls.org.uk/inter/enter-net/menu.htm)
EWGLI	Die „European Working Group for Legionella Infections" ist ein Netzwerk zur Überwachung von mit Auslandsreisen assoziierten Legionnaire-Erkrankungen. Neben allen EU-Mitgliedsstaaten haben sich eine große Zahl anderer Länder dem Netzwerk angeschlossen. Insgesamt umfasst das Netzwerk inzwischen 31 Länder. Ziel dieses Netzwerkes ist es, Häufungen von Erkrankungsfällen zu entdecken und somit mögliche gemeinsame Ursachen zu identifizieren. Koordination: Nationales Institut für England und Wales (Internet: www.phls.org.uk/inter/ewgli/ewgli.htm)
EuroHIV	Das Surveillancesystem für HIV/Aids in Europa sammelt, analysiert und verbreitet die epidemiologischen Daten zu HIV/Aids in Europa. Es wird das Ziel verfolgt, einen besseren Überblick und ein besseres Verständnis zum Verlauf der HIV-Epidemie in Europa zu erhalten, um Präventions- und Kontrollmaßnahmen zu verbessern. Koordination: Nationales Institut für Frankreich (Internet: www.ceses.org/aidssurv/about.htm)
EuroTB	Als Folge der Veränderungen der Tuberkuloseepidemiologie in Europa zu Beginn der 90er Jahre wurde das Tuberkulosenetzwerk entwickelt. Sowohl die Mikrobiologie als auch die Epidemiologie der Tuberkulose in Europa stehen im Zentrum der Aktivitäten dieses Netzwerkes. Koordination: Nationales Institut für Frankreich (Internet: www.eurotb.org/eurotb.htm)
EARSS	Das „European Antimicrobial Resistance Surveillance System" beobachtet die Entwicklung von Antibiotikaresistenzen verschiedener Erreger in den 24 Teilnehmerstaaten. Koordination: Nationales Institut der Niederlande (Internet: www.earss.rivm.nl)
ESEN	Das Ziel des „European Sero-Epidemiology Network" ist die Koordination und die Vereinheitlichung der serologischen Surveillance der Immunitätslage gegenüber impfpräventablen Erkrankungen in Europa. Koordination: Nationales Institut für England und Wales

Fazit

In den letzten Jahren haben viele Entwicklungen zu Veränderungen in der Surveillance und Kontrolle von Infektionskrankheiten in Europa geführt. Laut Aussage von David Byrne, Europas Kommissar für Gesundheit und Verbraucherschutz, wird die zukünftige Entwicklung von drei Hauptpunkten gekennzeichnet sein. Erstens wurde bereits seit dem Beginn des Infektionskrankheitennetzwerkes der Europäischen Kommission deutlich, dass eine gute Koordination verschiedenster Aktivitäten eine Grundvoraussetzung ist und dass die Surveillancekapazitäten ausgebaut werden müssen. Geplant ist laut Byrne der Aufbau eines europäischen Zentrums für Infektionskrankheiten, das 2005 seine Funktion aufnehmen soll. Zweitens stehen die Notfallpläne für durch Infektionen verursachte Epidemien auf dem Prüfstand. Drittens betont die Europäische Kommission den dringenden Bedarf zum Ausbau eines epidemiologischen Frühwarnsystems in Europa (Twisselmann 2002). In all diesen Bereichen besteht laut der höchsten politischen Ebene in Europa deutlicher Handlungsbedarf. Bei der Umsetzung wird gutes methodisches Wissen in der Infektionsepidemiologie und -surveillance eine Voraussetzung sein. Bei der Kontrolle von Infektionskrankheiten ist ein internationales Vorgehen eine Voraussetzung für den gewünschten Erfolg, da sich Infektionskrankheiten nicht an Staatsgrenzen aufhalten lassen.

Literatur

Akehurst C (1998) European Parliament decides on a communicable disease network. Eurosurveillance Weekly 22.10.1998

Bradbury J (1998) European infectious diseases centre takes shape. Lancet 352: 969

Duncan B (2002) Health policy in the European Union: how it's made and how to influence it. BMJ 324: 1027–1030

Giesecke J, Weinberg J (1998) A European Centre for Infectious Disease? Lancet 352: 1308

Hawker J, Begg NT, Blair I, Reintjes R, Weinberg J (2001) Communicable disease control handbook. Blackwell Science, Oxford

McKee M, Mossialos E, Belcher P (1996) The impact of European Union law on national health policy. J Eur Social Policy 6: 263–86

Sprenger MJW, Bootsma PA, Reintjes R (1998) Infectious disease surveillance in Europe. Nederland Tijdschr Geneeskunde 142: 2418–2423

Tibayrenc M (1997) European centres for disease control. Nature 389: 433

Twisselmann B (2002) European Commissioner commits DG Sanco to strengthening communicable disease surveillance and response. Eurosurveillance Weekly 26.04.2002

Weinberg J, Grimaud O, Newton L (1999) Establishing priorities for European collaboration in communicable disease surveillance. Eur J Public Health 9: 236-240

Surveillancesysteme in Entwicklungsländern

Heiko Becher

Innerhalb der letzten Jahrzehnte wurden in zahlreichen Ländern der Dritten Welt demographische Überwachungssysteme („demographic surveillance systems") eingerichtet. Ziel dieser Systeme ist es unter anderem, verlässliche Aussagen zu epidemiologischen Kenngrößen wie z. B. Morbidität und Mortalität in einer Population zu gewinnen und damit Hilfestellung für gesundheitspolitische Maßnahmen zu leisten. Sie beschränken sich in der Regel nicht auf Infektionskrankheiten, aber da die dominierende Todesursache in Populationen von Entwicklungsländern Infektionskrankheiten sind, wird auf diese besonderer Wert gelegt. Aus Gründen, die im Folgenden näher erläutert werden, ist ein Surveillancesystem, bei dem neu auftretende Fälle von weit verbreiteten Infektionskrankheiten (z. B. Malaria, HIV/Aids) zeitnah erfasst werden, in Entwicklungsländern nur schwer realisierbar.

Demographische Überwachungssysteme können sich von Land zu Land relativ stark voneinander unterscheiden. Dennoch gibt es Charakteristika und Gemeinsamkeiten, die im Folgenden näher ausgeführt und an Beispielen verdeutlicht werden sollen.

Die Centers for Disease Control and Prevention (CDC) definieren epidemiologische Surveillance wie folgt:

❯ **Definition**

Epidemiologic surveillance is the ongoing systematic collection, analysis, and interpretation of health data essential to the planning, implementation and evaluation of public health practice, closely integrated with the timely dissemination of these data to those who need to know. The final link in the surveillance chain is the application of these data to prevention and control. A surveillance-system includes a functional capacity for data collection, analysis, and dissemination linked to public health programs (CDC 1986).

Beispiel

Ein Beispiel, wie mit Hilfe eines Surveillancesystems die Ausrottung einer Krankheit erreicht werden konnte, sind die Pocken in den 70er Jahren des 20. Jahrhunderts. Hier bestand der Zweck der aktiven Surveillance darin, Kontaktpersonen zu den inzidenten Fällen zeitnah aufzuspüren und zu impfen. Dies erwies sich als wesentlich wirkungsvoller als ein Versuch, die gesamte Bevölkerung zu impfen. Wie Nelson et al. (2001) für das Beispiel Äthiopiens beschreiben, führte der Einsatz einer aktiven Surveillance im Jahr 1970 zusätzlich zu der passiven Berichterstattung zunächst zu einem starken Anstieg der berichteten Neuerkrankungen, bevor ein Abfall bis zur Ausrottung im Jahr 1977 erreicht wurde. In diesem Fall war die Durchführung der Surveillance mit einem erheblichen finanziellen Aufwand verbunden. Meldungen von Neuerkrankungen wurden finanziell entlohnt, und es wurde ein hoher personeller Aufwand bei der Suche nach Kontaktpersonen betrieben (Fenner et al. 1988).

15.1 Merkmale eines Surveillancesystems in Entwicklungsländern

In einem Surveillancesystem werden kontinuierlich Informationen über Infektionskrankheiten, andere Krankheiten, Geburten und Todesfälle und Migrationsbewegungen gesammelt. Während in zahlreichen westlichen Industrieländern die Verfahren bei Meldungen von Neuerkrankungen für eine Reihe von Krankheiten gesetzlich geregelt sind, ist dies für Entwicklungsländer in der Regel nicht der Fall. Die meist fehlende Registrierung demographischer Merkmale in Entwicklungsländern, insbesondere in Afrika, erlaubt keine verlässlichen Angaben von nationalen demographischen Basiswerten wie Sterberaten oder Geburtsraten. Dies führt bei der Organisation von Surveillancesystemen in Entwicklungsländern dazu, dass zusätzlich zu krankheitsspezifischen Variablen auch demographische Merkmale regelmäßig erhoben und verifiziert werden müssen. Demographische Untersuchungen sind damit ein wesentlicher Bestandteil dieser Surveillancesysteme.

Ein demographisches Surveillancesystem ist vergleichbar mit dem Follow-up einer prospektiven Kohortenstudie, bei dem jedoch die Studienpopulation (die Population unter Surveillance) nicht bei Beginn fest definiert wird, sondern sich durch Geburten und Zuzüge kontinuierlich vergrößern und durch Todesfälle und Wegzug verkleinern kann. Charakteristisch ist jedoch, dass eine Person genau dann zu der Studienpopulation eines Surveillancesystems gehört, wenn sie ihren Wohnsitz in der Studienregion hat. Da ein formales Meldewesen in ländlichen Gebieten oft nicht existiert, werden hierbei i. Allg. praktische zeitliche Grenzen festgelegt, d. h. eine Person muss mindestens eine bestimmte Zeit, z. B. 6 Monate, dort leben, um in die Studienpopulation eingeschlossen zu werden. Erkrankt oder stirbt eine Person innerhalb des Untersuchungsgebiets, ohne dieses Kriterium zu erfüllen, so wird dies in dem System nicht erfasst.

Die Größe der Studienpopulation wird häufig nach pragmatischen Gesichtspunkten festgelegt, wobei die laufenden Kosten und die logistischen Möglichkeiten die Hauptkriterien sind. In den demographischen Surveillancesystemen, die in dem INDEPTH-Netzwerk (International Network of field sites with continuous Demographic Evaluation of Populations and Their Health in developing countries) zusammengeschlossen sind, sind Populationen von 8000 bis 154.000 Individuen enthalten (INDEPTH Network 2001).

In einem initialen Zensus wird die Zielpopulation erfasst und registriert. Dieses geschieht in der Regel durch geschulte Interviewer. Davon ausgehend werden regelmäßige Fortschreibungen („rounds" oder „cycles") durchgeführt, ebenfalls mittels persönlicher Interviews. Das Zeitintervall für diese Surveys variiert von einem Monat bis zu etwa einem Jahr und orientiert sich ebenfalls nach finanziellen und logistischen Möglichkeiten. Je länger das Intervall ist, desto größer ist die Gefahr der Untererfassung von Ereignissen. Es besteht z. B. die Gefahr, dass Totgeburten oder Todesfälle bei Kindern kurz nach der Geburt nicht angegeben werden. Da insbesondere in ländlichen Gebieten der Besuch eines Arztes oder eines Krankenhauses nicht die Regel ist, ist man für die Erfassung von Todesursachen oft auf eine sog. „verbale Autopsie" angewiesen. Unter der verbalen Autopsie, auch „bereavement interview" genannt, versteht man eine Methode zur Ermittlung der Todesursache, die häufig in Surveillancesystemen in Entwicklungsländern eingesetzt wird. Dabei werden nahe Angehörige der verstorbenen Person gezielt nach Symptomen und den Umständen des Todes befragt, was dann zur Festlegung einer wahrscheinlichen Todesursache dient. Es ist offensichtlich, dass die Validität von Todesursachen mit dieser Methode begrenzt ist und dass vollständige Angaben zu Krankheitsepisoden kaum erreicht werden können (Anker et al. 1999; Sloan et al. 2001).

In der Datenorganisation ist für jedes Individuum eine eindeutige Identifizierung vorzunehmen. Dabei hat es sich als sinnvoll erwiesen, diese aus einer Nummer für den Ort („residential unit"), für den Haushalt und darin fortlaufend für die Individuen zusammenzusetzen. Oft werden die Daten mittels eines GIS (Geographical Information System) unter Benutzung des globalen Positionierungssystems (GPS) mit einer räumlichen Identifikation ausgestattet, was bei der Analyse von räumlichen Verbreitungen von Krankheiten nützlich ist.

Basis für die Berechnung von epidemiologischen Maßzahlen wie Inzidenzraten oder Sterberaten ist die Kenntnis des Nenners, also der Bevölkerungsgröße zu einem bestimmten Zeitpunkt bzw. der Personenjahre für eine bestimmte Beobachtungszeit. Die Bevölkerung P_t zum Zeitpunkt t ergibt sich aus

$$P_t = P_S + B_{s,t} - D_{s,t} + I_{s,t} + O_{s,t}$$

wobei P_s die Bevölkerung zum Zeitpunkt s, $s<t$, $B_{s,t}$ die Anzahl der Geburten im Intervall (s,t), $D_{s,t}$ die Anzahl der Todesfälle, $I_{s,t}$ die Anzahl der Immigranten und $O_{s,t}$ die Anzahl der Emigranten ist. In einem demographischen Surveillancesystem werden daher Personen, die sich zum Zeitpunkt der Datenerhebung zwar dort aufhalten, aber ihren Wohnort außerhalb des Untersuchungsgebietes haben, nicht registriert, dies gilt auch für Ereignisse wie Erkrankung oder Tod.

Historisch entwickelten sich Surveillancesysteme aus der Verantwortung von Regierungen, Krankheiten zu kontrollieren oder zu verhüten. Die wesentlichen, noch heute gültigen Konzepte gehen zurück auf William Farr in England, der in der Mitte des 19. Jahrhunderts für die Gesundheitsbehörden Mortalitäts- und Morbiditätsstatistiken von England und Wales erstellte. Die historischen Surveillancesysteme, wie auch die heutigen in Entwicklungsländern, basierten in der Regel auf einer *aktiven Surveillance*, bei der das Personal der jeweiligen Institute oder Behörden aktiv in geeigneter Weise, z. B. durch Besuche bei den Ärzten, die notwendigen Informationen einholt. Das praktische Vorgehen bei einem aktiven Surveillancesystem in Burkina Faso ist als Beispiel in Kap. 15.3 beschrieben. Bei einer *passiven Surveillance* melden die Ärzte, meist aufgrund gesetzlicher Grundlagen, neu auftretende Fälle bestimmter Krankheiten selbst an die Behörden, die dann ihrerseits für die weitere Verarbeitung der Daten Sorge tragen.

15.2 Kriterien zur Beurteilung eines Surveillancesystems

Um die Effektivität und Zuverlässigkeit eines Surveillancesystems beurteilen zu können oder ein neues Surveillancesystem effektiv einzurichten, sind Kriterien zu seiner Beurteilung nötig. Die CDC haben hier einen Katalog erstellt, welcher allerdings danach beurteilt werden muss, wozu ein spezifisches Surveillancesystem gedacht ist. Diese Kriterien sind:

1. *Sensitivität:* Wie groß ist der Anteil von Fällen einer bestimmten Krankheit, die durch das System identifiziert werden? Eine hohe Sensitivität ist notwendig, wenn das Ziel eines Surveillancesystems darin besteht, einen aktuellen Ausbruch einer Infektionskrankheit möglichst schnell einzudämmen.

2. *Zeitnähe:* In einem guten Surveillancesystem werden neu auftretende Fälle schnell erfasst und analysiert. Dies ist ebenfalls besonders dann von Wichtigkeit, wenn das System bei der Eindämmung eines aktuellen Ausbruchs einer Krankheit helfen soll.

3. *Repräsentativität:* Idealerweise bildet die Population unter Beobachtung in einem Surveillancesystem eine repräsentative Stichprobe aus der Gesamtbevölkerung. Ist dies der Fall, werden Vorhersagen zu der Gesamtpopulation vereinfacht. Dieses Kriterium ist für Surveillancesysteme in Entwicklungsländern allerdings oft nicht erfüllbar.

4. *Spezifität:* Wie zuverlässig sind Angaben zu auftretenden Fällen? Durch einen hohen Anteil von Fehldiagnosen kann die Aussagekraft eines Surveillancesystems deutlich vermindert sein.

5. *Einfachheit:* Ein Surveillancesystem kann durch Überfrachtung mit einer Vielzahl von Variablen, die für spezielle Forschungsfragestellungen nützlich sein können, aber für den Grundzweck nicht benötigt werden, unhandlich und damit schwerfällig und fehleranfällig werden. Es sollten daher als reguläre Variablen nur solche verwendet werden, die für die Routineanalysen unbedingt notwendig sind. Ebenso sollte das Verfahren zur Datengewinnung so einfach wie möglich sein.

6. *Akzeptanz:* Es ist von größter Wichtigkeit, die Akzeptanz des gesamten Prozedere in der jeweiligen Population zu gewinnen. Eine Vollständigkeit und Zeitnähe der Erfassung kann nur erreicht werden, wenn eine breite Zustimmung in der Bevölkerung vorliegt. Dies ist insbesondere dann von Bedeutung, wenn innerhalb der Population weitere Studien durchgeführt werden sollen, bei denen die Datenbank des Surveillancesystems für die Auswahl der Stichprobe benutzt werden soll.

7. *Flexibilität:* Insbesondere in Entwicklungsländern können sich die Bedingungen für ein Surveillancesystem rasch ändern, sodass flexible Strategien entwickelt werden müssen, die die Surveillance auch unter ungünstigen Bedingungen aufrecht zu erhalten. Dies kann z. B. eine ungünstige Finanzierungssituation sein, bei der die Aufgaben mit reduziertem Personal weitergeführt werden oder zumindest auf einem Stand gehalten werden müssen, der nicht einen neuen Basiszensus erforderlich macht.

Die Kriterien der CDC tragen den spezifischen Gegebenheiten von Entwicklungsländern in nicht ausreichender Weise Rechnung, sondern geben einen idealerweise zu erreichenden Zustand an. Einzelne Kriterien sind nur dann zu erfüllen, wenn Grundbedingungen hinsichtlich der Infrastruktur in dem jeweiligen Land erfüllt sind. Trotzdem sind die Kriterien nützlich, um die Qualität von Surveillancesystemen in Entwicklungsländern miteinander zu vergleichen und um Verbesserungen in Angriff zu nehmen. Im Folgenden wird daher ein Beispiel eines Surveillancesystems in einem Entwicklungsland beschrieben und diskutiert.

15.3   Ein demographisches Surveillancesystem (DSS) in Burkina Faso

Im Folgenden wird das DSS des Centre de Recherche en Santé in Nouna beschrieben, welches im Nordwesten von Burkina Faso lokalisiert ist (Ye et al. 2001). Das Gebiet ist ländlich geprägt und wird von verschiedenen ethnischen Gruppen bewohnt. Es herrscht ein Steppenklima mit einem mittleren Jahresniederschlag von ca. 800 mm.

Das DSS von Nouna hat eine Population von ungefähr 55.000 Personen bei einer Fläche von 1.775 qm. Die Provinzhauptstadt Nouna hat eine Population von circa 25.000 Einwohnern, die restlichen Dörfer variieren in der Größe von etwa 100 bis 2.000. Trinkwasser wird zumeist aus Brunnen gewonnen. Während der Regenzeit sind insbesondere die Dörfer nur schwer zu erreichen. Der gesamte Distrikt besitzt ein Krankenhaus, ein medizinisches Zentrum und 15 umliegende Gesundheitsstationen. Die größten Gesundheitsprobleme sind durch Malaria, Durchfall, Atemwegsinfektionen, weitere tropische Infektionskrankheiten und allgemeine Mangel-/Unterernährung gekennzeichnet.

Das DSS wurde 1992 mit einem ersten Zensus begonnen. Demographische Basisinformationen wurden für alle Individuen der Studienregion erhoben. Der Basiszensus für die Hauptstadt Nouna erfolgte im Jahre 2000. Zwei weitere Zensi wurden 1994 und 1998 durchgeführt, um die Vollständigkeit der Fortschreibung zu überprüfen. Gegenwärtig sind Vollerhebungen alle zwei Jahre geplant. Zunächst wurde eine Erfassung von „vital events" monatlich geplant. Aus organisatorischen und Kostengründen wird dies seit dem Jahr 2000 alle drei Monate durchgeführt. Sieben Interviewer besuchen jeden Haushalt, um Daten zu dort lebenden Personen und Informationen zu Geburten, Todesfällen, Schwangerschaften und Zu- und Wegzügen aus dem Haushalt zu erfragen. Im Falle eines Todesfalls wird eine „verbale Autopsie" durchgeführt. Aus ethischen Gründen findet diese nicht früher als drei Monate nach dem Todesfall statt. Dies ist aus Sicht einer präzisen Information zu der Todesursache nicht wünschenswert, stellt aber den bestmöglichen Kompromiss dar. Die Angaben der „verbalen Autopsie" werden von zwei Ärzten bezüglich der wahrscheinlichsten Todesursache kodiert. Im Falle unterschiedlicher Kodierung wird ein dritter Arzt für eine unabhängige Einstufung herangezogen. Wenn sich alle Einstufungen unterscheiden, wird die Todesursache „unbe-kannt" zugewiesen, ansonsten die mehrheitliche Kodierung.

Um Fehler zu reduzieren, bekommen die Interviewer ausgefüllte Registrierungsformulare für die Datenerhebung. Drei Supervisoren überprüfen die Qualität der Datenerhebung in der Feldphase. In 5–10 % der Interviews wird ein Reinterview durch einen Supervisor durchgeführt, um die Informationen zu verifizieren. Vor der Dateneingabe werden sämtliche Fragebögen auf Konsistenz überprüft, kodiert und ggf. korrigiert.

Die Datenerhebung fand bis vor kurzem mit einer selbst entwickelten Datenbankstruktur basierend auf MS-Access statt. Eine Umstellung erfolgte kürzlich auf die HRS-Software basierend auf FoxPro. Die Konsistenz der Daten wird durch ein zweistufiges Verfahren sichergestellt:

1. Die Dateneingabe wird durch ein spezielles Programm unterstützt, welches eine interaktive Kontrolle auf Plausibilitäten durchführt.
2. In einer manuellen Supervision werden die einzelnen Files zusammengefügt und in einer Stichprobe von 5 % aller Fragebögen doppelt eingegeben.

In Kooperation mit der Abteilung Tropenhygiene und öffentliches Gesundheitswesen der Universität Heidelberg werden regelmäßige Updates der Datenbank dorthin versandt, um die Daten nochmals auf Konsistenz zu überprüfen und wissenschaftlich auszuwerten (Sankoh et al. 2001, Kynast-Wolf et al. 2002). Das DSS erfüllt dabei mehrere relevante Zwecke: Zum einen wird ein wesentlicher Beitrag zu der Gesundheitsberichterstattung in Entwicklungsländern geleistet. Durch die Kooperation von insgesamt über 20 Surveillancesystemen in Entwicklungsländern wurde eine vergleichende Analyse von basisepidemiologischen Merkmalen ermöglicht (INDEPTH 2001). Zum anderen dienen Surveillancesysteme wie das hier vorgestellte als Plattform für klinische und analytisch-epidemiologische Studien (Müller et al. 2001). Es können Studienpopulationen nach bestimmten Einschlusskriterien ausgewählt werden und eine Randomisierung in kontrollierten Studien ist effektiv durchführbar.

Die Bevölkerungsstruktur des DSS in Nouna entspricht der eines typischen Entwicklungslandes. Abb. 15.1 zeigt die Bevölkerungspyramide der Population.

Aus der Beschreibung des DSS in Nouna wird leicht erkennbar, dass die Kriterien der CDC an ein Surveillancesystem in einem Entwicklungsland

Abb. 15.1. Bevölkerungspyramide für das demographische Surveillancesystem in Nouna, Burkina Faso

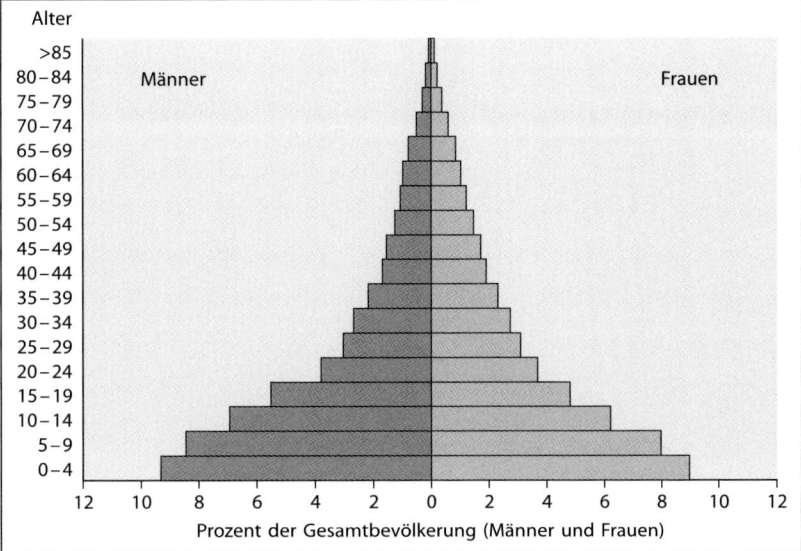

nicht erfüllbar sind. Insbesondere das Kriterium der Sensitivität ist problematisch, da in einer Bevölkerung, die oftmals nicht die Möglichkeit besitzt, bei einer Krankheit medizinische Hilfe in Anspruch zu nehmen, eine „zeitnahe Identifikation von Neuerkrankungsfällen" nicht realisierbar ist. Hier ist das oben beschriebene DSS nicht etwa ein außergewöhnliches, sondern ein typisches Beispiel.

⊘ Fazit

Surveillancesysteme dienen generell dazu, mit Hilfe einer systematischen Sammlung von gesundheitsbezogenen und demographischen Daten die Grundlage zu schaffen, mit der gesundheitspolitische Maßnahmen geplant, implementiert und evaluiert werden können. Werden solche Systeme in Entwicklungsländern eingesetzt, müssen sie auch diejenigen Komponenten enthalten, die in westlichen Industrieländern als vorhanden angesehen werden können, wie z. B. eine Geburts- und Todesursachenstatistik.

Zur Bewertung von Surveillancesystemen existiert ein Kriterienkatalog der CDC, der jedoch bei der Beurteilung von Systemen in Entwicklungsländern nur unter Berücksichtigung der jeweiligen lokalen Verhältnisse angewandt werden sollte.

Als Beispiel wird ein demographisches Surveillancesystem in Burkina Faso vorgestellt, welches einerseits die Schwierigkeiten beleuchtet, in ländlichen Gebieten eines Entwicklungslandes ein solches System aufzubauen und zu pflegen, andererseits aber auch zeigt, wie unter solchen Bedingungen Forschung im Bereich öffentliches Gesundheitswesen erfolgreich durchgeführt werden kann.

Literatur

Anker M, Black RE, Coldham C, Kalter HD, Quigley MA, Ross D, Snow RW (1999) A standard verbal autopsy method for investigating causes of death in infants and children. World Health Organization, Geneva

Centers for Disease Control and Prevention (1986) Comprehensive plan for epidemiologic surveillance. Atlanta, USA

Fenner F, Henderson DA, Arita C (1988) Smallpox and its eradication. 1st edn. World Health Organisation, Geneva

INDEPTH Network (ed) (2001) Demography and health in developing countries. Vol 1: Population, health and survival at INDEPTH sites. International Development Research Centre, Ottawa, Canada

Kynast-Wolf G, Sankoh OA, Gbangou A, Kouyaté B, Becher H (2002) Mortality patterns 1993–1998 in a rural area of Burkina Faso, West Africa, based on the Nouna Demographic Surveillance-System. Trop Med Intl Health 7: 349–356

Müller O, Becher H, Baltussen A et al. (2001) Effect of zinc supplementation on malaria morbidity in Westafrican children: A randomized double-blind placebo-controlled trial. Brit Med J 322: 1–6

Nelson KE, Williams CM, Graham NMH (2001) Infectious disease epidemiology. Aspen, Gaithersburg

Sankoh OA, Yé Y, Sauerborn R, Müller O, Becher H (2001) Clustering of childhood mortality in rural Burkina Faso. Int J Epidemiol 30: 485–92

Sloan NL, Langer A, Hernandez B, Romero M, Winikoff B (2001) The etiology of maternal mortality in developing countries: what do verbal autopsies tell us? Bull World Health Organ 79: 805–10

Ye Y, Sanou A, Gbangou A, Kouyaté B (2001) Nouna DSS, Burkina Faso. In: INDEPTH Network (ed) Demography and health in developing countries. Vol 1: Population, health and survival at INDEPTH sites. International Development Research Centre, Ottawa, Canada

Teil IV

Kapitel 16

Analysesoftware für die Infektionsepidemiologie

Mirjam Kretzschmar, Ralf Reintjes und Lutz Wille

Im Folgenden stellen wir einige Arbeitswerkzeuge zur Analyse von infektionsepidemiologischen Daten vor. Bei der Analyse epidemiologischer Daten, vor allem bei großen Datensätzen, werden in der Infektionsepidemiologie häufig ähnliche Softwareprogramme verwendet, wie es in anderen Bereichen der Epidemiologie üblich ist.

Programmpakete wie beispielsweise *SAS*, *SPSS* oder *Stata* haben hier eine weite Verbreitung. Auch wenn sie nicht speziell für epidemiologische Fragestellungen entwickelt worden sind, beinhalten diese Programme eine große Zahl Features, wie sie bei der Analyse epidemiologischer und auch infektionsepidemiologischer Daten benötigt werden (deskriptive Analysen, univariate Analysen, multivariate Analysen, Trend-Tests etc.). Ein Austausch von Datensätzen zwischen unterschiedlichen Programmen über Import- und Exportfunktionen ist i. Allg. einfach und wird durch entsprechende Komponenten unterstützt. Eine ausführliche Beschreibung der genannten Softwareprodukte und weiterer Programme kann an dieser Stelle nicht erfolgen und wird der einschlägigen Literatur überlassen.

16.1 Programme für die Infektionsepidemiologie

Neben der genannten Software gibt es aber auch einige Programme, die vor allem in der Infektionsepidemiologie eine weltweite Verbreitung gefunden haben. Beispiele hierfür sind *Epi Info*, *Epi Map* und das Programm *Statistical Software for Public Health Surveillance (SSS1)*.

Epi Info

Ein umfassendes Programmsystem zur Durchführung von Surveys, zur Datenerfassung, zum Datenmanagement und der statistischen Auswertung von Daten ist *Epi Info*. Es bietet zusätzlich die Grundlage für eine Datenbank zu einem epidemiologischen Surveillancesystem und fasst Funktionen, die von Epidemiologen benutzt werden sowie Funktionen von Datenbankprogrammen wie z. B. dBASE in einem einzigen System zusammen. Ein wesentlicher Vorteil ist, dass man es frei kopieren und weiterreichen kann. Weitere hilfreiche analytische Elemente (EpiCalc, EpiTable u. a.) unterstützen den Nutzer bei unterschiedlichen Schritten im Rahmen epidemiologischer Studien.

Ursprünglich wurde Epi Info an den Centers for Disease Control and Prevention (CDC) der USA entwickelt. Später wurde es auf experimenteller Basis durch die WHO, Genf, Schweiz, in Zusammenarbeit mit den CDC erstellt und verteilt. Die neueste Version, bezeichnet als Epi Info 2000, kann über das Internet bezogen werden (www.who.int bzw. www.cdc.gov). Weiterhin hat auch die Epi Info Version 6 eine weite Verbreitung. Im Einzelnen setzt sich Epi Info aus unterschiedlichen Programmen zusammen.

Den Zugang zu den einzelnen Teilen ermöglicht das Hauptmenü.

- Das Programm EPED ist ein sehr flexibles Textverarbeitungsmodul u. a. zum Gestalten von Fragebögen.
- „Enter" erzeugt automatisch eine Datendatei aus einem Fragebogen, der in EPED erstellt worden ist. Damit ist eine direkte und verlässliche Verbindung zwischen dem Fragebogen und den gespeicherten Daten sichergestellt.
- Das Modul „Check" definiert Wertebereiche, zulässige Werte und die automatische Kodierung, sodass ein Qualitätsmanagement der Daten möglich ist. Mathematische und logische Operationen zwischen Feldern und der Zugang zu mehreren Dateien während des Einga-

bevorgangs werden ebenfalls durch CHECK unterstützt.

- „Convert" wandelt einen Datenbestand von Epi Info in andere Dateiformate für eine Vielzahl an Datenbank- und Statistikprogrammen um.
- „Import" übernimmt Dateien aus dem Format anderer Programmsysteme zur Benutzung in Epi Info.
- „Merge" verbindet aus Fragebögen erstellte Dateien miteinander, die gleiche oder unterschiedliche Formate besitzen.
- „Validate" vergleicht zwei von verschiedenen Benutzern eingegebene Datenbestände untereinander und weist auf eventuelle Unterschiede hin.
- „Analysis" erstellt Listen, Häufigkeitstabellen, Kontingenztafeln und eine Vielzahl anderer Ergebnisübersichten. Geeignete epidemiologische Statistiken wie z. B. die Odds-Ratio, relative Risiken, Konfidenzintervalle, Fishers exakter Test und Chi-Quadrat-Tests ergänzen dies. Geschichtete Analysen nach dem Mantel-Haenszel-Verfahren, lineare Regression, die Analyse von gematchten Fall-Kontroll-Studien und weitere statistische Verfahren werden ebenfalls angeboten. Datensätze können dabei beliebig ausgewählt oder sortiert werden, wobei definierte Verfahren als Hilfe zur Verfügung gestellt werden.
- „Statcalc" berechnet Statistiken für einzelne und geschichtete Vier-Felder-Tafeln zur Stichprobengröße und einzelne und geschichtete Trendanalysen.
- Ergänzt werden diese Programme durch „Help files" mit vielfältigen Hilfefunktionen, durch „Sample programs" mit Musterbeispielen zu Datenbeständen und schließlich durch „Tutorials" zu verschiedenen Anwendungsmöglichkeiten.

Einige Punkte, die für eine Verwendung von Epi Info sprechen und die zu seiner weltweiten Verbreitung beigetragen haben, sollen abschließend erwähnt werden. Der geringe Ressourcenbedarf des Programms ermöglicht die Installation und Nutzung auch bei älteren Computern. Außerdem zeichnet sich Epi Info durch eine schnelle Datenverarbeitung sowie eine relativ einfache Datenmanipulation bei Verwendung der überschaubaren Befehlssyntax aus. Schließlich stellt die kostenlose Verbreitung einen bedeutenden Vorteil gegenüber kommerziellen Softwareprodukten dar.

Epi Map

Epi Map ist ein Programm, mit dem kartographische Darstellungen von Daten erzeugt werden können. Es ergänzt Epi Info somit um graphische Visualisierungen und eignet sich besonders gut für den Einsatz in epidemiologischen Surveillancesystemen und bei Ausbruchsuntersuchungen.

SSS1

SSS1 ist ein Programm, das die statistische Analyse von Surveillancedaten unterstützt. Es beinhaltet u. a. Module für Zeitreihenanalysen und -vorhersagen, Verfahren zur Bestimmung der Vollständigkeit von Meldungen in epidemiologische Surveillancesysteme sowie weitere statistische Methoden in diesem Problemfeld.

16.2   Tabellenkalkulationen zur Lösung von SIR-Modellen

Auf der beiliegenden CD-ROM sind zwei Modelle mittels eines Tabellenkalkulationsprogramms (Microsoft Excel) implementiert, mit denen eigene Simulationen durchgeführt werden können, um so die in Kap. 7 dargestellte Theorie besser verstehen zu lernen. Die entsprechenden Dateien sind:

- *DetSIR.xls:* das deterministische SIR-Modell, wobei S, I, und R den Anteil der suszeptiblen, infektiösen und immunen Personen in der Population bezeichnen.
- *StochSIR.xls:* Eine stochastische Version des SIR-Modells für eine Population von 100 Personen.

In beiden Dateien sind Parameter, die verändert werden können, um Simulationen durchzuführen, in einer gelb unterlegten Tabelle zusammengefasst. In einer blau unterlegten Tabelle werden abgeleitete Variablen dargestellt. In einer Graphik sieht man die numerischen Lösungen der Modellgleichungen.

16.2.1   Das deterministische SIR-Modell

Das Excel-Workbook DetSIR.xls enthält 4 Seiten. Auf der ersten Seite mit dem Titel „Modellparameter" sind die einzugebenden Parameter (gelb unterlegt) und die daraus berechneten Größen (blau unterlegt) angegeben, und dort wird das Ergebnis der Simulation mit diesen Parameterwerten in einer Graphik angezeigt. Auf der zweiten Seite mit dem Titel „Numerische Lösung" ist die tatsächliche Berechnung der Lösung der Modellgleichungen implementiert. Auf der dritten Seite mit dem Titel „S-I-Phasenebene" sieht man eine alternative Darstellung der Lösung. Schließlich sind auf der letzten Seite mit dem Titel „Tabelle kritische Durchimpfung" noch eine Tabelle und eine Abbildung zugefügt, die als zusätzliche Information den Zusammenhang zwischen der Basisreproduktionszahl R_0 und der kritischen Durchimpfung darstellen. Im Folgenden sollen die einzelnen Seiten näher erläutert werden.

Modellparameter

Auf der Seite „Modellparameter" kann der Benutzer eigene Parameterwerte eingeben. Es kann dann sofort abgelesen werden, wie sich daraus abgeleitete Größen und die Lösung verändern. Die Parameterbezeichnungen sind entsprechend der Modelldefinition in Kap. 7 gewählt mit einer Vereinfachung, nämlich der Annahme, dass die Geburtenrate gleich der Todesrate ist, also $\nu=\mu$. Der Parameter ν taucht daher in der Exceldatei gar nicht auf. Das hat aber keinen Einfluss auf die Dynamik der Infektionsausbreitung, da diese nur von den Anteilen der Population in den jeweiligen Zuständen abhängt. Von den im Programm verwendeten Parametern sind p und q Anteile, also dimensionslose Größen, die definitionsgemäß zwischen 0 und 1 liegen, also $0 \leq p, q \leq 1$. Die Parameter κ, γ, und μ sind Raten mit einer Einheit 1/Zeit, die größer oder gleich 0 gewählt werden müssen. Will man die Parameter konsistent für eine bestimmte Infektionskrankheit oder Population definieren, so muss man darauf achten, dass alle Werte in derselben Zeiteinheit angegeben werden. Entsprechend ist dann die Zeiteinheit auf der Graphik zu interpretieren. Die Grössen $I(0)$ und $R(0)$ definieren den Zustand der Population zu Anfang der Simulation. Beides sind Anteile, es gilt also wieder $0 \leq I(0), R(0) \leq 1$. Der Anteil der Suszeptiblen zu Beginn der Simulation wird dann berechnet als $1-I(0)-R(0)$. Daraus ergibt sich, dass $I(0)+R(0) \leq 1$ sein muss. Als abgeleitete Größen werden die Basisreproduktionszahl R_0 und die kritische Durchimpfung p_{crit} angegeben. Die Berechnung erfolgt aufgrund der in Kap. 7 hergeleiteten Formeln. Weiterhin wird in einer Tabelle für den Fall, dass $\mu>0$ ist, dass also ein Zustrom von neuen Suszeptiblen in die Population stattfindet, der Gleichgewichtszustand berechnet, gegen den die Lösung für $t \rightarrow \infty$ strebt. Gleichzeitig sieht man, welchen Zustand das System am Ende des Simulationszeitraumes erreicht hat, und kann so vergleichen, wie weit sich das System dem Gleichgewichtszustand angenähert hat.

Numerische Lösung

Auf der Seite „Numerische Lösung" ist das Lösungsverfahren zur Berechnung der zeitlichen Dynamik der Infektionsausbreitung implementiert. Wir verwenden ein gängiges Verfahren zur numerischen Lösung von gewöhnlichen Differenzialgleichungen, nämlich ein Runge-Kutta-Verfahren 4. Ordnung. Zur numerischen Lösung einer Differenzialgleichung (oder eines Systems von Differenzialgleichungen) wird diese diskretisiert, d. h. die stetige Zeitvariable t wird durch diskrete Zeitschritte approximiert. Der Zustand der Population wird dann in aufeinanderfolgenden Zeitschritten der Länge Δt berechnet. Aus den Anfangswerten für die Variabelen S, I, und R, nämlich den auf der Seite „Modellparameter" eingegebenen Größen $S(0)$, $I(0)$, und $R(0)$, können dann die Zustände $S(\Delta t)$, $I(\Delta t)$, und $R(\Delta t)$ berechnet werden, aus diesen die Zustände $S(2\Delta t)$, $I(2\Delta t)$, und $R(2\Delta t)$, usw. Das Verfahren arbeitet also mit einem festen Zeitschritt Δt, der klein sein muss. Was genau klein ist, hängt von den Parameterwerten ab. Wird der Zeitschritt zu groß gewählt, kommt es zu numerischen Problemen. Um dies zu vermeiden, ist in der hier vorliegenden Implementierung der Zeitschritt als $1/R_0$ gewählt (für $R_0>1$). Wenn R_0 und damit die möglichen Veränderungen des Zustandes der Population groß sind, wird damit ein kleiner Zeitschritt benutzt und umgekehrt.

S-I-Phasenebene

Auf der Seite „S-I-Phasenebene" ist die Lösung des Systems in einer anderen Weise dargestellt, man sieht nämlich die Trajektorie in der S-I-Ebene. Die Trajektorie ist eine Kurve, die definiert ist durch die Koordinaten $(S(t), I(t))$, wobei t von 0 bis ∞ geht. In unserem Fall wird die Trajektorie dargestellt durch die Koordinaten $(S(t), I(t))$ für die Zeitschritte $0 \leq t \leq t_{max}$, für die die numerische Lösung berechnet wurde. Der als Anfangswert eingegebene Punkt ist dabei rot markiert, der erreichte Endpunkt grün. Der Endpunkt stellt dabei den letzten Punkt der berechneten Lösung dar, der aber nicht identisch mit dem theoretischen Endzustand für $t \rightarrow \infty$ sein muss. Die Trajektorie bewegt sich unterhalb der schwarzen Linie im Dreieck, das durch die Punkte $(0,0)$, $(0,1)$, und $(1,0)$ definiert ist, da die Summe von $S(t)$ und $I(t)$ kleiner als 1 ist. Die Trajektorie zeigt unabhängig von der zugrunde liegenden Zeitskala das qualitative Verhalten des Systems. So besteht ein deutlicher Unterschied zwischen Lösungen, bei denen keine neuen suszeptiblen Individuen in die Population kommen, und denen, wo ein ständiger Zustrom von Suszeptiblen stattfindet.

Tabelle kritische Durchimpfung

Die „Tabelle kritische Durchimpfung" ist als zusätzliche Information in die Datei DetSIR.xls aufgenommen, ist aber unabhängig von den auf der ersten Seite gewählten Parameterwerten. Sie zeigt noch einmal im Überblick den Zusammenhang zwischen Basisreproduktionszahl und kritischer Durchimpfung.

16.2.2 Das stochastische SIR-Modell

Das Excel-Workbook StochSIR.xls enthält drei Seiten. Auf der ersten Seite mit dem Titel „Modellparameter" lassen sich wie vorher die Parameterwerte einstellen, und man kann die Ergebnisse der Simulation sehen. Auf der zweiten Seite „Stochastischer Prozess" ist das Modell implementiert und auf der dritten Seite „Größe eines Ausbruchs" ist die Wahrscheinlichkeitsverteilung für die Größe eines Ausbruchs, der mit *einem* Indexfall beginnt, explizit berechnet. Wir wollen wieder den Inhalt der einzelnen Seiten näher erläutern.

Modellparameter

Während wir mit dem deterministischen Modell die zeitliche Dynamik der Anteile von suszeptiblen, infektiösen und immunen Individuen einer Population beschrieben haben, arbeitet man im stochastischen Modell mit absoluten Anzahlen. Auf der Seite „Modellparameter" ist die Populationsgröße als feste Größe (N=100) definiert. Das stochastische Modell beschreibt, wie sich die Anzahlen der suszeptiblen, infektiösen und immunen Individuen im Laufe der Zeit verändern, wenn Neuinfektionen, Genesungen, Geburten und Todesfälle mit bestimmten Übergangsraten stattfinden können. Die Werte dieser Parameter können auf der Seite „Modellparameter" verändert werden (gelb unterlegte Tabelle). Die Bedeutung, Einheiten und Einschränkungen gelten genau wie oben für das deterministische Modell erläutert.

Es kommt beim stochastischen Modell noch ein neuer Parameter dazu, nämlich die Importrate φ von Neuinfektionen von außerhalb der Population. Dieser zusätzliche Parameter spiegelt einen wesentlichen Unterschied zwischen deterministischem und stochastischem Modell wider. Während es beim deterministischen Modell nie zur vollständigen Elimination der Infektion kommt (in endlicher Zeit), kann im stochastischen Modell aufgrund von zufälligen Ereignissen und aufgrund der diskreten Populationsstruktur eine vollständige Elimination auftreten. Oft ist man daran interessiert, die Dynamik eines Ausbruchs nach einer erneuten Einschleppung der Infektion zu studieren, wenn sich wieder ein gewisser Anteil an suszeptiblen Individuen aufgebaut hat. Wir nehmen dabei an, dass der Import einer Infektion von außen mit einer festen Rate stattfindet, die nicht davon abhängt, wie viele Suszeptible sich im Moment in der Population befinden. Um die Populationsgröße konstant zu halten, wird angenommen, dass entweder ein Suszeptibler durch Kontakt nach außen infiziert wird, oder dass ein Immuner seine Immunität verliert und durch Kontakt nach außen infiziert wird.

Als abgeleitete Größen werden wieder die Basisreproduktionszahl R_0 und die kritische Durchimpfung p_{crit} angegeben. Für den Spezialfall, dass $\mu=0$ und $\varphi=0$, dass man es also mit einem einmaligen und wohldefinierten Ausbruch zu tun hat, werden auch die Gesamtzahl der während des Ausbruchs Infizierten und die Dauer des Ausbruchs angegeben. Zum Vergleich wird die Gesamtzahl der Infizierten während eines Ausbruchs aufgrund des deterministischen Modells berechnet (grau unterlegt). Während im stochastischen Modell die Gesamtzahl der Infizierten in jedem Simulationslauf etwas anders ausfallen kann, ist die im deterministischen Modell vorhergesagte Anzahl von den Parameterwerten vollständig bestimmt. Eine neue Simulation des stochastischen Modells ohne Veränderung der Parameterwerte erreicht man durch Betätigen der Taste F9. In der Graphik, die das Ergebnis der Simulation anzeigt, sind zum Vergleich auch die entsprechenden Lösungen des deterministischen Modells angegeben.

Stochastischer Prozess

Auf der Seite „Stochastischer Prozess" ist das eigentliche Modell implementiert. Dabei wird für einen Ausgangszustand *(S(t),I(t),R(t))* zum Zeitpunkt *t* zunächst aus den Parameterwerten berechnet, wann das nächste Ereignis stattfindet. Es wird also ein Zeitschritt Δt so bestimmt, dass zur Zeit *t+Δt* das nächste Ereignis eintritt. Ein Ereignis kann eine Neuinfektion sein, aber auch die Genesung eines infizierten Individuums, ein Todesfall oder die Infektion eines suzeptiblen Individuums von außerhalb der Population. Die Wahrscheinlichkeit, dass bis zum Zeitpunkt s nach dem letzten Ereignis noch keines dieser Ereignisse aufgetreten ist, ist

$$P(s) = (\mu N + q \kappa S(t) I(t) / N + \\ \gamma I(t) + \varphi) e^{-(\mu N + q \kappa S(t) I(t) / N + \gamma I(t) + \varphi) s}$$

Nun kann man durch Ziehung einer Zufallszahl π zwischen 0 und 1 die Zeit Δt bis zum Eintreten des nächsten Ereignisses bestimmen, indem man

$$\pi = \int_0^{\Delta t} P(s) ds$$

nach Δt auflöst. Man erhält dann als nächsten Zeitschritt

$$\Delta t = -\frac{\ln(1 - \pi)}{(\mu N + q \kappa S(t) I(t) / N + \gamma I(t) + \varphi)}$$

Welcher Art das eintretende Ereignis ist, hängt dann von der Wahrscheinlichkeit des Einzelereignisses im Verhältnis zu der Wahrscheinlichkeit aller möglichen Ereignisse ab. So ist die Wahrscheinlichkeit, dass das Ereignis beispielsweise die Genesung eines Infizierten ist, gegeben durch

$$\frac{\gamma I(t)}{\mu N + q \kappa S(t) I(t) / N + \gamma I(t) + \varphi}$$

Mit anderen Worten, diese Wahrscheinlichkeit hängt auch davon ab, wie viele Infizierte sich zur Zeit t in der Population befinden. Es wird nun durch Ziehung einer zweiten Zufallszahl bestimmt, welcher Art das Ereignis ist, das zum Zeitpunkt $t+\Delta t$ eintritt.

Durch Iteration des oben beschriebenen Vorgangs erhält man nun eine Kette von Einzelereignissen und die Zeitpunkte, wann diese jeweils stattfinden. Sind die Raten im Modell klein gewählt, dann sind die jeweiligen Zeitschritte groß, und umgekehrt.

Größe des Ausbruchs

Auf der dritten Seite „Größe eines Ausbruchs" wird die genaue Wahrscheinlichkeitsverteilung für die Größe eines Ausbruchs berechnet unter der Voraussetzung, dass keine neuen Suszeptiblen in die Population einströmen ($\mu=0$), dass kein Import von Infektionen stattfindet ($\varphi=0$) und dass zu Beginn nur *ein* Indexfall und keine Immunen in der Population vorhanden sind. Die Wahrscheinlichkeitsverteilung für die Größe eines Ausbruchs kann dann aus der Anfangsbedingung $P[I(0)=1, R(0)=0]=1$ rekursiv berechnet werden. Die Anfangsbedingung sagt, dass zum Zeitpunkt $t=0$ mit Wahrscheinlichkeit 1 genau ein Infizierter und keine Immunen in der Population vorhanden waren.

⊘ Fazit

Um das Arbeiten mit unterschiedlichen Datensätzen zu erleichtern und ein praktisches Anwenden des in diesem Buch vorgestellten methodischen Wissens zu ermöglichen, wurde die beiliegende CD-ROM erstellt. Die darin enthaltene Programmsammlung beinhaltet neben einiger epidemiologisch-statistischer Public-Domain-Software (Epi Info 6, Epi Map 2, Epi Info 2000) Tabellenkalkulationsmodelle zur Lösung von SIR-Modellen in Excel (vgl. Kap. 7) und die in den verschiedenen Kapiteln angegebenen Übungen in Form von Textdokumenten im PDF-Format.

Anhang

Weiterführende Literatur

Anderson RM, May RM (1991) Infectious diseases of humans. Dynamics and control. Oxford University Press, Oxford

Brookmeyer R, Gail MH (1994) AIDS Epidemiology: A quantitative approach. Oxford University Press, New York Oxford

Detels, R, Holland W, McEwen J et.al.(eds) (2002) Oxford Textbook of Public Health, 4th edn. Oxford University Press, Oxford

Diekmann O, Heesterbeck JAP (2000) Mathematical Epidemiology of Infectious Diseases: Model building, analysis and interpretation. Wiley, Chichester

Gordis L (2001) Epidemiologie. Kilian, Marburg

Giesecke J (2001) Modern infectious disease epidemiology. 2nd ed. Edward Arnold, London Boston

Hawker J, Begg N, Blair I, Reintjes R, Weinberg J (2001) Communicable disease control handbook. Blackwell-Science, Oxford

Lang W, Löscher Th (Hrsg)(2000) Tropenmedizin in Klinik und Praxis, 3. Aufl. Georg Thieme, Stuttgart New York

Last JM (1995) A dictionary of epidemiology. 3rd edn. Oxford University Press, New York

Nelson KE, Williams CM, Graham NMH (2001) Infectious disease epidemiology. Aspen, Gaithersburg

Rothman KJ, Greenland S (1998) Modern epidemiology. 2nd edn. Lippincott-Raven, Philadelphia

Rüden H, Daschner F, Gastmeier P (Hrsg) (2001) Krankenhausinfektionen. Springer, Heidelberg

Teutsch SM, Churchill RE (eds) (2000) Principles and practice of public health surveillance. 2nd edn. Oxford University Press, New York

Thomas JC, Weber DJ (eds) (2001) Epidemiologic methods for the study of infectious diseases. Oxford University Press, New York

Webber R (1996) Communicable disease epidemiology and control. CAB International, Wallingford

Internetadressen für die Infektionsepidemiologie[*]

Internationale Organisationen und nationale Institute

- WHO International: www.who.int
- WHO Headquarter Europa: www.who.dk
- Centers for Disease Control and Prevention (CDC), USA: www.cdc.gov
- National Institutes of Health (NIH), USA: www.nih.gov
- UNAIDS: www.unaids.org
- Robert-Koch-Institut: www.rki.de
- Nationale Referenzzentren in Deutschland: www.rki.de/INFEKT/NRZ/NRZ.HTM
- Public Health Laboratory Service-Centre for Disease Surveillance and Control, UK: www.phls.co.uk
- Institut Pasteur, Frankreich: www.pasteur-lille.fr
- Bundesamt für Gesundheit, Schweiz: www.bag.admin.ch
- Bundesministerium für soziale Sicherheit und Generationen, Staatssekretariat für Gesundheit, Österreich: www.bmsg.gv.at/bmsg/relaunch/gesundheit

Publikationen, Newsletters, Ausbruchsinformationen

- Eurosurveillance: www.eurosurv.org
- Epidemiologisches Bulletin des Robert-Koch-Institutes: www.rki.de/INFEKT/EPIBULL/EPI.HTM
- Wöchentlicher epidemiologischer Report der WHO: www.who.int/wer
- WHO Bulletin: www.who.int/bulletin

- Ausbrüche übertragbarer Erkrankungen (communicable disease surveillance and response): www.who.int/emc
- Morbidity and Mortality Weekly Report (MMWR) (CDC newsletter, USA): www.cdc.gov/mmwr
- Emerging Infectious Diseases (CDC Journal): www.cdc.gov/ncidod/eid
- Weltweites elektronisches Meldesystem für Ausbrüche von Infektionskrankheiten: www.promedmail.org

Netzwerke

- ENTER-NET: Internationales Netzwerk für Surveillance von gastrointestinalen Infektionen: www.phls.org.uk/inter/enter-net/menu.htm
- Europäisches Netzwerk für Surveillance von importierten Infektionskrankheiten: www.tropnet.net
- Europäische Arbeitsgruppe für Legionellosen: www.phls.org.uk/inter/ewgli/ewgli.htm
- Surveillancesystem für HIV/Aids in Europa: www.ceses.org/aidssurv/about.htm
- Europäisches Tuberkulosenetzwerk: www.eurotb.org/eurotb.htm
- Europäisches Surveillance System für Erregerresistenzen (European Antimicrobial Resistance Surveillance System): www.earss.rivm.nl
- European Laboratory Working Group on Diphtheria: www.phls.co.uk/International/diphtheria/diphtheria.htm
- European Influenza Surveillance Scheme: www.eiss.org

---

[*] Die Herausgeber bitten zu berücksichtigen, dass Internetadressen kurzfristigen Änderungen unterliegen können.

Ausbildungen

- European Programme for Intervention Epidemiology Training: www.epiet.org
- Bundesweites Master-of-Science-Programm in Epidemiologie: www.uni-bielefeld.de/gesundhw/ag2/mse/
- Internationale Sommerschule für Infektions-epidemiologie: www.uni-bielefeld.de/gesundhw/ag2/summerschool-IDE
- Übungsmaterial für Epi Info: www.who.int/peh/geenet/training_main.htm

Gesellschaften

- Deutsche Arbeitsgemeinschaft für Epidemiologie (DAE): www.medweb.uni-muenster.de/institute/epi/dae/
- Deutsche Gesellschaft für Medizinische Informatik, Biometrie und Epidemiologie (GMDS): www.gmds.de
- Schweizerische Gesellschaft für Medizinische Informatik: www.sgmi-ssim.ch
- Deutsche Gesellschaft für Tropenmedizin und Internationale Gesundheit (DTG): www.dtg.mwn.de
- Deutsche Gesellschaft für Infektiologie (DGI): www.dgi-net.de
- Paul-Ehrlich-Gesellschaft für Chemotherapie: www.p-e-g.de
- European Society of Clinical Microbiology and Infectious Diseases: www.escmid.org
- Deutsche Gesellschaft für Hygiene und Mikrobiologie (DGHM): www.dghm.org
- Deutsche Gesellschaft für Public Health (DGPH): www.tu-berlin.de/bzph/dgph
- Deutsche Gesellschaft für Sozialmedizin und Prävention (DGSMP): www.med.uni-magdeburg.de/fme/institute/ismhe/dgsmp/forum.htm
- Gesellschaft für Hygiene und Umweltmedizin: www.hygiene.ruhr-uni-bochum.de/ghu/index.html

Glossar

Definitionen implizieren üblicherweise Vereinfachungen. Zum weiteren Verständnis der infektionsepidemiologischen Begriffe wird auf die entsprechenden Kapitel verwiesen.

Allgemeine Impfung (universal vaccination). Impfung von gesamten Geburtenkohorten.

Antibiotikaresistenz (antibiotic resistence). Resistenz eines Krankheitserregers gegen die Behandlung mit Antibiotika.

Attributables Risiko (attributable risk). Differenz zwischen dem Risiko der exponierten und dem Risiko der nichtexponierten Population für ein bestimmtes Outcome.

Ausbruch (outbreak). Plötzliche Zunahme der Anzahl der Fälle einer Infektionskrankheit, die möglicherweise auf eine gemeinsame Infektionsquelle zurückzuführen ist.

Basisreproduktionszahl (basic reproduction number). Die mittlere Zahl von Sekundärfällen, die ein Indexfall während seiner gesamten infektiösen Periode in einer vollständig suszeptiblen Population verursacht.

Chancenquotient (odds ratio). Verhältnis der Chance der Exponierten zur Chance der Nichtexponierten zu erkranken.

Deckungsgrad der Impfung (vaccination coverage). Prozentsatz aller Geimpften in der Population.

Direkte/indirekte Übertragung (direct/indirect transmission). Übertragung des Erregers in einem direkten Kontakt zwischen zwei Personen bzw. über den Umweg eines Vektors oder der unbelebten Umwelt.

Effektivität der Impfung (effectiveness of vaccination). Schutzwirkung der Impfung innerhalb eines routinemäßigen Impfprogramms wobei, neben dem direkten Effekt des Impfstoffes (Wirksamkeit) noch indirekte Effekte hinzukommen, die die Ausbreitung der Infektion in einer Population beeinflussen.

Elimination (elimination). In einer größeren geographischen Region wird das endemische Vorkommen einer Infektion z.B. durch hygienische Maßnahmen oder Impfungen beendet, sodass sich die Infektion auch nach dem Einschleppen neuer Fälle von außen nicht wieder neu ausbreiten kann.

Endemie (endemic occurrence). Eine Infektion, die kontinuierlich in der Bevölkerung anwesend ist.

Endpunkt (outcome). Eindeutig definiertes Ereignis, das als Effektindikator benutzt wird (z. B. Infektion, Erkrankung oder Tod).

Epidemie (epidemic). Ausbruch, der einen großen Teil der Bevölkerung erfasst.

Eradikation (eradication). Globale Ausrottung einer Infektion.

Erkrankungsrate (attack rate). Anteil einer Population, der innerhalb einer gewissen Zeitspanne (z.B. während eines Ausbruchs) an einer Infektionskrankheit erkrankt.

Fall-Kontroll-Studie (case-control study). Retrospektive Studie, bei der die Fälle durch das Outcome und die Kontrollen als Personen, die nicht vom Outcome betroffen sind, definiert werden. Es wird dann die Exposition der beiden Gruppen gegenüber krankheitsverursachenden Faktoren miteinander verglichen.

Geographische Informationssysteme (geographical information systems). Raumrelationale Datenbanken, die es ermöglichen, geographische Aspekte der Infektionsausbreitung zu analysieren.

Herdenimmunität (herd immunity). Ist gegeben, wenn die Anzahl der immunen Personen in einer Population hoch genug ist, dass der Kontakt einer suszeptiblen Person mit einem Infizierten unwahrscheinlich wird. Verhindert Epidemien durch Verminderung des Infektionsdrucks.

Immunität (immunity). Durch das Immunsystem aufgebaute Resistenz gegen eine Infektion oder Infektionskrankheit, entweder nach natürlich erworbener Infektion oder nach Impfung.

Indexfall (index case). Erster Fall einer Infektion in einer suszeptiblen Population oder zu Beginn eines Ausbruchs.

Infektion (infection). Der Erreger überwindet Barrieren des Organismus wie die Haut oder Schleimhäute, vermehrt sich im Organismus und kann dort entweder selbst oder durch Toxine eine lokal begrenzte oder generalisierte Reaktion hervorrufen.

Infektionsdruck (force of infection). Risiko einer suszeptiblen Person, in einer bestimmten Zeiteinheit infiziert zu werden. Diese Größe ist abhängig von der Prävalenz.

Infektionskrankheit (infectious disease). Erkrankung, die von einem Infektionserreger oder seinen toxischen Produkten hervorgerufen wird.

Infektionsquelle (source). Ausgangspunkt, von dem die Infektion für den Menschen herrührt.

Infektiöse Periode (infectious period). Zeit, während derer die infizierte Person die Infektion auf andere übertragen kann.

Inkubationsperiode (incubation period). Zeit zwischen Beginn der Infektion und dem Erscheinen von Krankheitssymptomen.

Interventionsstudie (intervention study). Studie, bei der die Effekte einer Intervention auf das Vorkommen des Outcomes untersucht werden.

Kohortenstudie (cohort study). Beobachtung einer bestimmten Gruppe von exponierten und nichtexponierten Personen über einen längeren Zeitraum hinsichtlich des Auftretens eines oder mehrerer Outcomes.

Kritischer Durchimpfungsgrad (critical coverage). Deckungsgrad der Impfung, der mindestens nötig ist, um eine Infektion zu eliminieren.

Kumulative Inzidenz (cumulative incidence). Anzahl aller Neuinfektionen in einer Population innerhalb eines gewissen Zeitraumes.

Latenzperiode (latent period). Zeit zwischen Beginn der Infektion und Beginn der infektösen Periode.

Letalität (case fatality rate). Anteil der Erkrankten, der an der Krankheit stirbt.

Morbidität (morbidity). Anteil der Bevölkerung, der von einer Erkrankung betroffen ist.

Mortalität (mortality). Anteil der Bevölkerung, der an einer Erkrankung verstirbt.

Negativer Vorhersagewert (negative predictive value). Wahrscheinlichkeit, dass bei der Anwendung eines diagnostischen Tests in einer Population die Infektion nicht vorliegt, wenn der Testausgang negativ ist.

Nosokomiale Infektion (nosocomial infection). Infektion, die in einem kausalen Zusammenhang mit einer stationären oder ambulanten medizinischen Maßnahme steht.

Positiver Vorhersagewert (positive predictive value). Wahrscheinlichkeit, dass bei der Anwendung eines diagnostischen Tests in einer Population die Infektion vorliegt, wenn der Testausgang positiv ist.

Prävalenz (prevalence). Anteil der Bevölkerung, der zu einem bestimmten Zeitpunkt von einem Outcome betroffen ist.

Querschnittsstudie (cross-sectional study). Untersuchung einer meist durch eine einfache Zufallsstichprobe oder auch durch eine geschichtete Stichprobenziehung gewonnenen Studienpopulation auf Merkmale zu einem festen Zeitpunkt.

Relatives Risiko (relative risk). Verhältnis zwischen dem Risiko der Exponierten und dem Risiko der Nichtexponierten an einer Krankheit zu erkranken.

Reservoir (reservoir). Spezies oder Biotop, in dem ein Infektionserreger längere Zeit überleben und von dort auf eine empfängliche Population übertragen werden kann.

Risikofaktor (risk factor). Merkmal einer Person, das zu einem erhöhten Risiko führt, die Infektion oder Infektionskrankheit zu erwerben.

Selektive Impfung (selective vaccination). Impfung einer Zielgruppe mit höherem Krankheitsrisiko.

Sensitivität (sensitivity). Wahrscheinlichkeit eines diagnostischen Tests bei der Anwendung bei einer infizierten Person einen positiven Nachweis zu liefern.

Sentinel (sentinel). Surveillance bei einer Stichprobe aus der Gesamtpopulation.

Serosurveillance (serosurveillance). Messen der altersabhängigen Immunität in der Bevölkerung durch serologische Surveys.

SIR-Modell (SIR-model). Einfaches mathematisches Modell zur Beschreibung der Dynamik einer Infektionskrankheit.

Spezifität (specificity). Wahrscheinlichkeit eines diagnostischen Tests bei der Anwendung bei einer nichtinfizierten Person einen negativen Nachweis zu liefern.

Störgröße (confounding factor). Eine Größe, die einen verfälschenden Einfluss auf die Beziehung zwischen Exposition und Outcome ausübt.

Surveillance (surveillance). Laufende systematische Erhebungen, Analysen und Interpretationen von Gesundheitsdaten, die für die Planung, Durchführung und Evaluation der Public-Health-Praxis von grundlegender Bedeutung sind.

Suszeptibilität (susceptibility). Anfälligkeit für eine Infektion oder Infektionskrankheit.

Träger (carrier). Person, die einen Krankheitserreger mit sich trägt und an andere weitergeben kann, selbst aber keine klinischen Symptome der Infektion aufweist.

Übertragungswahrscheinlichkeit (transmission probability). Wahrscheinlichkeit dafür, dass es bei einem Kontakt zwischen einem Infektiösen und einem Suszeptiblen zur Übertragung des Erregers und zur Infektion kommt.

Vektor (vector). Überträger einer Infektion von einem Wirtsindividuum auf ein anderes, der nicht selbst erkrankt.

Verzerrung (bias). Systematischer Fehler in der Phase der Datenerhebung bei einer Studie.

Virulenz (virulence). Fähigkeit des Erregers, während der Infektion den Wirt durch Krankheit oder Tod zu schädigen.

Wirksamkeit eines Impfstoffs (vaccine efficacy). Verminderung der Erkrankungsrate geimpfter im Vergleich zu ungeimpften Personen.

Zoonose (zoonosis). Infektionskrankheit, die von Tieren auf den Menschen übertragen werden kann.

Sachverzeichnis

Fettgedruckte Ziffern verweisen auf Definitionen.

Druck: betz-druck GmbH, D-64291 Darmstadt
Verarbeitung: Buchbinderei Schäffer, D-67269 Grünstadt